普通高等教育测控技术与仪器专业系列教材
国家精品在线开放课程(MOOC)指定教材

互换性与测量技术基础案例教程

第2版

主　　编　马惠萍
副主编　刘永猛
参　　编　张也晗　郭玉波　王晓明
　　　　　周　海　张晓光　胡　涛
主　　审　刘　品

U0340435

机械工业出版社

本书为高等工科院校机械类和近机类专业技术基础课教材，内容包括：互换性与标准化的基本概念；尺寸精度、几何精度、表面粗糙度的精度设计；典型零部件（滚动轴承结合、键与花键结合、螺纹结合和渐开线圆柱齿轮）的精度设计；尺寸链的计算；检测技术基础和检测实验指导等。为了便于理解，书中各章均附有机械精度设计实例分析和习题训练。

本书全部采用现行国家标准，可供高等工科院校机械类各专业（包括机械制造、机械设计和机械电子方向）以及仪器仪表类专业教学使用，也可供从事机械设计、制造、标准化和计量测试等工作的工程技术人员参考。

本书是国家精品在线开放课程（MOOC）指定教材。本书配有免费电子课件，欢迎选用本书作教材的教师登录 www.cmpedu.com 注册下载。

图书在版编目（CIP）数据

互换性与测量技术基础案例教程/马惠萍主编．—2 版．—北京：机械工业出版社，2019.7（2022.1 重印）

普通高等教育测控技术与仪器专业系列教材　国家精品在线开放课程（MOOC）指定教材

ISBN 978-7-111- 63339-6

Ⅰ.①互…　Ⅱ.①马…　Ⅲ.①零部件—互换性—高等学校—教材　②零部件—测量技术—高等学校—教材　Ⅳ.①TG801

中国版本图书馆 CIP 数据核字（2019）第 157314 号

机械工业出版社（北京市百万庄大街 22 号　邮政编码 100037）
策划编辑：王　康　责任编辑：王　康　于苏华　王玉鑫
责任校对：郑　婕　肖　琳　封面设计：张　静
责任印制：李　昂
天津翔远印刷有限公司印刷
2022 年 1 月第 2 版第 5 次印刷
184mm×260mm · 15.5 印张 · 379 千字
标准书号：ISBN 978-7-111-63339-6
定价：39.80 元

电话服务　　　　　　　　网络服务
客服电话：010-88361066　机　工　官　网：www.cmpbook.com
　　　　　010-88379833　机　工　官　博：weibo.com/cmp1952
　　　　　010-68326294　金　书　网：www.golden-book.com
封底无防伪标均为盗版　机工教育服务网：www.cmpedu.com

前　言

互换性与测量技术基础（或机械精度设计基础）课程是高等工科院校本科、专科机械类和近机类各专业应用性很强的技术基础课，涉及机械产品及其零件的设计、制造、检验、维修和质量控制等多方面技术问题。本书是根据全国高校"互换性与测量技术基础"教学大纲要求，结合各院校课程体系改革和对学生专业能力培养多元化的需求编写的。在参考已出版的同类教材的基础上，融入了编者多年来教学实践中积累的经验。本书具有以下特点：

1）紧密结合教学大纲，重点突出，适合教学。

2）全部采用现行国家标准和检测技术。

3）理论联系实际，各章附有精度设计实例分析，结合工程应用实例，突出实用性和综合性，注重对学生基本技能的训练和综合能力的培养。

4）适用面广，多学时（40 学时左右）与少学时（24 学时左右）均可使用，各章内容独立，使用者可以根据需要进行选取。

5）本书收录适量公差表格，为学生机械课程设计和毕业设计提供必要的参考资料。

6）本书附有检测实验指导内容，可作为学生的实验教材；各校可根据具体实验设备条件和不同专业的教学要求，选做本书中部分实验。

本书由哈尔滨工业大学马惠萍任主编，刘永猛任副主编，刘品任主审。编写人员有王晓明（第 1 章）、刘永猛（第 2、第 4 章）、马惠萍（第 3、第 5、第 8 章 8.3 节和 8.4 节）、张也晗（第 6、第 7 章）、胡涛（第 8 章 8.1 节和 8.2 节）、郭玉波（第 9 章）、周海（第 10 章 10.1 节和 10.2 节）、张晓光（第 10 章 10.3 节和 10.4 节、附录）。

本书是国家精品在线开放课程（MOOC）指定教材。本书配有免费电子课件，欢迎选用本书作教材的教师登录 www.cmpedu.com 注册下载。希望广大读者在使用中提出改进意见。

编　者

目　录

第 1 章

绪　　论

1.1　概述

机械设计过程通常可以分为四个阶段：系统设计、参数设计、精度设计和工艺设计。

系统设计是确定机械的基本工作原理和总体布局，以保证总体方案的合理性、可实现性与先进性。机械系统设计主要是运动学设计，如传动系统、位移、速度、加速度等，又称为运动设计。

参数设计是根据产品的使用功能要求及系统设计的初步方案，确定产品各组成零部件的结构和尺寸，即零部件上各组成要素的公称值。

精度设计是根据机械的功能要求，正确地对机械零件的尺寸精度、几何精度和表面粗糙度轮廓精度要求进行设计，并将它们正确地标注在零件图和总装图上。因为任何加工方法都不可能没有误差，而零件几何要素的误差都会影响其功能要求，允许误差的大小与生产的经济性和产品的使用寿命密切相关。因此精度设计是机械设计不可分割的重要组成部分。

工艺设计是根据前三个阶段设计所完成的零件图、装配图上所给出的各种技术要求，并结合本企业的实际生产条件等，确定合理的加工工艺、装配工艺，设计有关的工艺装备等。

《互换性与测量技术基础》（或《机械精度设计基础》）课程是培养学生如何进行机械精度设计的一门技术基础课，本课程的内容是机械类和仪器、仪表及近机械类专业的学生进行生产实践和后续课程（如机械设计）所必须用到的技术基础知识，其目的是培养学生具有机械零部件几何精度设计的能力和掌握精度检测的基本知识，为学生进行机械设计奠定基础。

1.2　互换性

互换性的概念在工业及日常生活中到处都能遇到。例如，机器上丢了一个螺钉，可以按照相同的规格装上一个；照明灯的灯泡坏了，只要买一个与灯头规格一致的灯泡装上，就可以使用了；钟表、自行车等某个零部件坏了，换上一个相同规格的新的零部件，就可以正常使用。之所以这样方便，是因为这些合格的零部件具有在尺寸、功能上能够彼此互相替换的性能，即具有互换性。

1.2.1　互换性的定义

互换性是指在同一规格的一批零件或部件中任取一件，不需经过任何选择、修配或调整就能装在机器或仪器上，并满足原定使用功能要求的特性。若零部件具有互换性，则应同时满足两个条件：① 不需任何选择、修配或调整便能进行装配或维修更换；②装配或更换后能满足原定的使用性能要求。

1.2.2 互换性的分类

（1）根据互换程度或范围的不同，互换性可分为完全互换性和不完全互换性两类。

完全互换性（绝对互换）以零部件装配或更换时不需要挑选或修配为条件。例如，对一批孔和轴装配后的间隙要求控制在某一范围内，据此规定了孔和轴的尺寸允许变动范围。孔和轴加工后只要符合设计的规定，则它们就具有完全互换性。

不完全互换性（有限互换）是指在零部件装配时允许有附加的选择、调整和修配。不完全互换性可以用分组装配法、调整法或其他方法来实现。

分组装配法指当装配精度要求较高时，采用完全互换将使零件制造困难，成本很高，甚至无法加工。这时可将零件的制造公差适当放大后进行加工，而在零件完成加工后，经测量并按照实际尺寸的大小分为若干组，使每组零件间实际尺寸的差别减小，再按相应组进行装配（即大孔与大轴相配，小孔与小轴相配）。这样既可以保证装配精度要求，又能使加工难度减小，从而降低制造成本。采用分组装配时，对应组内的零件可以互换，而非对应组间则不能互换，因此零件的互换范围是有限的。

调整法是一种保证装配精度的措施。调整法的特点是在机器装配或使用过程中，对某一特定零件按所需的尺寸进行调整，以达到装配精度要求。如在减速器中调整轴承盖与箱体间的垫片厚度，以补偿温度变化对轴的影响。

一般来说，对于厂际协作，应采用完全互换性。对于厂内生产的零部件间的装配，可以采用不完全互换性。

（2）按照使用要求可以分为几何参数互换和功能互换。

几何参数互换是通过规定几何参数的公差保证成品的几何公差充分近似的互换，又称狭义互换。

功能互换是通过规定功能参数（如材料力学性能、化学、光学、电学、流体力学等参数）的公差所达到的互换，又称广义互换。因为要保证零件使用功能的要求，不仅取决于几何参数的一致性，还取决于它们物理性能、化学性能、力学性能等参数的一致性。本课程主要研究几何参数的互换性。

（3）按照应用场合不同，互换性可分为外互换和内互换。

外互换是指部件或机构与其相配件间的互换性，如滚动轴承内圈内径与轴颈的配合，外圈外径与外壳孔的配合。内互换是指在厂家内部生产的部件或机构内部组成零件间的互换，如滚动轴承内、外圈滚道与滚动体之间的装配。一般内互换采用不完全互换，且局限在厂家内部进行；而外互换采用完全互换，适用于生产厂家之外广泛的范围。

1.2.3 互换性的作用

在设计方面，零部件具有互换性，可以最大限度地采用标准零部件和通用件（如螺钉、销钉、键、滚动轴承等），大大简化绘图和计算等工作，缩短设计周期。还可以采用计算机进行辅助设计，促进产品品种多样化。如手表生产采用具有互换性的统一机芯，缩短了新手表的设计周期。

在制造方面，由于具有互换性的零部件按照标准规定的公差加工，有利于组织专业化生产，采用先进工艺和高效率的专用设备，或采用计算机辅助制造，实现加工过程和装配过程机械化、自动化，从而可以提高生产率和产品质量，降低生产成本。如汽车制造厂生产汽车，只负责生产若干重要的零部件，汽车上的其他零部件分别由几百家工厂生产，采用专业化协作生产。

在装配方面，由于具有互换性的零件不需要辅助加工和修配，故可以减轻装配工作量，缩短装配周期，并可采用流水线或自动线装配。如汽车装配线上，由各工厂协作生产的零部件采用统一的技术要求，故在汽车装配时不会出现不满足产品技术性能要求的情况。

在使用和维修方面，零部件具有互换性，可以及时更换那些已经磨损或损坏了的零部件，因此可以减少机器的维修时间和费用，保证了机器工作的连续性和持久性，延长了机器的使用寿命。

1.3 标准化与优先数系

在现代工业社会化的生产中，要实现互换性生产，必须制定各种标准，以利于各部门的协调和各生产环节的衔接。

1.3.1 标准化

根据 GB/T 20000.1—2014 的规定，标准化的定义为：在一定范围内获得最佳秩序，对现实问题或潜在问题制定共同使用和重复使用的条款的活动。上述活动主要包括编制、发布和实施标准的过程。由标准化的定义可以看到：标准化不是一个孤立的概念，而是一个活动过程。这个过程包括循环往复地制定、贯彻、修订标准。在标准化的全部活动中，贯彻标准是核心环节，制定和修订标准是标准化的最基本的任务。标准的制定离不开环境的限定，通过一段时间的执行，要根据实际使用情况，对现行标准加以修订或更新。所以在执行各项标准时应以最新颁布的标准为准则。

标准是指在一定范围内使用的统一规定，是"为了在一定范围内获得最佳秩序，经协商一致制定，并由公认机构批准，共同使用和重复使用的一种规范性文件。"标准是互换性生产的基础，是人们活动的依据。

机械行业主要采用的标准有国际标准、国家标准、地方标准、行业标准和企业标准等。国际标准用符号 ISO 表示，ISO 是国际标准化组织的英文缩写。国家标准用符号 GB 表示，GB 是国家标准的汉语拼音字头。国家标准有强制执行的标准（记为 GB）、推荐执行的标准（记为 GB/T）和指导性的标准（记为 GB/Z）。

1.3.2 优先数系和优先数

在机械产品的设计和标准的制定过程中，要涉及很多技术参数。当选定一个数值作为某种产品的参数指标时，这个数值就会按照一定的规律影响并限定有关的产品尺寸，例如，设计减速器箱体上的螺钉，当螺钉公称直径确定后，则箱体上螺孔数值随之确定，与之相配的加工用钻头、铰刀和丝锥尺寸，检验用的螺纹塞规尺寸等都随之确定。这种情况称为数值的传播。工程技术上的参数值，经过反复传播以后，即使只有很小的差别，也会造成尺寸规格的繁多杂乱，给生产组织、协作配套、使用维修及贸易等带来很大的困难。因此技术参数的传播不能随意选择，应在一个理想的、统一的数系中选择，用统一的数系来协调各部门的生产。机械行业所用的统一数系就是优先数系。

国家标准（GB/T 321—2005）《优先数和优先数系》规定十进等比数列为优先数系，并规定了五个系列。它们分别用系列符号 R5、R10、R20、R40 和 R80 表示，称为 Rr 系列，公式比 $q_r = \sqrt[r]{10}$。同一系列中，每增 r 个数，数值增至 10 倍。各系列的公比为

R5 系列的公比：$q_5 = \sqrt[5]{10} \approx 1.60$

R10 系列的公比：$q_{10} = \sqrt[10]{10} \approx 1.25$

R20 系列的公比：$q_{20} = \sqrt[20]{10} \approx 1.12$

R40 系列的公比：$q_{40} = \sqrt[40]{10} \approx 1.06$

R80 系列的公比：$q_{80} = \sqrt[80]{10} \approx 1.03$

其中 R5、R10、R20、R40 称为基本系列，R80 称为补充系列，仅在参数分级很细或基本系列中的优先数不能适应实际情况时，才考虑采用。表 1-1 列出了 1～10 范围内基本系列（R5、R10、R20、R40 系列）的优先数系。

表 1-1　基本系列优先数系（摘自 GB/T 321—2005）

R5	1.00			1.60			2.50			4.00			6.30		10.00
R10	1.00	1.25		1.60	2.00	2.50	3.15		4.00	5.00	6.30	8.00		10.00
R20	1.00	1.12	1.25	1.40	1.60	1.80	2.00	2.24	2.50	2.80	3.15
	3.55	4.00	4.50	5.00	5.60	6.30	7.10	8.00	9.00	10.00	
R40	1.00	1.06	1.12	1.18	1.25	1.32	1.40	1.50	1.60	1.70	1.80
	1.90	2.00	2.12	2.24	2.36	2.50	2.65	2.80	3.00	3.15	3.35
	3.55	3.75	4.00	4.25	4.50	4.75	5.00	5.30	5.60	6.00	6.30
	6.70	7.10	7.50	8.00	8.50	9.00	9.50	10.00			

基本系列和补充系列具有以下几个规律。

（1）延伸性　移动小数点位置，优先数可向两个方向无限延伸（将表 1-1 中 1～10 内的优先数乘以 10 的正整数次幂或负整数次幂即可）。

（2）包容性　指 R5、R10、R20、R40 数列中的项值分别包容在 R10、R20、R40、R80 数列中。

（3）插入性　指 R10、R20、R40、R80 数列分别由 R5、R10、R20、R40 数列中相邻两项之间插入一项形成的。

（4）相对差比值不变性　指同一优先数列中，相邻两项的后项减前项与前项的比值不变，这样有利于产品的分级和分档。

国家标准还允许从基本系列和补充系列中隔项取值构成派生系列。例如，在 R10 系列中每隔 3 项取值构成 R10/3 系列（公比为 $\sqrt[10]{10^3} \approx 2.00$），即 1.00、2.00、4.00、8.00、…，它是常用的倍数系列。

选用基本系列时，应遵循先疏后密的原则，即应按照 R5、R10、R20、R40 的顺序选取，以免规格过多。当基本系列不能满足分级要求时，可选用补充系列或派生系列。

优先数系中每个数值称为优先数。按照公式计算得到的优先数的理论值（除 10 的整数

幂外）都是无理数，在工程技术上不能直接应用。而实际应用的数值都是经过化整后的近似值，根据取值的精确程度，优先数值有三种取法。

（1）计算值 取 5 位有效数值，常用于精确计算。

（2）常用值 取 3 位有效数值，为通常所用值，如表 1-1 中数值为常用值，即通常所称的优先数。

（3）化整值 取 2 位有效数值，并遵循国家标准（GB/T 19764—2005）《优先数和优先数化整值系列的选用指南》的规定。

习 题

1-1 按互换程度来分，互换性可分为哪两类？它们有何区别？各适用于什么场合？

1-2 什么是优先数系？国家标准中优先数系有几种系列？

1-3 什么是标准化？标准应如何分类？它和互换性有何关系？

1-4 优先数系形成的规律是什么？

第**2**章

尺寸精度设计

在工程设计中，如何保证精密位移台或升降台沿导轨运动的直线度？如何实现齿轮孔和轴径装配的配合要求？如何保证轮缘和轮毂的固定连接，并能够传递较大的转矩和轴向力？其设计的关键在于合理地设计孔和轴的尺寸精度，实现合理的配合关系。

尺寸精度设计是机械精度设计的第一步。为实现机械产品零部件的互换性，需要合理设计其尺寸精度，并将配合公差和尺寸公差正确地标注在装配图和零件图上。按照零件图上尺寸精度要求加工后的零件，需要测量出其实际尺寸，计算出尺寸误差，要求尺寸误差在规定的尺寸公差范围之内，保证零件的尺寸精度的合格性，实现零件加工和装配的互换性。

2.1　尺寸精度设计的基本术语和定义

为了合理设计机械产品中零部件的尺寸精度，首先应该熟练掌握国家标准 GB/T 1800.1—2009《产品几何技术规范（GPS）　极限与配合　第 1 部分：公差、偏差和配合的基础》规定的基本术语和定义。

2.1.1　有关孔、轴的定义

1. 孔

孔通常是指工件的圆柱形内尺寸要素，也包括非圆柱形内尺寸要素，即由两个平行平面或者切面形成的包容面。

2. 轴

轴通常是指工件的圆柱形外尺寸要素，也包括非圆柱形外尺寸要素，即由两个平行平面或者切面形成的被包容面。

国家标准 GB/T 1800.1—2009 规定的孔和轴的定义要比通常的概念更宽泛。孔和轴并不仅仅局限指圆柱形的内表面和外表面，扩展至非圆柱形的内、外表面。例如，图 2-1a 中的键槽的宽度 D 和图 2-1b 中的孔 D_1、D_2、D_3 都属于孔；图 2-1a 中的轴径 d_1、键槽底部尺寸 d_2 和图 2-1b 中的 d 都属于轴。其中圆柱形的孔和轴的尺寸标注时需要加 ϕ。

对于孔和轴的定义，可以这样理解：从加工过程的角度看，孔的尺寸随着加工余量的切除，由小变大；轴的尺寸随着加工余量的切除，由大变小。从装配关系的角度看，孔是包容面，如轴承内圈的内径、轴上键槽的键宽、导轨轴套的直径等；轴是被包容面，如轴承外圈的外径、平键的宽度、圆柱导轨轴的直径等。

2.1.2　有关尺寸、偏差和公差的术语和定义

1. 尺寸

尺寸是指以特定单位表示线性尺寸的数值。如半径、直径、长度、宽度、高度、深度和

	加工	测量	结合
孔	尺寸越大	内尺寸	包容面
轴	尺寸越小	外尺寸	被包容面

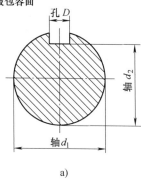
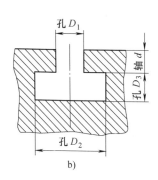

图 2-1　孔和轴的定义

厚度及中心距等。尺寸必须带有单位，工程上规定，图样上的尺寸数值的特定单位为 mm。在绘制工程图样时，由于单位均为 mm，因此省略不标注。

2. 公称尺寸

公称尺寸是设计给定的尺寸，由图样规范确定的理想形状要素的尺寸。公称尺寸可以是一个整数或一个小数，由设计人员根据使用要求，通过强度、刚度计算或者按照空间尺寸、结构位置通过试验和类比方法确定后，并从相关国家标准表格中查取的标准值，在极限配合中，它也是计算偏差的起始尺寸。孔和轴的公称尺寸代号分别为 D 和 d。图样上标注的 $\phi 50^{+0.016}_{0}$、50、$50^{+0.009}_{-0.021}$ 中的 50 都是公称尺寸。在以前的国家标准版本中，公称尺寸曾被称为"基本尺寸""名义尺寸"。

3. 提取组成要素的局部尺寸

提取组成要素的局部尺寸是一切提取组成要素上两对应点之间距离的统称，分别用 D_a 和 d_a 表示孔、轴的提取组成要素的局部尺寸。

注：为方便起见，可将提取组成要素的局部尺寸简称为提取要素的局部尺寸。

（1）提取圆柱面的局部尺寸　要素上两对应点之间的距离。其中，两对应点之间的连线通过拟合圆圆心，横截面垂直于由提取表面得到的拟合圆柱面的轴线。

（2）两平行提取表面的局部尺寸　两平行对应提取表面上两对应点之间的距离。其中，所有对应点的连线均垂直于拟合中心平面，拟合中心平面是由两平行提取表面得到的两拟合平行平面的中心平面（两拟合平行平面之间的距离可能与公称距离不同）。

4. 极限尺寸

极限尺寸是指尺寸要素允许的尺寸的两个极端，即上极限尺寸和下极限尺寸。提取组成要素的局部尺寸应位于极限尺寸之间，也可以达到极限尺寸。极限尺寸以公称尺寸为基数来确定。

（1）上极限尺寸　上极限尺寸是尺寸要素允许的最大尺寸，是指两个极限尺寸中较大的一个。在以前的国家标准版本中，上极限尺寸曾被称为"最大极限尺寸"。孔和轴的上极限尺寸代号分别为 D_{max} 和 d_{max}。

（2）下极限尺寸　下极限尺寸是尺寸要素允许的最小尺寸，是指两个极限尺寸中较小的一个。在以前的国家标准版本中，下极限尺寸曾被称为"最小极限尺寸"。孔和轴的下极

限尺寸代号分别为 D_{min} 和 d_{min}。

5. 尺寸偏差

尺寸偏差简称偏差，是指某一尺寸（极限尺寸、提取组成要素的局部尺寸）减去其公称尺寸所得的代数差。偏差包括极限偏差（上、下极限偏差）和实际偏差。偏差的数值可正、可负、也可为零，但是同一个公称尺寸的两个极限偏差不能同时等于零。在计算和标注时，偏差除零以外必须带有正号或者负号。

（1）极限偏差 极限偏差是指极限尺寸减去其公称尺寸得到的代数差。包括上极限偏差和下极限偏差，其中上极限偏差是指上极限尺寸减去公称尺寸得到的代数差；下极限偏差是指下极限尺寸减去公称尺寸得到的代数差。国家标准规定：孔的上、下极限偏差代号用大写字母 ES、EI 表示；轴的上、下极限偏差代号用小写字母 es、ei 表示。

由极限偏差的定义，有

$$ES = D_{max} - D \tag{2-1}$$
$$EI = D_{min} - D \tag{2-2}$$
$$es = d_{max} - d \tag{2-3}$$
$$ei = d_{min} - d \tag{2-4}$$

在以前的国家标准版本中，上极限偏差和下极限偏差曾分别被称为"上偏差"和"下偏差"。

（2）基本偏差 基本偏差是指确定公差带相对零线位置的那个极限偏差。可以是上极限偏差或下极限偏差，一般为靠近零线的那个偏差。

6. 尺寸公差

尺寸公差（简称公差）等于上极限尺寸减下极限尺寸之差，也等于上极限偏差减下极限偏差之差。表示允许尺寸的变动量。

尺寸公差是一个没有符号的绝对值。公差和极限尺寸的关系可以表示为

$$T_D = |D_{max} - D_{min}| \tag{2-5}$$
$$T_d = |d_{max} - d_{min}| \tag{2-6}$$

将式(2-1)~式(2-4)代入上述的式(2-5)和式(2-6)，可以得到公差和极限偏差的表达式为

$$T_D = |ES - EI| \tag{2-7}$$
$$T_d = |es - ei| \tag{2-8}$$

可见，公差是用于控制尺寸的变动量，它是绝对值，不能为零。

7. 尺寸公差带图

为了形象地表达孔和轴的公差和偏差，习惯用尺寸公差带图的形式描述孔和轴尺寸之间的关系。由于公差和偏差的数值与公称尺寸数值相比差别很大，不方便用同一比例表示，故采用孔、轴的公差及其配合图解（尺寸公差带图）表示。如图2-2所示，尺寸公差带图由零线和孔、轴的公差带两部分组成。

（1）零线 零线是在尺寸公差带图中表示公称尺寸的一条直线，以其为基准确定偏差和公差。通常，零线沿水平方向绘制，零线上方为正偏差区，零线下方为负偏差区，即正偏差位于其上，负偏差位于其下。画公差带图时，应标注零线、公称尺寸数值和符号"+、0、-"。

（2）公差带 公差带是在尺寸公差带图中，由代表上极限偏差和下极限偏差或者上极

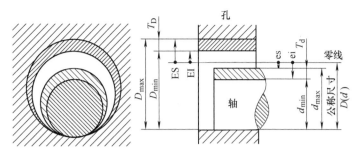

图 2-2　孔、轴配合的尺寸公差带

限尺寸和下极限尺寸的两条直线限定的一个区域。它是由公差大小和其相对零线的位置来确定的。公差带在垂直零线方向的高度代表公差值，公差带沿零线方向的长度可以适当截取，其位置由基本偏差确定，基本偏差一般为靠近零线的那个极限偏差。

如图 2-3 所示，在同一个尺寸公差带图中，孔、轴的公差带的位置、大小应采用相同的比例，并注意采用不同方式区分孔、轴的公差带，可以用汉字区分，也可以用 T_D、T_d，或者采用孔和轴的公差带来区分。

尺寸公差带图的绘制有两种方法：①公称尺寸和极限偏差均采用 mm 为单位，此时单位 mm 省略不写；②公称尺寸标注单位 mm，则上、下极限偏差以 μm 为单位，且 μm 省略不写。这两种尺寸公差带图的绘制方法可以参考例 2-1 中的图 2-4。

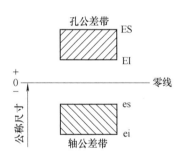

图 2-3　尺寸公差带图的画法

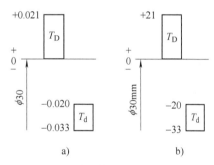

图 2-4　孔和轴的尺寸公差带图

例 2-1　已知孔和轴的公称尺寸为 $\phi30mm$，孔的极限尺寸为 $D_{max} = \phi30.021mm$，$D_{min} = \phi30.000mm$，轴的极限尺寸为 $d_{max} = \phi29.980mm$，$d_{min} = \phi29.967mm$，试

1）计算孔和轴的极限偏差和公差。

2）给出孔和轴的极限偏差在图样上的标注形式。

3）用两种方法绘制出孔和轴的尺寸公差带图。

解　1）根据式（2-1）~式（2-4）和式（2-5）~式（2-8），可以得到

孔的上极限偏差：$ES = D_{max} - D = 30.021mm - 30mm = +0.021mm$

孔的下极限偏差：$EI = D_{min} - D = 30mm - 30mm = 0mm$

轴的上极限偏差：$es = d_{max} - d = 29.980mm - 30mm = -0.020mm$

轴的下极限偏差：$ei = d_{min} - d = 29.967mm - 30mm = -0.033mm$

孔的公差：$T_D = |D_{max} - D_{min}| = |30.021mm - 30mm| = 0.021mm$

或：$T_D = |ES-EI| = |(+0.021)mm-0mm| = 0.021mm$

轴的公差：$T_d = |d_{max}-d_{min}| = |29.980mm-29.967mm| = 0.013mm$

或 $T_d = |es-ei| = |(+0.020)mm-(-0.033)mm| = 0.013mm$

2) 孔在图样上的标注形式为：$\phi30^{+0.021}_{0}$，轴在图样上的标注形式为：$\phi30^{-0.020}_{-0.033}$。

3) 用两种方法绘制的孔和轴的尺寸公差带图如图2-4所示。

2.1.3 有关配合的术语和定义

1. 配合

配合是指公称尺寸相同的并且相互结合的孔和轴公差带之间的关系。

根据配合的定义可以看出，形成配合需要有两个基本条件，第一个是孔和轴的公称尺寸必须相同，即 $D=d$；第二个是具有包容和被包容的关系，即孔和轴的结合。同时配合是指一批孔和轴的装配关系，而不是指单个孔和单个轴的相配合，所以用公差带的相互关系来描述配合比较确切。

2. 间隙

孔的尺寸减去与之相配合的轴的尺寸之差为正时，称为间隙。用代号 X 表示间隙，如图2-5所示。

3. 过盈

孔的尺寸减去与之相配合的轴的尺寸之差为负时，称为过盈。用代号 Y 表示过盈，如图2-6所示。

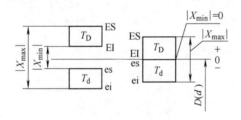

图2-5 间隙配合的尺寸公差带图

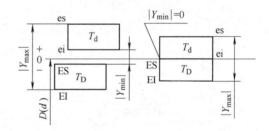

图2-6 过盈配合的尺寸公差带图

4. 配合类别

根据孔和轴公差带的相对位置关系，可将配合分为三类，即间隙配合、过盈配合和过渡配合。

（1）间隙配合 间隙配合是指具有间隙（包括最小间隙等于零）的配合。此时，孔的公差带在轴的公差带之上（包括相接），如图2-5所示。

为了定量表示间隙配合中间隙的大小，用最大间隙 X_{max}、最小间隙 X_{min} 和平均间隙 X_{av} 定量地描述间隙配合的配合性质。

1) 最大间隙。最大间隙是指在间隙配合或过渡配合中，孔的上极限尺寸（或上极限偏差）与轴的下极限尺寸（或下极限偏差）之差。用符号 X_{max} 表示。即

$$X_{max} = D_{max} - d_{min} = ES - ei \tag{2-9}$$

2) 最小间隙。最小间隙是指在间隙配合或过渡配合中，孔的下极限尺寸（或下极限偏

差）与轴的上极限尺寸（或上极限偏差）之差。用符号 X_{min} 表示。即

$$X_{min} = D_{min} - d_{max} = \text{EI} - \text{es} \qquad (2\text{-}10)$$

3）平均间隙。在实际生产中，有时用到平均间隙，即最大间隙和最小间隙的平均值，用符号 X_{av} 表示。即

$$X_{av} = \frac{1}{2}(X_{max} + X_{min}) \qquad (2\text{-}11)$$

从间隙的定义可以看出，最大间隙、最小间隙和平均间隙的符号必须为正号。

（2）过盈配合 过盈配合是指具有过盈（包括最小过盈等于零）的配合。此时，孔的公差带在轴的公差带之下（包括相接），如图 2-6 所示。

为了定量表示过盈配合中过盈的大小，用最小过盈 Y_{min}、最大过盈 Y_{max} 和平均过盈 Y_{av} 定量地描述过盈配合的配合性质。

1）最小过盈。最小过盈是指在过盈配合或过渡配合中，孔的上极限尺寸（或上极限偏差）与轴的下极限尺寸（或下极限偏差）之差。用符号 Y_{min} 表示。即

$$Y_{min} = D_{max} - d_{min} = \text{ES} - \text{ei} \qquad (2\text{-}12)$$

2）最大过盈。最大过盈是指在过盈配合或过渡配合中，孔的下极限尺寸（或下极限偏差）与轴的上极限尺寸（或上极限偏差）之差。用符号 Y_{max} 表示。即

$$Y_{max} = D_{min} - d_{max} = \text{EI} - \text{es} \qquad (2\text{-}13)$$

3）平均过盈。在实际生产中，有时用到平均过盈，即最大过盈和最小过盈的平均值，用符号 Y_{av} 表示。即

$$Y_{av} = \frac{1}{2}(Y_{max} + Y_{min}) \qquad (2\text{-}14)$$

从过盈的定义可以看出，最小过盈、最大过盈和平均过盈的符号必须为负号。

（3）过渡配合 过渡配合是指可能具有间隙或过盈的配合。此时，孔的公差带与轴的公差带相互交叠，如图 2-7 所示。

在过渡配合中，同时存在间隙和过盈，因此过渡配合的配合性质采用最大间隙 X_{max}、最大过盈 Y_{max} 和平均间隙 X_{av}（或平均过盈 Y_{av}）来定量地表示。最大间隙 X_{max} 等于孔的上极限尺寸减去轴的下极限尺寸，计算公式同式(2-9)。最大

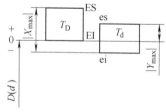

图 2-7 过渡配合的尺寸公差带图

过盈 Y_{max} 等于孔的下极限尺寸减去轴的上极限尺寸，计算公式同式(2-13)。如果最大间隙 X_{max} 的绝对值大于最大过盈 Y_{max} 的绝对值，则用平均间隙 X_{av} 表示，反之，用平均过盈 Y_{av} 表示。过渡配合的平均间隙或平均过盈等于最大间隙和最大过盈的平均值，即

$$X_{av}(Y_{av}) = \frac{1}{2}(X_{max} + Y_{max}) \qquad (2\text{-}15)$$

注意：极限间隙和极限过盈都是代数量，必须带有正、负号。

5. 配合公差

配合公差是指允许间隙或过盈的变动量，等于组成配合的孔和轴公差之和，表明装配后的配合精度，是评价配合质量的一个重要指标。配合公差是一个没有符号的绝对值，并且不能为零。

配合公差用代号 T_f 表示，根据配合公差的定义，可以得到其计算公式。

对于间隙配合

$$T_f = |X_{max} - X_{min}| \tag{2-16}$$

对于过盈配合

$$T_f = |Y_{min} - Y_{max}| \tag{2-17}$$

对于过渡配合

$$T_f = |X_{max} - Y_{max}| \tag{2-18}$$

将配合公差公式中的最大间隙、最小间隙和最大过盈、最小过盈用极限偏差的形式代换，则有

$$
\begin{aligned}
T_f &= |X_{max}(Y_{min}) - X_{min}(Y_{max})| \\
&= |(ES-ei) - (EI-es)| \\
&= |(ES-EI) + (es-ei)| \\
&= |ES-EI| + |es-ei| \\
&= T_D + T_d
\end{aligned}
\tag{2-19}
$$

即用孔和轴的公差表示三类配合的配合公差的计算公式是相同的，均为

$$T_f = T_D + T_d \tag{2-20}$$

式（2-20）表明，配合公差等于相互配合的孔和轴的公差之和，配合精度取决于孔和轴的尺寸精度，与配合类别无关。在设计时，往往是根据工程中对间隙和过盈的使用要求，得到配合公差，然后将配合公差合理分配为孔和轴的尺寸公差。

例 2-2　现有一个 $\phi 50^{+0.025}_{0}$ mm 的孔，与三个尺寸要求不同的轴分别形成间隙配合、过盈配合、过渡配合。

1）该孔与尺寸为 $\phi 50^{-0.025}_{-0.041}$ mm 的轴形成间隙配合，求最大间隙、最小间隙、平均间隙和配合公差。

2）该孔与尺寸为 $\phi 50^{+0.042}_{+0.026}$ mm 的轴形成过盈配合，求最大过盈、最小过盈、平均过盈和配合公差。

3）该孔与尺寸为 $\phi 50^{+0.025}_{+0.009}$ mm 的轴形成过渡配合，求最大间隙、最大过盈、平均间隙或平均过盈和配合公差。

4）将这三种不同配合画在同一张尺寸公差带图上。

解　1）最大间隙：$X_{max} = ES - ei = (+0.025)\,mm - (-0.041)\,mm = +0.066\,mm$

最小间隙：$X_{min} = EI - es = 0\,mm - (-0.025)\,mm = +0.025\,mm$

平均间隙：$X_{av} = \dfrac{1}{2}(X_{max} + X_{min}) = \dfrac{1}{2}[(+0.066)\,mm + (+0.025)\,mm]$

$\qquad\qquad\quad = +0.0455\,mm$

配合公差：$T_f = |X_{max} - X_{min}| = |(+0.066)\,mm - (+0.025)\,mm| = 0.041\,mm$

或 $T_f = T_D + T_d = |ES - EI| + |es - ei|$

$\qquad = |(+0.025)\,mm - 0\,mm| + |(-0.025)\,mm - (-0.041)\,mm| = 0.041\,mm$

2）最大过盈：$Y_{max} = EI - es = 0\,mm - (+0.042)\,mm = -0.042\,mm$

最小过盈：$Y_{min} = ES - ei = (+0.025)\,mm - (+0.026)\,mm = -0.001\,mm$

平均过盈：$Y_{av} = \dfrac{1}{2}(Y_{max} + Y_{min}) = \dfrac{1}{2}[(-0.042)\,mm + (-0.001)\,mm] = -0.0215\,mm$

配合公差：$T_f = |Y_{min} - Y_{max}| = |(-0.001)mm - (-0.042)mm| = 0.041mm$

或 $T_f = T_D + T_d = |ES - EI| + |es - ei|$

$= |(+0.025)mm - 0mm| + |(+0.042)mm - (+0.026)mm| = 0.041mm$

3）最大间隙：$X_{max} = ES - ei = (+0.025)mm - (+0.009)mm = +0.016mm$

最大过盈：$Y_{max} = EI - es = 0mm - (+0.025)mm = -0.025mm$

由于 $|X_{max}| = |+0.016mm| < |Y_{max}| = |-0.025mm|$，所以采用平均过盈来描述该过渡配合，即

$$Y_{av} = \frac{1}{2}(X_{max} + Y_{max}) = \frac{1}{2}[(-0.025)mm + (+0.016)mm]$$

$$= -0.0045mm$$

配合公差：$T_f = |X_{max} - Y_{max}| = |(+0.016)mm - (-0.025)mm| = 0.041mm$

或 $T_f = T_D + T_d = |ES - EI| + |es - ei|$

$= |(+0.025)mm - 0mm| + |(+0.025)mm - (+0.009)mm|$

$= 0.041mm$

4）将这三种不同配合画在同一张尺寸公差带图上，如图2-8所示。

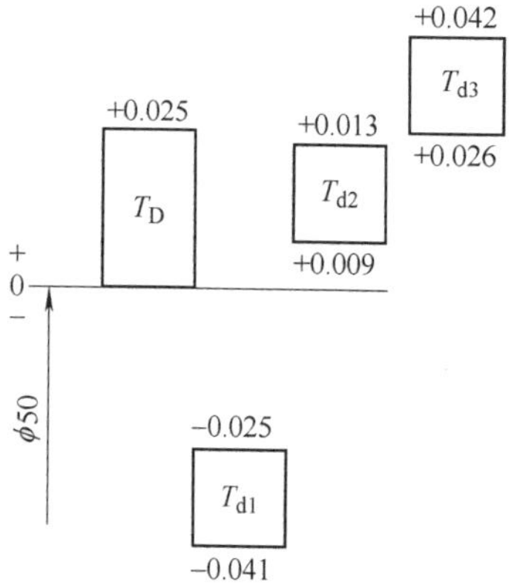

分析：从上述例题可以看出，虽然孔、轴的尺寸公差相同而使配合公差相同，但是由于轴的极限尺寸或极限偏差不同，结果导致配合性质完全不同。因此可以说，孔、轴的尺寸精度决定了配合精度，而孔、轴的极限尺寸或极限偏差决定了配合性质。

2.2 尺寸的极限与配合国家标准

孔、轴结合在机械产品中应用非常广泛，根据使用要求的不同，主要有三种形式：孔和轴之间实现相对运动的间隙配合，孔和轴之间实现固定连接的过盈配合，孔和轴之间实现定位可拆连接的过渡配合。为了满足这三种配合需求，极限与配合国家标准 GB/T 1800.1—2009 规定了配合制、标准公差系列和基本偏差系列，其基本结构如图2-9所示。

图 2-8 尺寸公差带图

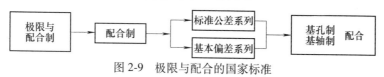

图 2-9 极限与配合的国家标准

为了深入理解尺寸精度设计，要学习国家标准极限与配合的基本内容——配合制、标准公差系列、基本偏差系列和孔、轴公差带与配合等问题。

2.2.1 配合制

配合制，即基准制，是指同一极限制的孔和轴组成的一种配合制度，即以两个相配合的零件中的一个作为基准件，并使其公差带位置固定，而通过改变另一个零件（非基准件）的公差带位置来形成各种配合的一种制度。GB/T 1800.1—2009 中规定了两种等效的配合

制：基孔制配合和基轴制配合。

1. 基孔制配合

基孔制配合是指基本偏差为一定的孔的公差带，与不同基本偏差的轴的公差带形成各种配合的一种制度。如图 2-10 所示，取孔的下极限尺寸与公称尺寸相等，孔的下极限偏差为零，即 EI = 0。基孔制配合中的孔称为基准孔，它是配合的基准件，此时，轴是非基准件。国家标准规定基准孔的下极限偏差为基本偏差，用代号 H 表示，基准孔的上极限偏差为正值。此时，通过改变轴的基本偏差大小（即公差带的位置）而形成各种不同性质的配合。

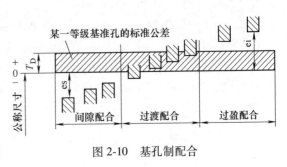

图 2-10　基孔制配合

2. 基轴制配合

基轴制配合是指基本偏差为一定的轴的公差带，与不同基本偏差的孔的公差带形成各种配合的一种制度。如图 2-11 所示，取轴的上极限尺寸与公称尺寸相等，轴的上极限偏差为零，即 es = 0。基轴制配合中的轴称为基准轴，它是配合的基准件，此时，孔是非基准件。国家标准规定基准轴的上极限偏差为基本偏差，用代号 h 表示，基准轴的下极限偏差为负值。此时，通过改变孔的基本偏差大小（即公差带的位置）而形成各种不同性质的配合。

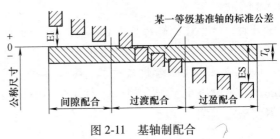

图 2-11　基轴制配合

基孔制配合和基轴制配合构成了两种等效的配合系列，即在基孔制配合中规定的配合种类，在基轴制配合中也有相应的同名配合。

例 2-3　已知某配合中孔和轴的公称尺寸为 $D(d) = \phi 25\text{mm}$，$X_{\max} = +0.013\text{mm}$，$Y_{\max} = -0.021\text{mm}$，$T_d = 0.013\text{mm}$，因结构需要采用基轴制。求：ES、EI、es、ei、T_f，并画出尺寸公差带图。

解　1）由题意可知，采用基轴制 h 配合，h 的基本偏差为 es，并且 es = 0。

又因为 $T_d = 0.013\text{mm}$，所以 ei = es − T_d = −0.013mm。

2）求孔的 ES、EI。

因为 $X_{\max}$ = ES − ei = ES − (−0.013)mm = +0.013mm，所以 ES = 0。

又因为 $Y_{\max}$ = EI − es = −0.021mm，所以 EI = −0.021mm。

$T_f = T_D + T_d = |\text{ES} - \text{EI}| + |\text{es} - \text{ei}| = 0.021\text{mm} + 0.013\text{mm} = 0.034\text{mm}$。

或 $T_f = |X_{\max} - Y_{\max}| = |(+0.013)\text{mm} - (-0.021)\text{mm}| = 0.034\text{mm}$。

3）尺寸公差带图如图 2-12 所示。

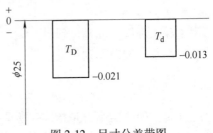

图 2-12　尺寸公差带图

2.2.2 标准公差系列

标准公差系列是国家标准 GB/T 1800.1—2009 制定的一系列标准公差数值。标准公差是在国家标准极限与配合制中所规定的任一公差,由公差等级和公称尺寸共同决定。标准公差数值确定公差带的大小,即公差带垂直于零线方向的高度。

标准公差系列由三项内容组成:公差等级、公差单位和公称尺寸分段。

经生产实践和试验统计分析证明,公称尺寸相同的一批零件,若加工方法和生产条件不同,则产生的误差也不同;若加工方法和生产条件相同,而公称尺寸不同,也会产生大小不同的误差。由于公差是控制误差的,所以制定公差的基础,就是从误差产生的规律出发,由试验统计得到的公差计算表达式为

$$T = ai = af(D) \tag{2-21}$$

式中 a——公差等级系数(或公差单位数),它表示零件尺寸相同,而要求公差等级不同时,应有不同的公差值;

      i——标准公差因子(或公差单位),即 $i = f(D)$;

      D——公称尺寸的几何平均值(mm)。

由此可见,公差值的标准化,就是如何确定标准公差因子 i、公差等级系数 a 和公称尺寸的几何平均值 D。

1. 标准公差因子 i 及其计算式的确定

标准公差因子 i 是计算标准公差数值的基本单位,也是制定标准公差系列表的基础。根据生产实践以及专门的科学试验和统计分析表明,标准公差因子和零件尺寸的关系如图 2-13 所示。可见,在常用尺寸段(≤500mm)内,它们呈现立方抛物线的关系;当尺寸较大时,接近线性关系。

由误差与公差的关系可知,其公差必须大于等于加工误差 $f_{加工}$ 和测量误差 $f_{测量}$ 之和,即

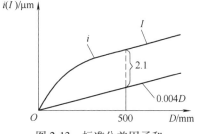

图 2-13   标准公差因子和零件尺寸的关系曲线

$$T \geqslant f_{加工} + f_{测量} \tag{2-22}$$

当 $D \leqslant 500$mm 时,标准公差因子的计算式为

$$i = 0.45\sqrt[3]{D} + 0.001D \tag{2-23}$$

其中,D 的单位为 mm,i 的单位为 μm。式(2-23)等号右边第一项反映加工误差随着尺寸变化的关系,即符合立方抛物线的关系;第二项反映测量误差随尺寸的变化关系,即符合线性关系,它主要考虑温度变化引起的测量误差。例如,通过试验得知,加工 $\phi30$mm 的零件,给定标准公差值为 13μm,当温度变化 5℃时,该零件尺寸变化量为 1.7μm,仅占公差值的 13%;但加工零件尺寸为 $\phi3000$mm 时,其相应的标准公差为 135μm,若温度也变化 5℃时,零件尺寸的变化量竟达 176μm,占给定公差值的 130%。由此可见,当尺寸较大时,由于温度的变化而产生的测量误差将占很大的比例,所以,当零件大于 $500\sim3150$mm 时,其公差单位(以 I 表示)的计算式为

$$I = 0.004D + 2.1 \tag{2-24}$$

其中,D 的单位为 mm,I 的单位为 μm。该式表明,对大尺寸而言,零件的制造误差主

要是由温度变动引起的测量误差，它随着尺寸的变化而呈现线性关系。

2. 标准公差等级及 *a* 值的确定

为了简化和统一对公差的要求，以便既能满足广泛的、不同的使用要求，又能代表各种加工方法的精度，有利于零件设计和制造，有必要合理地规定和划分公差等级。

国家标准 GB/T 1800.1—2009 在公称尺寸至 500mm 范围内规定了 01、0、1、…、18 共 20 个标准公差等级，在公称尺寸大于 500mm 至 3150mm 范围内规定了 1、2、3、…、18 共 18 个标准公差等级。标准公差代号用 IT（ITO.Tolearance 缩写）和阿拉伯数字组成，表示为标准公差等级：IT01、IT0、IT1、…、IT18。同一公称尺寸段内，从 IT01 到 IT18，精度等级依次降低，公差数值依次增大。属于同一等级的公差，对所有的尺寸段虽然公差数值不同，但应看作同等精度。

国家标准 GB/T1800.1—2009 在其正文中只给出 IT1~IT18 共 18 个标准公差等级的标准公差数值，对于 IT01 和 IT0 两个最高级在工业中很少用到，所以在标准的正文中没有给出该两个公差等级的标准公差数值，但为满足使用者需要，而在标准附录中给出了 IT01 和 IT0 的标准公差数值。

尺寸 $D \leqslant 3150$mm 标准公差系列的各级公差值的计算公式列于表 2-1。

表 2-1　标准公差的计算公式（摘自 GB/T 1800.1—2009）　　（单位：μm）

公差等级	标准公差	公称尺寸/mm		公差等级	标准公差	公称尺寸/mm	
		$D \leqslant 500$	$D>500\sim3150$			$D \leqslant 500$	$D>500\sim3150$
01	IT01	$0.3+0.008D$	$1I$	8	IT8	$25i$	$25I$
0	IT0	$0.5+0.012D$	$\sqrt{2}I$	9	IT9	$40i$	$40I$
1	IT1	$0.8+0.020D$	$2I$	10	IT10	$64i$	$64I$
2	IT2	$(IT1)\left(\dfrac{IT5}{IT1}\right)^{\frac{1}{4}}$		11	IT11	$100i$	$100I$
				12	IT12	$160i$	$160I$
3	IT3	$(IT1)\left(\dfrac{IT5}{IT1}\right)^{\frac{1}{2}}$		13	IT13	$250i$	$250I$
4	IT4	$(IT1)\left(\dfrac{IT5}{IT1}\right)^{\frac{3}{4}}$		14	IT14	$400i$	$400I$
				15	IT15	$640i$	$640I$
5	IT5	$7i$	$7I$	16	IT16	$1000i$	$1000I$
6	IT6	$10i$	$10I$	17	IT17	$1600i$	$1600I$
7	IT7	$16i$	$16I$	18	IT18	$2500i$	$2500I$

从表 2-1 中可见，对于 IT6~IT18 的公差等级系数 *a* 值按优先数系 R5 的公比 1.6 增加，每隔 5 项增加 10 倍。IT5 的 *a* 值是继承旧公差标准，因此仍取 7。

对于高精度 IT01、IT0、IT1，主要考虑测量误差，因而其标准公差与零件尺寸呈线性关系计算，且三个等级的标准公差计算公式之间的常数和系数均采用优先数系的派生系列 R10/2 公比 1.6 增加。IT2、IT3、IT4 的标准公差，以一定公比的几何级数插入 IT1 与 IT5 之间，该系列公比 $q=(IT5/IT1)^{1/4}$，即得到表 2-1 所列的相应计算公式。

由表 2-1 可见，国家标准各级公差之间的分布规律性很强，便于向高、低两端延伸和中间差值等级。

3. 尺寸分段及 D 值的确定

从理论上讲，每一个公称尺寸都对应一个相应的标准公差值。在实际生产实践中，公称尺寸很多，结果导致标准公差数值表极其庞大，这样会给设计、生产造成很多困难。另一方面，当公称尺寸变化不大时，其公差值很接近。为了减少标准公差值的数目、统一标准公差值和便于使用，国家标准对公称尺寸进行了分段。公称尺寸分段后，相同公差等级同一公称尺寸分段内的所有公称尺寸的标准公差数值相同。国家标准 GB/T 1800.1—2009 将公称尺寸小于等于 500mm 分成了 13 个尺寸段，将公称尺寸小于等于 3150mm 分成了 21 个尺寸段。

根据表 2-1 进行标准公差计算时，以尺寸分段（大于 $D_n \sim D_{n+1}$）的首尾两项的几何平均值 $D = \sqrt{D_n D_{n+1}}$ 代入公式中计算后，必须按本标准规定的标准公差数值尾数的修约规则进行修约。表 2-2 中所列的标准公差数值就是经过计算和尾数修约后的各尺寸的标准公差值，在工程应用时以表 2-2 所列数值为准。

4. 标准公差数值

当尺寸分段和标准公差等级确定以后，就可以通过查询国家标准 GB/T 1800.1—2009 获取标准公差数值。

表 2-2　标准公差数值表（摘自 GB/T 1800.1—2009）

公称尺寸/mm		标准公差等级																	
大于	至	IT1	IT2	IT3	IT4	IT5	IT6	IT7	IT8	IT9	IT10	IT11	IT12	IT13	IT14	IT15	IT16	IT17	IT18
		μm											mm						
—	3	0.8	1.2	2	3	4	6	10	14	25	40	60	0.1	0.14	0.25	0.4	0.6	1	1.4
3	6	1	1.5	2.5	4	5	8	12	18	30	48	75	0.12	0.18	0.3	0.48	0.75	1.2	1.8
6	10	1	1.5	2.5	4	6	9	15	22	36	58	90	0.15	0.22	0.36	0.58	0.9	1.5	2.2
10	18	1.2	2	3	5	8	11	18	27	43	70	110	0.18	0.27	0.43	0.7	1.1	1.8	2.7
18	30	1.5	2.5	4	6	9	13	21	33	52	84	130	0.21	0.33	0.52	0.84	1.3	2.1	3.3
30	50	1.5	2.5	4	7	11	16	25	39	62	100	160	0.25	0.39	0.62	1	1.6	2.5	3.9
50	80	2	3	5	8	13	19	30	46	74	120	190	0.3	0.46	0.74	1.2	1.9	3	4.6
80	120	2.5	4	6	10	15	22	35	54	87	140	220	0.35	0.54	0.87	1.4	2.2	3.5	5.4
120	180	3.5	5	8	12	18	25	40	63	100	160	250	0.4	0.63	1	1.6	2.5	4	6.3
180	250	4.5	7	10	14	20	29	46	72	115	185	290	0.46	0.72	1.15	1.85	2.9	4.6	7.2
250	315	6	8	12	16	23	32	52	81	130	210	320	0.52	0.81	1.3	2.1	3.2	5.2	8.1
315	400	7	9	13	18	25	36	57	89	140	230	360	0.57	0.89	1.4	2.3	3.6	5.7	8.9
400	500	8	10	15	20	27	40	63	97	155	250	400	0.63	0.97	1.55	2.5	4	6.3	9.7
500	630	9	11	16	22	32	44	70	110	175	280	440	0.7	1.1	1.75	2.8	4.4	7	11
630	800	10	13	18	25	36	50	80	125	200	320	500	0.8	1.25	2	3.2	5	8	12.5
800	1000	11	15	21	28	40	56	90	140	230	360	560	0.9	1.4	2.3	3.6	5.6	9	14
1000	1250	13	18	24	33	47	66	105	165	260	420	660	1.05	1.65	2.6	4.2	6.6	10.5	16.5
1250	1600	15	21	29	39	55	78	125	195	310	500	780	1.25	1.95	3.1	5	7.8	12.5	19.5
1600	2000	18	25	35	46	65	92	150	230	370	600	920	1.5	2.3	3.7	6	9.2	15	23
2000	2500	22	30	41	55	78	110	175	280	440	700	1100	1.75	2.8	4.4	7	11	17.5	28
2500	3150	26	36	50	68	96	135	210	330	540	860	1350	2.1	3.3	5.4	8.6	13.5	21	33

注：1. 公称尺寸大于 500mm 的 IT1～IT5 的标准公差数值为试行的。

　　2. 公称尺寸小于或等于 1mm 时，无 IT14～IT18。

从表 2-2 中可以看出，相同的公称尺寸，其公差值的大小能够反映公差等级的高低。这时，公差数值越大，则公差等级越低；相反，公差数值越小，则公差等级越高。对于不相同的公称尺寸，公差数值不能反映公差等级的高低。公差等级越高，越难加工；公差等级越低，越容易加工。

例 2-4 已知 $d_1 = \phi100mm$，$d_2 = \phi8mm$，$T_{d1} = 35\mu m$，$T_{d2} = 22\mu m$，确定两轴加工的难易程度。

解 通过查取表 2-2（标准公差数值表）可得，轴 1 的公称尺寸属于尺寸分段 80～120mm 之间，由于其公差值为 $35\mu m$，可知轴 1 的标准公差等级为 IT7；轴 2 的公称尺寸属于尺寸分段 6～10mm 之间，由于其公差值为 $22\mu m$，可知轴 2 的标准公差等级为 IT8。所以轴 1 比轴 2 的公差等级高，精度高，因此轴 1 比轴 2 难加工。

2.2.3 基本偏差系列

基本偏差是国家标准 GB/T 1800.1—2009 中确定公差带相对零线位置的那个极限偏差，它可以是上极限偏差或下极限偏差，一般为靠近零线的那个极限偏差。

1. 基本偏差代号

基本偏差是用来确定公差带相对于零线位置的，各种位置的公差带与基准将形成不同的配合。因此，有一种基本偏差，就会有一种配合，即配合种类的多少取决于基本偏差的数量。兼顾满足各种松紧程度不同的配合需求和尽量减少配合种类，国家标准对孔、轴分别规定了 28 种基本偏差，分别用大、小写字母表示。26 个字母中去掉 5 个容易与其他参数相混淆的字母 I、L、O、Q、W（i、l、o、q、w），加上 7 个双写字母 CD、EF、FG、JS、ZA、ZB、ZC（cd、ef、fg、js、za、zb、zc），形成了 28 种基本偏差代号，反映公差带的 28 种位置，构成了基本偏差系列，如图 2-14 所示。

孔的基本偏差中，A～G 的基本偏差为下极限偏差 EI，其值为正；H 的基本偏差 EI=0，是基准孔；J～ZC 的基本偏差为上极限偏差 ES，其值为负（J、K 除外）；JS 的基本偏差 ES=+IT_n/2 或 EI=−IT_n/2，对于 7～11 级，且当公差值为奇数时，JS 的基本偏差 ES=+(IT_n-1)/2 或 EI=−(IT_n-1)/2。

轴的基本偏差中，a～g 的基本偏差为上极限偏差 es，其值为负；h 的基本偏差 es=0，是基准轴；j～zc 的基本偏差为下极限偏差 ei，其值为正（j、k 除外）；js 的基本偏差 es=+IT_n/2 或 ei=−IT_n/2，对于 7～11 级，且当公差值为奇数时，js 的基本偏差 es=+(IT_n-1)/2 或 ei=−(IT_n-1)/2。

2. 孔、轴的基本偏差数值

轴的各种基本偏差数值应根据轴与基准孔 H 的各种配合要求来制定。由于在工程应用中，对于基孔制配合和基轴制配合是等效的，所以孔的各种基本偏差数值也应根据孔和基准轴 h 组成的各种配合要求来制定。即根据基轴制、基孔制各种配合的要求，经过生产实践和大量试验，对统计分析的结果进行整理得到一系列孔、轴的基本偏差计算公式，见表 2-3。

实际应用和工程设计中，孔、轴的基本偏差数值不必用公式计算，可以直接从国家标准 GB/T 1800.1—2009 的孔、轴基本偏差数值表中直接查取。表 2-4 和表 2-5 分别摘录了公称尺寸 ≤500mm 的轴和孔的基本偏差数值。

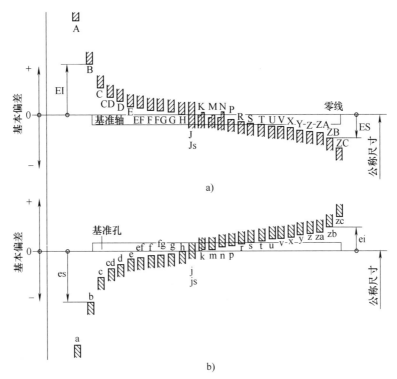

图 2-14　孔、轴基本偏差系列图（摘自 GB/T 1800.1—2009）
a）孔基本偏差系列图　b）轴基本偏差系列图

表 2-3　轴和孔的基本偏差计算公式

| 公称尺寸/mm | | 轴 | | | 公式 | 孔 | | | 公称尺寸/mm | |
大于	至	基本偏差	符号	极限偏差		极限偏差	符号	基本偏差	大于	至
1	120	a	—	es	$265+1.3D$	EI	+	A	1	120
120	500				$3.5D$				120	500
1	160	b	–	es	$\approx 140+0.85D$	EI	+	B	1	160
160	500				$\approx 1.8D$				160	500
0	40	c	—	es	$52D^{0.2}$	EI	+	C	0	40
40	500				$95+0.8D$				40	500
0	10	cd	—	es	C、c 和 D、d 值的几何平均值	EI	+	CD	0	10
0	3150	d	—	es	$16D^{0.44}$	EI	+	D	0	3150
0	3150	e	—	es	$11D^{0.41}$	EI	+	E	0	3150
0	10	ef	—	es	E、e 和 F、f 值的几何平均值	EI	+	EF	0	10
0	3150	f	—	es	$5.5D^{0.41}$	EI	+	F	0	3150
0	10	fg	—	es	F、f 和 G、g 值的几何平均值	EI	+	FG	0	10
0	3150	g	—	es	$2.5D^{0.34}$	EI	+	G	0	3150

（续）

公称尺寸/mm		轴			公式	孔			公称尺寸/mm	
大于	至	基本偏差	符号	极限偏差		极限偏差	符号	基本偏差	大于	至
0	3150	h	无符号	es	偏差=0	EI	无符号	H	0	3150
0	500	j			无公式			J	0	500
0	3150	js	+ −	es ei	$0.5IT_n$	ES EI	+ −	JS	0	3150
0	500	k	+	ei	$0.6\sqrt[3]{D}$	ES	−	K	0	500
500	3150		无符号		偏差=0		无符号		500	3150
0	500	m	+	ei	IT7−IT6	ES	−	M	0	500
500	3150				$0.024D+12.6$				500	3150
0	500	n	+	ei	$5D^{0.34}$	ES	−	N	0	500
500	3150				$0.04D+21$				500	3150
0	500	p	+	ei	IT7+（0~5）	ES	−	P	0	500
500	3150				$0.072D+37.8$				500	3150
0	3150	r	+	ei	P、p 和 S、s 值的 几何平均值	ES	−	R	0	3150
0	50	s	+	ei	IT8+（1~4）	ES	−	S	0	50
50	3150				$IT7+0.4D$				50	3150
24	3150	t	+	ei	$IT7+0.63D$	ES	−	T	24	3150
0	3150	u	+	ei	$IT7+D$	ES	−	U	0	3150
14	500	v	+	ei	$IT7+1.25D$	ES	−	V	14	500
0	500	x	+	ei	$IT7+1.6D$	ES	−	X	0	500
18	500	y	+	ei	$IT7+2D$	ES	−	Y	18	500
0	500	z	+	ei	$IT7+2.5D$	ES	−	Z	0	500
0	500	za	+	ei	$IT8+3.15D$	ES	−	ZA	0	500
0	500	zb	+	ei	$IT9+4D$	ES	−	ZB	0	500
0	500	zc	+	ei	$IT10+5D$	ES	−	ZC	0	500

注：1. 公式中 D 是公称尺寸段的几何平均值，单位为 mm；基本偏差的计算结果以 μm 计。

2. 公称尺寸至 500mm 轴的基本偏差 k 的计算公式仅适用于标准公差等级 IT4~IT7，对所有其他公称尺寸和所有其他 IT 等级的基本偏差 $k=0$；孔的基本偏差 K 的计算公式仅适用于标准公差等级小于或等于 IT8，对所有其他公称尺寸和所有其他 IT 等级的基本偏差 $K=0$。

表 2-4　轴的基本偏差数值（摘自 GB/T1800. 1—2009）　　　　　　（单位：μm）

公称尺寸/mm 大于	至	a	b	c	cd	d	e	ef	f	fg	g	h	js	j (IT5和IT6)	j (IT7)	k (IT4~IT7)
—	3	−270	−140	−60	−34	−20	−14	−10	−6	−4	−2	0		−2	−4	0
3	6	−270	−140	−70	−46	−30	−20	−14	−10	−6	−4	0		−2	−4	+1
6	10	−280	−150	−80	−56	−40	−25	−18	−13	−8	−5	0		−2	−5	+1
10	14	290	−150	−95		−50	−32		−16		−6	0		−3	−6	+1
14	18	290	−150	−95		−50	−32		−16		−6	0		−3	−6	+1
18	24	−300	−160	−110		−65	−40		−20		−7	0		−4	−8	+2
24	30	−300	−160	−110		−65	−40		−20		−7	0		−4	−8	+2
30	40	−310	−170	−120		−80	−50		−25		−9	0		−5	−10	+2
40	50	−320	−180	−130		−80	−50		−25		−9	0		−5	−10	+2
50	65	−340	−190	−140		−100	−60		−30		−10	0		−7	−12	+2
65	80	−360	−200	−150		−100	−60		−30		−10	0		−7	−12	+2
80	100	−380	−220	−170		−120	−72		−36		−12	0	偏差 $=\pm IT_n/2$，式中 IT_n 是 IT 值数	−9	−15	+3
100	120	−410	−240	−180		−120	−72		−36		−12	0		−9	−15	+3
120	140	−460	−260	−200		−145	−85		−43		−14	0		−11	−18	+3
140	160	−520	−280	−210		−145	−85		−43		−14	0		−11	−18	+3
160	180	−580	−310	−230		−145	−85		−43		−14	0		−11	−18	+3
180	200	−660	−340	−240		−170	−100		−50		−15	0		−13	−21	+4
200	225	−740	−380	−260		−170	−100		−50		−15	0		−13	−21	+4
225	250	−820	−420	−280		−170	−100		−50		−15	0		−13	−21	+4
250	280	−920	−480	−330		−190	−110		−56		−17	0		−16	−26	+4
280	315	−1050	−540	−330		−190	−110		−56		−17	0		−16	−26	+4
315	355	−1200	−600	−360		−210	−125		−62		−18	0		−18	−28	+4
355	400	−1350	−680	−400		−210	−125		−62		−18	0		−18	−28	+4
400	450	−1500	−760	−440		−230	−135		−68		−20	0		−20	−32	+5
450	500	−1650	−840	−480		−230	−135		−68		−20	0		−20	−32	+5

（续）

公称尺寸/mm		基本偏差数值														
		下极限偏差 ei														
		≤IT3 >IT7	所有标准公差等级													
大于	至	k	m	n	p	r	s	t	u	v	x	y	z	za	zb	zc
−	3	0	+2	+4	+6	+10	+14		+18		+20		+26	+32	+40	+60
3	6	0	+4	+8	+12	+15	+19		+23		+28		+35	42	+50	+80
6	10	0	+6	+10	+15	+19	+23		+28		+34		+42	+52	+67	+97
10	14	0	+7	+12	+18	+23	+28		+33		+40		+50	+64	+90	+130
14	18	0	+7	+12	+18	+23	+28		+33	+39	+45		+60	+77	+108	+150
18	24	0	+8	+15	+22	+28	+35		+41	+47	+54	+63	+73	+98	+136	+188
24	30	0	+8	+15	+22	+28	+35	+41	+48	+55	+64	+75	+88	+118	+160	+218
30	40	0	+9	+17	+26	+34	+43	+48	+60	+68	+80	+94	+112	+148	+200	+274
40	50	0	+9	+17	+26	+34	+43	+54	+70	+81	+97	+114	+136	+180	+242	+325
50	65	0	+11	+20	+32	+41	+53	+66	+87	+102	+122	+144	+172	+226	+300	+405
65	80	0	+11	+20	+32	+43	+59	+75	+102	+120	+146	+174	+210	+274	+360	+480
80	100	0	+13	+23	+37	+51	+71	+91	+124	+146	+178	+214	+258	+335	+445	+585
100	120	0	+13	+23	+37	+54	+79	+104	+144	+172	+210	+254	+310	+400	+525	+690
120	140	0	+15	+27	+43	+63	+92	+122	+170	+202	+248	+300	+365	+470	+620	+800
140	160	0	+15	+27	+43	+65	+100	+134	+190	+228	+280	+340	+415	+535	+700	+900
160	180	0	+15	+27	+43	+68	+108	+146	+210	+252	+310	+380	+465	+600	+780	+1000
180	200	0	+17	+31	+50	+77	+122	+166	+236	+284	+350	+425	+520	+670	+880	+1150
200	225	0	+17	+31	+50	+80	+130	+180	+258	+310	+385	+470	+575	+740	+960	+1250
225	250	0	+17	+31	+50	+84	+140	+196	+284	+340	+425	+520	+640	+820	+1050	+1350
250	280	0	+20	+34	+56	+94	+158	+218	+315	+385	+475	+580	+710	+920	+1200	+1550
280	315	0	+20	+34	+56	+98	+170	+240	+350	+425	+525	+650	+790	+1000	+1300	+1700
315	355	0	+21	+37	+62	+108	+190	+268	+390	+475	+590	+730	+900	+1150	+1500	+1900
355	400	0	+21	+37	+62	+114	+208	+294	+435	+530	+660	+820	+1000	+1300	+1650	+2100
400	450	0	+23	+40	+68	+126	+232	+330	+490	+595	+740	+920	+1100	+1450	+1850	+2400
450	500	0	+23	+40	+68	+132	+252	+360	+540	+660	+820	+1000	+1250	+1600	+2100	+2600

注：1. 公称尺寸小于或等于1mm时，基本偏差 a 和 b 均不采用。

2. 公差带 js7～js11，若 IT 值数是奇数，则取偏差 $= \pm \dfrac{IT_n - 1}{2}$。

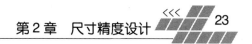

表 2-5　孔的基本偏差数值（摘自 GB/T 1800.1—2009）　　　（单位：μm）

公称尺寸/mm 大于	至	基本偏差数值 下极限偏差 EI 所有标准公差等级 A	B	C	CD	D	E	EF	F	FG	G	H	JS	上极限偏差 ES J IT6	J IT7	J IT8	K ≤IT8	K >IT8	M ≤IT8	M >IT8	N ≤IT8	N >IT8
−	3	+270	+140	+60	+34	+20	+14	+10	+6	+4	+2	0		+2	+4	+6	0	0	-2	-2	-4	-4
3	6	+270	+140	+70	+46	+30	+20	+14	+10	+6	+4	0		+5	+6	+10	-1+Δ		-4+Δ	-4	-8+Δ	0
6	10	+280	+150	+80	+56	+40	+25	+18	+13	+8	+5	0		+5	+8	+12	-1+Δ		-6+Δ	-6	-10+Δ	0
10	14	+290	+150	+95		+50	+32		+16		+6	0		+6	+10	+15	-1+Δ		-7+Δ	-7	-12+Δ	0
14	18	+290	+150	+95		+50	+32		+16		+6	0		+6	+10	+15	-1+Δ		-7+Δ	-7	-12+Δ	0
18	24	+300	+160	+110		+65	+40		+20		+7	0		+8	+12	+20	-2+Δ		-8+Δ	-8	-15+Δ	0
24	30	+300	+160	+110		+65	+40		+20		+7	0		+8	+12	+20	-2+Δ		-8+Δ	-8	-15+Δ	0
30	40	+310	+170	+120		+80	+50		+25		+9	0		+10	+14	+24	-2+Δ		-9+Δ	-9	-17+Δ	0
40	50	+320	+180	+130		+80	+50		+25		+9	0		+10	+14	+24	-2+Δ		-9+Δ	-9	-17+Δ	0
50	65	+340	+190	+140		+100	+60		+30		+10	0		+13	+18	-28	-2+Δ		-11+Δ	-11	-20+Δ	0
65	80	+360	+200	+150		+100	+60		+30		+10	0		+13	+18	-28	-2+Δ		-11+Δ	-11	-20+Δ	0
80	100	+380	+220	+170		+120	+72		+36		+12	0	偏差=±IT_n/2，式中 IT_n 是 IT 值数	+16	+22	+34	-3+Δ		-13+Δ	-13	-23+Δ	0
100	+120	+410	+240	+180		+120	+72		+36		+12	0		+16	+22	+34	-3+Δ		-13+Δ	-13	-23+Δ	0
120	140	+460	+260	+200		+145	+85		+43		+14	0		+18	+26	+41	-3+Δ		-15+Δ	-15	-27+Δ	0
140	160	+520	+280	+210		+145	+85		+43		+14	0		+18	+26	+41	-3+Δ		-15+Δ	-15	-27+Δ	0
160	180	+580	+310	+230		+145	+85		+43		+14	0		+18	+26	+41	-3+Δ		-15+Δ	-15	-27+Δ	0
180	200	+660	+310	+240		+170	+100		+50		+15	0		+22	+30	+47	-4+Δ		-17+Δ	-17	-31+Δ	0
200	225	+740	+380	+260		+170	+100		+50		+15	0		+22	+30	+47	-4+Δ		-17+Δ	-17	-31+Δ	0
225	250	+820	+420	+280		+170	+100		+50		+15	0		+22	+30	+47	-4+Δ		-17+Δ	-17	-31+Δ	0
250	280	+920	+480	+300		+190	+110		+56		+17	0		+25	+36	+55	-4+Δ		-20+Δ	-20	-34+Δ	0
280	315	+1050	+540	+330		+190	+110		+56		+17	0		+25	+36	+55	-4+Δ		-20+Δ	-20	-34+Δ	0
315	355	+1200	+600	+360		+210	+125		+62		+18	0		+29	+39	+60	-4+Δ		-21+Δ	-21	-37+Δ	0
355	400	+1350	+680	+400		+210	+125		+62		+18	0		+29	+39	+60	-4+Δ		-21+Δ	-21	-37+Δ	0
400	450	+1500	+760	+440		+230	+135		+68		+20	0		+33	+43	+66	-5+Δ		-23+Δ	-23	-40+Δ	0
450	500	+1650	+840	+480		+230	+135		+68		+20	0		+33	+43	+66	-5+Δ		-23+Δ	-23	-40+Δ	0

（续）

公称尺寸/mm		基本偏差数值													Δ值					
		上极限偏差 ES																		
		≤IT7	标准公差等级大于IT7												标准公差等级					
大于	至	P~ZC	P	R	S	T	U	V	X	Y	Z	ZA	ZB	ZC	IT3	IT4	IT5	IT6	IT7	IT8
–	3	在大于IT7的相应数值上增加一个Δ值	-6	-10	-14		-18		-20		-26	-32	-40	-60	0	0	0	0	0	0
3	6		-12	-15	-19		-23		-28		-35	-42	-50	-80	1	1.5	1	3	4	6
6	10		-15	-19	-23		-28		-34		-42	-52	-67	-97	1	1.5	2	3	6	7
10	14		-18	-23	-28		-33		-40		-50	-64	-90	-130	1	2	3	3	7	9
14	18							-39	-45		-60	-77	-108	-150						
18	24		-22	-28	-35		-41	-47	-54	-63	-73	-98	-136	-188	1.5	2	3	4	8	12
24	30					-41	-48	-55	-64	-75	-88	-118	-160	-218						
30	40		-26	-34	-43	-48	-60	-68	-80	-94	-112	-148	-200	-274	1.5	3	4	5	9	14
40	50					-54	-70	-81	-97	-114	-136	-180	-242	-325						
50	65		-32	-41	-53	-66	-87	-102	-122	-144	-172	-226	-300	-405	2	3	5	6	11	16
65	80			-43	-59	-75	-102	-120	-146	-174	-210	-274	-360	-480						
80	100		-37	-51	-71	-91	-124	-146	-178	-214	-258	-335	-445	-585	2	4	5	7	13	19
100	+120			-54	-79	-104	-144	-172	-210	-254	-310	-400	-525	-690						
120	140		-43	-63	-92	-122	-170	-202	-248	-300	-365	-470	-620	-800	3	4	6	7	15	23
140	160			-65	-100	-134	-190	-228	-280	-340	-415	-535	-700	-900						
160	180			-68	-108	-146	-210	-252	-310	-380	-465	-600	-780	-1000						
180	200		-50	-77	-122	-165	-236	-284	-350	-425	-520	-670	-880	-1150	3	4	6	9	17	26
200	225			-80	-130	-180	-258	-310	-385	-470	-575	-740	-960	-1250						
225	250			-84	-140	-196	-284	-340	-425	-520	-640	-820	-1050	-1350						
250	280		-56	-94	-158	-218	-315	-385	-475	-580	-710	-920	-1200	-1550	4	4	7	9	20	29
280	315			-98	-170	-240	-350	-425	-525	-650	-790	-1000	-1300	-1700						
315	355		-62	-108	-190	-268	-390	-475	-590	-730	-900	-1150	-1500	-1900	4	5	7	11	21	32
355	400			-114	-208	-294	-435	-530	-660	-820	-1000	-1300	-1650	-2100						
400	450		-68	-126	-232	-330	-490	-595	-740	-920	-1100	-1450	-1850	-2400	5	5	7	13	23	34
450	500			-132	-252	-360	-540	-660	-820	-1000	-1250	-1600	-2109	-2600						

注：1. 公称尺寸小于或等于1mm时，基本偏差 A 和 B 及大于 IT8 的 N 均不采用。

2. 公差带 JS7~JS11，若 IT_n 值数是奇数，则取偏差 $=\pm\dfrac{IT_n-1}{2}$。

3. 对小于或等于 IT8 的 K、M、N 和小于或等于 IT7 的 P~ZC，所需 Δ 值从表内右侧选取。例如，18~30mm 段的 K7，$\Delta=8\mu m$，所以 $ES=-2\mu m+8\mu m=+6\mu m$；18~30mm 段的 S6，$\Delta=4\mu m$，所以 $ES=-35\mu m+4\mu m=-31\mu m$。

4. 特殊情况：250~315mm 段的 M6，$ES=-9\mu m$（代替 $-11\mu m$）。

对照分析表 2-4 和表 2-5，可以发现孔、轴的基本偏差之间存在以下两种换算规则。

（1）通用规则　同名代号的孔、轴的基本偏差的绝对值相等，符号相反，互为相反数。即

$$EI = -es \qquad (2-25)$$

$$ES = -ei \qquad (2-26)$$

通用规则的应用范围：①对于 A 到 H，无论孔、轴的公差等级是否相同；②对于 K、M、N，公称尺寸大于 3mm 至 500mm，标准公差等级低于 IT8（但大于 3mm 至 500mm 的 N 除外，其基本偏差 ES = 0）；③对于 P 到 ZC 的孔，公称尺寸大于 3mm 至 500mm，标准公差等级低于 IT7（≥IT8）。

（2）特殊规则

1）孔、轴的基本偏差的符号相反，绝对值相差一个 Δ 值，如图 2-15 所示。

$$ES = -ei + \Delta \qquad (2-27)$$

这里，Δ 值为孔的公差等级 n 比轴的公差等级 $(n-1)$ 低一级时，两者标准公差值的差值，即

$$\Delta = IT_n - IT_{(n-1)} \qquad (2-28)$$

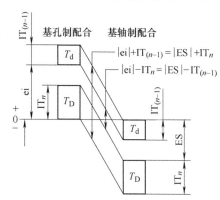

图 2-15　孔、轴的基本偏差的换算

其中，IT_n、$IT_{(n-1)}$ 是指公称尺寸段内某一级和比它高一级的标准公差值。

特殊规则的应用范围仅为：公称尺寸大于 3mm、标准公差等级高于或等于 IT8（≤IT8）的 J、K、M、N 和标准公差等级高于或等于 IT7（≤IT7）的 P～ZC。这是考虑到孔、轴工艺上的等价性，国家标准规定 IT6、IT7、IT8 级的孔分别和 IT5、IT6、IT7 级的轴相配合的缘故。

2）公称尺寸为 3～500mm，标准公差等级 > IT8 的 N 的基本偏差 ES = 0。

3. 孔、轴的另一个极限偏差的计算

孔、轴的基本偏差确定之后，其另外一个极限偏差可以根据孔、轴的基本偏差数值和标准公差数值分别按下列关系计算。

孔的另一个极限偏差（上极限偏差或下极限偏差）：

$$A \sim H, \quad ES = EI + T_D \qquad (2-29)$$

$$J \sim ZC, \quad EI = ES - T_D \qquad (2-30)$$

轴的另一个极限偏差（上极限偏差或下极限偏差）：

$$a \sim h, \quad ei = es - T_d \qquad (2-31)$$

$$j \sim zc, \quad es = ei + T_d \qquad (2-32)$$

例 2-5 查表确定孔 $\phi30F8$ 和轴 $\phi30f7$ 的极限偏差，并写出在图样上的标注形式。

解　1）查表 2-5（孔的基本偏差数值表），可以得到 F 的基本偏差数值为

$$EI = +20\mu m$$

查表 2-4（轴的基本偏差数值表），可以得到 f 的基本偏差数值为

$$es = -20\mu m$$

由表 2-2（标准公差数值表），可以得到 8 级标准公差数值为

$$IT8 = 33\mu m$$

7 级标准公差数值为

$$\mathrm{IT7} = 21\mu\mathrm{m}$$

2）根据极限偏差和公差的关系，计算得到孔的上极限偏差为

$$\mathrm{ES} = \mathrm{EI} + \mathrm{IT8} = +53\mu\mathrm{m}$$

轴的下极限偏差为

$$\mathrm{ei} = \mathrm{es} - \mathrm{IT7} = -41\mu\mathrm{m}$$

从而得到孔 ϕ30F8 和轴 ϕ30f7 在图样上的标注形式分别为 $\phi30^{+0.053}_{+0.020}$ 和 $\phi30^{-0.020}_{-0.041}$。

根据同名孔和轴基本偏差的关系，由已知的孔或轴的极限偏差直接得到同名轴或孔的极限偏差。

例 2-6　已知 ϕ30H8/f7($^{+0.033}_{0}$/$^{-0.020}_{-0.041}$)，试用不查表法，确定孔 ϕ30F8 的极限偏差。

解　根据 H8 和 f7 的极限偏差，可以得到

$$\mathrm{IT8} = \mathrm{ES} - \mathrm{EI} = 0.033\mathrm{mm}$$

$$\mathrm{IT7} = \mathrm{es} - \mathrm{ei} = 0.021\mathrm{mm}$$

根据 F 和 f 属于同名的孔和轴基本偏差代号，因此得到

$$\mathrm{EI} = -\mathrm{es} = +0.020\mathrm{mm}$$

根据上极限偏差和下极限偏差的关系，得到

$$\mathrm{ES} = \mathrm{EI} + \mathrm{IT8} = +0.053\mathrm{mm}$$

从而得到 ϕ30F8 的极限偏差形式为 $\phi30\mathrm{F8}(^{+0.053}_{+0.020})$。

例 2-7　已知 ϕ25H7/p6($^{+0.021}_{0}$/$^{+0.035}_{+0.022}$) 试用不查表法，确定孔 ϕ25P7 的极限偏差。

解　根据 H7 和 P6 的极限偏差，可以得到

$$\mathrm{IT7} = \mathrm{ES} - \mathrm{EI} = 0.021\mathrm{mm}$$

$$\mathrm{IT6} = \mathrm{es} - \mathrm{ei} = 0.013\mathrm{mm}$$

从配合符号和公差等级可看出，基本偏差代号 P 属于特殊规则换算，即

$$\Delta = \mathrm{IT7} - \mathrm{IT6} = 0.021\mathrm{mm} - 0.013\mathrm{mm} = 0.008\mathrm{mm}$$

$$\mathrm{ES} = -\mathrm{ei} + \Delta = -0.022\mathrm{mm} + 0.008\mathrm{mm} = -0.014\mathrm{mm}$$

根据上极限偏差和下极限偏差的关系，得到

$$\mathrm{EI} = \mathrm{ES} - \mathrm{IT7} = -0.014\mathrm{mm} - 0.021\mathrm{mm} = -0.035\mathrm{mm}$$

从而得到 ϕ25P7 的极限偏差形式为 $\phi25\mathrm{P7}(^{-0.014}_{-0.035})$。

4. 孔、轴优先公差带极限偏差和优先配合极限间隙或极限过盈

实际应用中，如果已知孔、轴的公差带代号（基本偏差代号和公差等级联合表示，如 H8、g7 等），可以直接从国家标准 GB/T 1800.2—2009 中孔、轴极限偏差数值表查取。表 2-6 和表 2-7 分别摘录了孔、轴优先公差带的极限偏差数值。

国家标准 GB/T 1801—2009 中给出了基孔制和基轴制优先、常用配合的极限间隙或极限过盈，表 2-8 摘录了基孔制和基轴制优先配合的极限间隙或极限过盈。

例 2-8　查表确定 ϕ30H8/f7 和 ϕ30F8/h7 配合中孔、轴的极限偏差，计算两对配合的极限间隙，并绘制公差带图。

解　查表 2-4 和表 2-5（轴和孔基本偏差数值表）或表 2-6 和表 2-7（孔和轴优先公差带极限偏差数值表），可以确定孔、轴的极限偏差。

表 2-6　孔的优先公差带的极限偏差数值（摘自 GB/T 1800. 2—2009）（单位：μm）

公称尺寸/mm	C11	D9	F8	G7	H7	H8	H9	H11	K7	N7	P7	S7	U7
>18~30	+240 +110	+117 +65	+53 +20	+28 +7	+21 0	+33 0	+52 0	+130 0	+6 -15	-7 -28	-14 -35	-27 -48	-40 -61
>30~40	+280 +120	+142	+64	+34	+25	+39	+62	+160	+7	-8	-17	-34	-51 -76
>40~50	+290 +130	+80	+25	+9	0	0	0	0	-18	-33	-42	-59	-61 -86
>50~65	+330 +140	+174	+76	+40	+30	+46	+74	+190	+9	-9	-21	-42 -72	-76 -106
>65~80	+340 +150	+100	+30	+10	0	0	0	0	-21	-39	-51	-48 -78	-91 -121
>80~100	+390 +170	+207	+90	+47	+35	+54	+87	+220	+10	-10	-24	-58 -93	-111 -146
>100~120	+400 +180	120	+36	+12	0	0	0	0	-25	-45	-59	-66 -101	-131 -166
>120~140	+450 +200	+245	+106	+54	+40	+63	+100	+250	+12	-12	-23	-77 -117	-155 -195
>140~160	+460 +210											-85 -125	-175 -215
>160~180	+480 +230	+145	+43	+14	0	0	0	0	-28	-52	-68	-93 -133	-195 -235

表 2-7　轴的优先公差带的极限偏差数值（摘自 GB/T 1800. 2—2009）（单位：μm）

公称尺寸/mm	c11	d9	f7	g6	h6	h7	h9	h11	k6	n6	p6	s6	u6
>18~30	-110 -240	-65 -117	-20 -41	-7 -20	0 -13	0 -21	0 -52	0 -130	+15 +2	+28 +15	+35 +22	+48 +35	+61 +48
>30~40	-120 -280	-80	-25	-9	0	0	0	0	+18	+33	+42	+59	+76 +60
>40~50	-130 -290	-142	-50	-25	-16	-25	-62	-160	+2	+17	+26	+43	+86 +70
>50~65	-140 -330	-100	-30	-10	0	0	0	0	+21	+39	+51	+72 +53	+106 +87
>65~80	-150 -340	-174	-60	-29	-19	-30	-74	-190	+2	+20	+32	+78 +59	+121 +102
>80~100	-170 -390	-120	-36	-12	0	0	0	0	+25	+45	+59	+93 +71	+146 +124
>100~120	-180 -400	-207	-71	-34	-22	-35	-87	-220	+3	+23	+37	+101 +79	+166 +144
>120~140	-200 -450	-145	-43	-14	0	0	0	0	+28	+52	+68	+117 +92	+195 +170
>140~160	-210 -460											+125 +100	+215 +190
>160~180	-230 -480	-245	-83	-39	-25	-40	-100	-250	+3	+27	+43	+133 +108	+235 +210

表 2-8　基孔制和基轴制优先配合的极限间隙或极限过盈（摘自 GB/T 1801—2009）

（单位：μm）

| 基孔制 | $\frac{H7}{g6}$ | $\frac{H7}{h6}$ | $\frac{H8}{f7}$ | $\frac{H8}{h7}$ | $\frac{H9}{d9}$ | $\frac{H9}{h9}$ | $\frac{H11}{c11}$ | $\frac{H11}{h11}$ | $\frac{H7}{k6}$ | $\frac{H7}{n6}$ | $\frac{H7}{p6}$ | $\frac{H7}{s6}$ | $\frac{H7}{u6}$ |
基轴制	$\frac{G7}{h6}$	$\frac{H7}{h6}$	$\frac{F8}{h7}$	$\frac{H8}{h7}$	$\frac{D9}{h9}$	$\frac{H9}{h9}$	$\frac{C11}{h11}$	$\frac{H11}{h11}$	$\frac{K7}{h6}$	$\frac{N7}{h6}$	$\frac{P7}{h6}$	$\frac{S7}{h6}$	$\frac{U7}{h6}$
公称尺寸/mm >24~30	+41 +7	+34 0	+74 +20	+54 0	+169 +65	+104 0	+370 +110	+260 0	+19 -15	+6 -28	-1 -35	-14 -48	-27 -61
>30~40	+50 +9	+41 0	+89 +25	+64 0	+204 +80	+124 0	+440 +120	+320 0	+23 -18	+8 -33	-1 -42	-18 -59	-35 -76
>40~50							+450 +130						-45 -86
>50~65	+59 +10	+49 0	+106 +30	+76 0	+248 +100	+148 0	+520 +140	+380 0	+28 -21	+10 -39	-2 -51	-23 -72	-57 -106
>65~80							+530 +150					-29 -78	-72 -121
>80~100	+69 +12	+57 0	+125 +36	+89 0	+294 +120	+174 0	+610 +170	+440 0	+32 -25	+12 -45	-2 -59	-36 -93	-89 -146
>100~120							+620 +180					-44 -101	-109 -166
>120~140	+79 +14	+65 0	+146 +43	+103 0	+345 +145	+200 0	+700 +200	+500 0	+37 -28	+13 -52	-3 -68	-52 -117	-130 -195
>140~160							+710 +210					-60 -125	-150 -215
>160~180							+730 +230					-68 -133	-170 -235

1）对于孔 $\phi30H8$：

$$EI = 0\mu m \qquad ES = +33\mu m$$

对于轴 $\phi30f7$：

$$es = -20\mu m \qquad ei = -41\mu m$$

由此可得，$\phi30H8 = \phi30^{+0.033}_{0}$，$\phi30f7 = \phi30^{-0.020}_{-0.041}$。

计算 $\phi30H8/f7$ 配合的极限间隙为

$$X_{max} = ES - ei = +33\mu m - (-41)\mu m = +74\mu m$$

$$X_{min} = EI - es = 0\mu m - (-20)\mu m = +20\mu m$$

也可以直接从表 2-8 查取 $\phi30H8/f7$ 的极限间隙。

2）对于孔 $\phi30F8$：

$$EI = +20\mu m \qquad ES = +53\mu m$$

对于轴 $\phi30h7$：

$$es = 0\mu m \qquad ei = -21\mu m$$

由此可得，$\phi30F8 = \phi30^{+0.053}_{+0.020}$，$\phi30h7 = \phi30^{0}_{-0.021}$。

计算 $\phi30F8/h7$ 配合的极限间隙为

$$X_{max} = ES - ei = +53\mu m - (-21)\mu m = +74\mu m$$

$$X_{min} = EI - es = +20\mu m - 0\mu m = +20\mu m$$

也可以直接从表 2-8 查取 $\phi30F8/h7$ 的极限间隙。

3）用上述计算的极限偏差和极限间隙，将同名配合 $\phi30H8/f7$ 和 $\phi30F8/h7$ 绘制在同一张尺寸公差带图中，如图 2-16 所示。

分析：$\phi30H8/f7$ 和 $\phi30F8/h7$ 属于同名配合的最大间隙和最小间隙均相等，这说明其配合性质相同。

例 2-9　查表确定 $\phi25H7/p6$ 和 $\phi25P7/h6$ 配合中孔、轴的极限偏差，计算两对配合的极限过盈，并绘制公差带图。

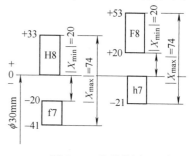

图 2-16　公差带图

解　查表 2-4 和表 2-5（轴和孔基本偏差数值表）或表 2-6 和表 2-7（孔和轴优先公差带极限偏差数值表），可以确定孔、轴的极限偏差。

1）对于孔 $\phi25H7$：

$$EI = 0\mu m \quad ES = +21\mu m$$

对于轴 $\phi25p6$：

$$ei = +22\mu m \quad es = +35\mu m$$

由此可得，$\phi25H7 = \phi25^{+0.021}_{0}$，$\phi25p6 = \phi25^{+0.035}_{+0.022}$。

计算 $\phi25H7/p6$ 配合的极限过盈为

$$Y_{max} = EI - es = 0\mu m - 35\mu m = -35\mu m$$
$$Y_{min} = ES - ei = +21\mu m - 22\mu m = -1\mu m$$

也可以直接从表 2-8 查取 $\phi25H7/p6$ 的极限过盈。

2）对于孔 $\phi25P7$：

$$ES = -14\mu m \quad EI = -35\mu m$$

对于轴 $\phi25h6$：

$$es = 0\mu m, ei = -13\mu m$$

由此可得，$\phi25P7 = \phi25^{-0.014}_{-0.035}$，$\phi25h6 = \phi25^{0}_{-0.013}$。

计算 $\phi25P7/h6$ 配合的极限过盈为

$$Y_{max} = EI - es = -35\mu m - 0\mu m = -35\mu m$$
$$Y_{min} = ES - ei = -14\mu m - (-13)\mu m = -1\mu m$$

也可以直接从表 2-8 查取 $\phi25P7/h6$ 的极限过盈。

3）用上述计算的极限偏差和极限过盈，将同名配合 $\phi25H7/p6$ 和 $\phi25P7/h6$ 绘制在同一张尺寸公差带图中，如图 2-17 所示。

分析：$\phi25H7/p6$ 和 $\phi25P7/h6$ 属于同名配合的最大过盈和最小过盈均相等，这说明其配合性质相同。

2.2.4　极限与配合在图样上的标注

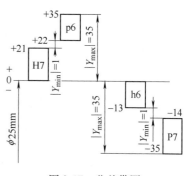

图 2-17　公差带图

公差带用基本偏差字母和公差等级数字表示，如 H7、g6 等。配合用相同公称尺寸与孔、轴公差带表示。孔、轴公差带写成分数形式，分子为孔的公差带，分母为轴的公差带。

1. 装配图上配合的标注方法

在公称尺寸后面标注配合代号，如 $\phi 30H8/f7$、$\phi 30\dfrac{H8}{f7}$、$\phi 30\left(^{+0.033}_{0}\big/^{-0.020}_{-0.041}\right)$，如图 2-18 所示。

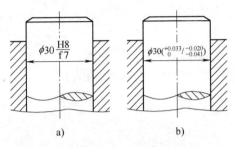

图 2-18　装配图上配合公差的标注实例

2. 零件图上公差带的标注方法

当装配图上孔和轴的配合公差带设计好后，就可以将配合公差分别拆解到孔和轴的零件图的尺寸精度上，标注时用孔、轴的公称尺寸后加所要求的公差带或（和）对应的极限偏差值表示。如 $60js6$、$\phi 25g6$、$\phi 25^{-0.007}_{-0.020}$、$\phi 25g6\left(^{-0.007}_{-0.020}\right)$，如图 2-19 所示。

图 2-19　零件图上尺寸公差的标注实例

当使用有限的字母组的装置传输信息时，如电报，在标注前加注以下字母：对孔为 H 或 h；对轴为 S 或 s。例如，对孔 60H6 表示为 H60H6 或 h60h6；对轴 60h6 表示为 S60H6 或 s60h6。对配合 60H8/f7，标号为 H60H8/S60F7 或 h60h8/s60f7。注意，这种表示方法不能在图样上使用。

2.2.5　一般、常用和优先的公差带与配合

1. 一般、常用和优先用途的公差带

理论上，标准公差系列和基本偏差系列可组成各种大小和位置不同的公差带。在公称尺寸小于或等于 500mm 范围内，孔的公差带有 543 种，轴的公差带有 543 种。使用如此多的公差带不仅给加工检测等生产过程带来极大的困难，也不经济、不合理。为此，GB/T 1801—2009 仅规定了一般用途孔的公差带 105 种，轴的公差带 116 种。其中，常用孔的公差带 44 种，轴的公差带 59 种；优先用途孔、轴的公差带各 13 种，如图 2-20 和图 2-21 所示。

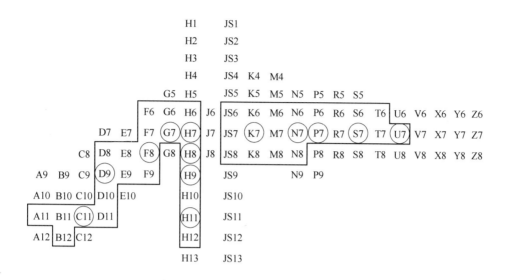

图 2-20　一般、常用和优先用途孔的公差带

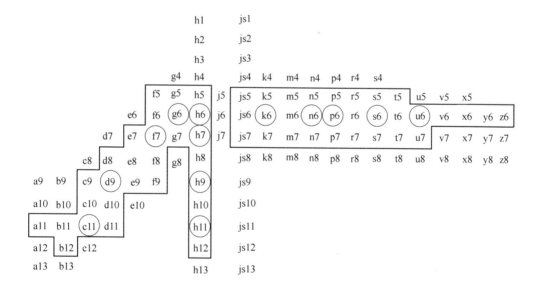

图 2-21　一般、常用和优先用途轴的公差带

2. 常用和优先配合

基于上述一般、常用和优先用途的孔、轴公差带，国家标准 GB/T 1801—2009 推荐了基孔制常用配合 59 种、基轴制常用配合 47 种，其中各选取了 13 种优先配合。

表 2-9 和表 2-10 分别为基孔制和基轴制优先、常用配合。

表 2-9 基孔制优先、常用配合（摘自 GB/T1801—2009）

基准孔	轴																				
	a	b	c	d	e	f	g	h	js	k	m	n	p	r	s	t	u	v	x	y	z
	间隙配合								过渡配合				过盈配合								
H6						$\frac{H6}{f5}$	$\frac{H6}{g5}$	$\frac{H6}{h5}$	$\frac{H6}{js5}$	$\frac{H6}{k5}$	$\frac{H6}{m5}$	$\frac{H6}{n5}$	$\frac{H6}{p5}$	$\frac{H6}{r5}$	$\frac{H6}{s5}$	$\frac{H6}{t5}$					
H7						$\frac{H7}{f6}$	$\frac{H7}{g6}$	$\frac{H7}{h6}$	$\frac{H7}{js6}$	$\frac{H7}{k6}$	$\frac{H7}{m6}$	$\frac{H7}{n6}$	$\frac{H7}{p6}$	$\frac{H7}{r6}$	$\frac{H7}{s6}$	$\frac{H7}{r6}$	$\frac{H7}{u6}$	$\frac{H7}{v6}$	$\frac{H7}{x6}$	$\frac{H7}{y6}$	$\frac{H7}{z6}$
H8					$\frac{H8}{e7}$	$\frac{H8}{f7}$	$\frac{H8}{g7}$	$\frac{H8}{h7}$	$\frac{H8}{js7}$	$\frac{H8}{k7}$	$\frac{H8}{m7}$	$\frac{H8}{n7}$	$\frac{H8}{p7}$	$\frac{H8}{r7}$	$\frac{H8}{s7}$	$\frac{H8}{t7}$	$\frac{H8}{u7}$				
				$\frac{H8}{d8}$	$\frac{H8}{e8}$	$\frac{H8}{f8}$		$\frac{H8}{h8}$													
H9			$\frac{H9}{c9}$	$\frac{H9}{d9}$	$\frac{H9}{e9}$	$\frac{H9}{f9}$		$\frac{H9}{h9}$													
H10			$\frac{H10}{c10}$	$\frac{H10}{d10}$				$\frac{H10}{h10}$													
H11	$\frac{H11}{a11}$	$\frac{H11}{b11}$	$\frac{H11}{c11}$	$\frac{H11}{d11}$				$\frac{H11}{h11}$													
H12		$\frac{H12}{b12}$						$\frac{H12}{h12}$													

注: 1. $\frac{H6}{n5}$、$\frac{H7}{p6}$ 在公称尺寸小于或等于3mm 和 $\frac{H8}{r7}$ 在小于或等于100mm 时，为过渡配合。

2. 标注▟ 的配合为优先配合。

表 2-10 基轴制优先、常用配合（摘自 GB/T 1801—2009）

基准轴	孔																				
	A	B	C	D	E	F	G	H	JS	K	M	N	P	R	S	T	U	V	X	Y	Z
	间隙配合								过渡配合				过盈配合								
h5						$\frac{F6}{h5}$	$\frac{G6}{h5}$	$\frac{H6}{h5}$	$\frac{JS6}{h5}$	$\frac{K6}{h5}$	$\frac{M6}{h5}$	$\frac{N6}{h5}$	$\frac{P6}{h5}$	$\frac{R6}{h5}$	$\frac{S6}{h5}$	$\frac{T6}{h5}$					
h6						$\frac{F7}{h6}$	$\frac{G7}{h6}$	$\frac{H7}{h6}$	$\frac{JS7}{h6}$	$\frac{K7}{h6}$	$\frac{M7}{h6}$	$\frac{N7}{h6}$	$\frac{P7}{h6}$	$\frac{R7}{h6}$	$\frac{S7}{h6}$	$\frac{T7}{h6}$	$\frac{U7}{h6}$				
h7					$\frac{E8}{h7}$	$\frac{F8}{h7}$		$\frac{H8}{h7}$	$\frac{JS8}{h7}$	$\frac{K8}{h7}$	$\frac{M8}{h7}$	$\frac{N8}{h7}$									
h8				$\frac{D8}{h8}$	$\frac{E8}{h8}$	$\frac{F8}{h8}$		$\frac{H8}{h8}$													

（续）

基准轴	孔																				
	A	B	C	D	E	F	G	H	JS	K	M	N	P	R	S	T	U	V	X	Y	Z
	间隙配合								过渡配合			过盈配合									
h9				◤D9/h9	E9/h9	F9/h9		◤H9/h9													
h10				D10/h10				H10/h10													
h11	A11/h11	B11/h11	◤C11/h11	D11/h11				◤H11/h11													
h12		B12/h12						H12/h12													

注：标注◤的配合为优先配合。

2.3 尺寸精度设计的基本原则和方法

在公称尺寸确定之后，要对尺寸精度进行设计。它是机械设计与制造中的一个重要环节。尺寸精度设计是否恰当，将直接影响产品的性能、质量、互换性、性价比及市场竞争力。尺寸精度设计的内容包括选择配合制、公差等级和配合种类三个方面。尺寸精度设计的原则是在满足使用要求的前提下尽可能获得最佳的技术经济效益。选择的方法有计算法、试验法和类比法。

2.3.1 配合制的选用

应综合考虑和分析机械零部件的结构、工艺性和经济性等方面的因素选择配合制。

1. 一般情况下优先选用基孔制

在机械制造中，从工艺和宏观经济效益考虑，正常情况下孔比轴难以加工，所以一般优先选用基孔制。这是因为加工孔用的刀具多是定值的，选用基孔制便于减少孔用定值刀具和量具的数目。而加工轴的刀具大多不是定值的，因此，改变轴的尺寸不会增加刀具和量具的数目。

2. 下列情况选用基轴制

1）直接使用的、按基准轴的公差带制造的、有一定公差等级（一般为 8~11 级）而不再进行机械加工的冷拔钢材作轴。这时，可以选择不同的孔的公差带位置来形成各种不同的配合需求。在农业机械和纺织机械中，这种情况比较多。

2）加工尺寸小于 1mm 的精密轴要比加工同级的孔困难得多，因此在仪器仪表制造、钟表生产、无线电和电子行业中，通常使用经过光轧成形的细钢丝直接作轴和一些精密宝石轴系，这时选用基轴制配合要比基孔制经济效益好。

3）从结构上考虑，同一根轴在不同部位与几个孔相配合，并且各自有不同的配合要求，这时应考虑采用基轴制配合。如图 2-22a 所示，发动机活塞销轴 1 与连杆铜套孔 3 及活塞孔 2 之间的配合，根据发动机的工作原理及装配形式，活塞销轴 1 与活塞孔 2 之间应采用过渡配合，与连杆铜套孔 3 之间应该采用间隙配合。若采用基孔制配合，活塞销轴 1 需要加工成如图 2-22b 所示的中间小、两端大的阶梯轴，这样既不利于加工，也容易在装配过程中划伤活塞销轴表面，影响装配质量。而采用如图 2-22c 所示的基轴制配合，则可以将活塞销轴做成光轴，这样选择既有利于加工，降低孔、轴加工的总成本，又能够避免在装配过程中活塞销轴表面被划伤，从而保证了配合质量。

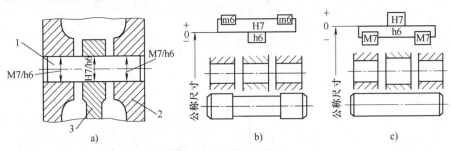

图 2-22　活塞连杆机构
a）活塞连杆机构　b）基孔制　c）基轴制
1—活塞销轴　2—活塞孔　3—套孔

3. 与标准件（零件或部件）配合，应以标准件为基准件确定配合制

例如，滚动轴承外圈与箱体孔的配合应采用基轴制，轴承内圈与轴颈的配合应该采用基孔制，滚动轴承是标准件，其公差有特殊的国家标准，因此在装配图中不标注滚动轴承的公差带，仅标注箱体孔和轴颈的公差带，如图 2-23所示。箱体孔按 ϕ90J7 制造，轴颈按 ϕ40k6 制造。

4. 特殊要求，可以采用非基准制

为满足配合的特殊要求，允许选用非基准制的配合。非基准制的配合就是相配合的孔、轴均不是标准件。这种

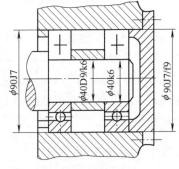

图 2-23　滚动轴承配合的基准制

特殊要求往往发生在一个孔与多个轴配合或一个轴与多个孔配合，且配合要求又各不相同的情况，由于孔或轴已经与多个轴或孔中的某个轴或孔之间采用了基孔制或基轴制配合，使得孔或轴与其他的轴或孔之间为了满足配合要求只能采用非基准制。这时，孔、轴均不是基准件。

例如，在图 2-23 中，箱体孔一部分与轴承外圈配合，另一部分与轴承端盖配合。考虑到轴承是标准件，箱体孔与滚动轴承外圈应该采用基轴制配合，箱体孔为 ϕ90J7。这时，若箱体孔与轴承端盖之间仍然采用基轴制，则形成的配合为 ϕ90J7/h6，属于过渡配合。从轴承端盖经常拆卸的角度考虑，这种配合过于偏紧，为了很好地满足使用要求，应选用间隙配合。这就决定轴承端盖尺寸的基本偏差不能选择 h，只能从非基准轴的基本偏差代号中选取。这时，综合考虑端盖的使用性能要求和加工的经济性，选择箱体孔与轴承端盖之间的配合为 ϕ90J7/f9。同理，轴颈同时与两个轴承的内圈和隔圈相配合，首先考虑轴承是标准件，轴颈与轴承内圈应采用基孔制配合，因此轴颈直径选择为 ϕ40k6。这时，若隔圈孔与轴颈之间仍然采用基孔制，则形成的配合为 ϕ40H7/k6，属于过渡配合。从隔圈装配的工艺考虑，这种配合过于偏紧，为了很好地满足使用要求，应选用间隙配合。这就决定隔圈孔尺寸的基本偏差不能选择 H，只能从非基准轴的基本偏差代号中选取。这时，综合考虑隔圈的使用性

能要求和加工的经济性，选择隔圈孔与轴颈之间的配合为 $\phi 40D9/k6$。

综上所述，将设计任务与上述几种情况对照，就可以确定配合制了。

2.3.2　标准公差等级的确定

确定公差等级就是确定零件尺寸的加工精度。构成机器或设备的零、部件标准公差等级的高低直接关系到产品的性能指标、加工成本、产品在市场上的竞争力和企业的效益。实际上，标准公差等级选用得偏高或偏低都不利于产品占有市场。选用偏高的标准公差等级虽然产品的使用性能会得到保证，但制造成本会因此而偏高，结果会使产品价格偏高，难以被消费者接受，或企业可获得的利润太少，不利于企业的经营和发展；选用偏低的标准公差等级，生产出来的产品会因为质量差而导致在市场上同样没有竞争力。所以，在为机器或设备的各个零、部件选用标准公差等级时，设计人员要正确处理好使用要求和加工经济性之间的关系。

选用标准公差等级的基本原则是：在满足使用要求的前提下，尽可能选用精度较低的标准公差等级，以利于降低加工成本，为企业获取尽可能多的利润。图 2-24 所示为在一定的工艺条件下，零件加工的相对成本和废品率与公差的关系曲线。分析可知，公差越小，尺寸精度越高，加工工艺越难，加工的成本越高；同时，产品的废品率急剧增加。因此，进行尺寸精度设计时，选用高精度的公差时，应该特别慎重。

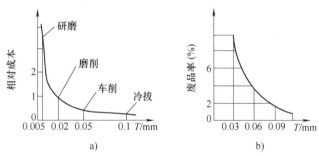

图 2-24　公差与相对成本和废品率的关系

a）相对成本与公差的关系　b）废品率与公差的关系

1. 类比法确定孔、轴的标准公差等级

确定标准公差等级时常用类比法，即以从生产实践中总结、积累的经验资料为参考，并依据实际设计要求对其进行必要、适当的调整，形成最后设计结果。具体说应考虑下述几方面的因素：

（1）考虑孔、轴加工的工艺等价性　对于常用尺寸段公差等级较高的配合（标准公差等级不低于 8 级的间隙、过渡配合和标准公差等级不低于 7 级的过盈配合），考虑到孔比轴难以加工，这时，孔的公差等级应比轴低一级。对于低精度的孔、轴，可以选择相同的公差等级。

（2）考虑加工能力　表 2-11 列出了目前各种加工方法可以达到的公差等级范围，以供参考。

（3）考虑各种公差等级的应用范围　表 2-12 列出了 20 个标准公差等级的应用范围，供设计时参考。

表 2-11　常用加工方法可以达到的标准公差等级范围

加工方法	公差等级（IT）																	
	01	0	1	2	3	4	5	6	7	8	9	10	11	12	13	14	15	16
研磨	─	─	─	─	─	─	─											
珩磨					─	─	─											
圆磨							─	─	─	─								
平磨							─	─	─	─								
金钢石车							─	─	─									
金钢石镗							─	─	─									
拉削							─	─	─	─								
铰孔								─	─	─	─							
车									─	─	─	─	─					
镗									─	─	─	─	─					
铣									─	─	─	─	─					
刨、插												─	─					
钻孔												─	─	─				
滚压、挤压												─	─					
冲压												─	─					
压铸													─	─				
粉末冶金成型								─	─	─								
粉末冶金烧结									─	─								
砂型铸造、气割																─	─	─
锻造															─	─		

表 2-12　标准公差等级的应用范围

应用	公差等级（IT）																			
	01	0	1	2	3	4	5	6	7	8	9	10	11	12	13	14	15	16	17	18
量块	─	─	─																	
量规			─	─	─	─	─	─	─											
配合尺寸							─	─	─	─	─	─	─	─						
特别精密零件的配合			─	─	─	─	─													
非配合尺寸（大制造公差）													─	─	─	─	─	─	─	─
原材料公差										─	─	─	─	─	─	─				

标准公差等级设计应符合下列原则：

1）相配合件的精度要匹配。例如，在确定与滚动轴承相配合的箱体孔和轴颈的公差等级时要考虑轴承的精度等级，在确定与齿轮配合的轴的公差等级时要考虑齿轮的精度等级。

2）过渡、过盈配合的公差等级不能过低。一般情况下，轴的标准公差等级不低于 7

级，孔的标准公差等级不低于 8 级。小间隙配合的公差等级应该高一些，大间隙配合的公差等级可以低一些。例如，可以选用 H7/f6 和 H11/b11，而不宜选用 H11/f11 和 H7/b6。

3）对于非基准制配合，在零件的使用性能要求不高时，其标准公差可以降低二、三级。如图 2-23 中的 $\phi90J7/f9$。

4）熟悉常用标准公差等级的应用情况。表 2-13 所列为优先配合的特征及应用说明，以供参考。

表 2-13　优先配合的特征及应用说明

优先配合		说　明
基孔制	基轴制	
$\dfrac{H11}{c11}$	$\dfrac{C11}{h11}$	间隙非常大，用于很松的、转动很慢的配合；要求大公差与间隙的外露组件；要求装配方便的很松的配合
$\dfrac{H9}{d9}$	$\dfrac{D9}{h9}$	间隙很大的自由转动配合，用于公差等级不高时，或有大的温度变动、高转速或小的轴颈压力时
$\dfrac{H8}{f7}$	$\dfrac{F8}{h7}$	间隙不大的转动配合，用于中等转速与中等轴颈压力的精确转动；也用于较易装配的中等定位配合
$\dfrac{H7}{g6}$	$\dfrac{G7}{h6}$	间隙很小的滑动配合，用于不希望自由转动，但可自由移动和滑动并精密定位；也可用于要求明确的定位配合
$\dfrac{H7}{h6}$ $\dfrac{H8}{h7}$ $\dfrac{H9}{h9}$ $\dfrac{H11}{h11}$	$\dfrac{H7}{h6}$ $\dfrac{H8}{h7}$ $\dfrac{H9}{h9}$ $\dfrac{H11}{h11}$	均为间隙定位配合，零件可自由装拆，而工作时一般相对静止不动。在最大实体条件下的间隙为零，在最小实体条件下的间隙由标准公差等级决定
$\dfrac{H7}{k6}$	$\dfrac{K7}{h6}$	过渡配合，用于精密定位
$\dfrac{H7}{n6}$	$\dfrac{N7}{h6}$	过渡配合，允许有较大过盈的更精密定位
$\dfrac{H7}{p6}$	$\dfrac{P7}{h6}$	过盈定位配合，即小过盈配合。用于定位精度特别重要时，能以最好的定位精度达到部件的刚性及对中性要求，而对内孔承受压力无特殊要求，不依靠配合的紧固件传递负荷
$\dfrac{H7}{s6}$	$\dfrac{S7}{h6}$	中等过盈配合。适用于一般钢件；或用于薄壁件的冷缩配合；用于铸铁件可得到最紧的配合
$\dfrac{H7}{u6}$	$\dfrac{U7}{h6}$	过盈配合。适用于可以受高压力的零件或不宜承受大压力的冷缩配合

2. 计算查表法确定孔、轴的标准公差等级

在一些工程实际中，某些配合根据使用要求，可以确定配合的极限间隙或极限过盈的允许变化范围时，可以计算得到配合公差的允许值，从而通过计算查表法，将配合公差合理地分配到确定孔的公差和轴的公差。

例 2-10　已知某滑动轴承机构中的一对孔、轴配合的公称尺寸为 $\phi80\mathrm{mm}$，使用要求规定，其允许的最大间隙 $[X_{\max}]=+100\mu\mathrm{m}$，允许的最小间隙 $[X_{\min}]=+20\mu\mathrm{m}$，试确定该滑动轴承机构中轴承和轴所组成配合的孔、轴的标准公差等级。

解　1）由题意和式（2-22），可以计算得到配合公差的允许值 $[T_{\mathrm{f}}]$ 为

$$[T_{\mathrm{f}}]=\big|[X_{\max}]-[X_{\min}]\big|=\big|(+100)\mu\mathrm{m}-(+20)\mu\mathrm{m}\big|=80\mu\mathrm{m}$$

2）按要求 $[T_{\mathrm{f}}]\geqslant|T_{\mathrm{D}}+T_{\mathrm{d}}|$，查表 2-2，得到当公称尺寸为 $\phi80\mathrm{mm}$ 时，IT6 $=19\mu\mathrm{m}$，IT7 $=30\mu\mathrm{m}$，IT8 $=46\mu\mathrm{m}$。

讨论：对于孔、轴公差等级各选 7 级或孔选 IT7、轴选 IT6，则配合公差 T_f 等于 $60\mu m$ 或 $49\mu m$，尽管从孔、轴公差与配合公差的数值关系上满足使用要求，但与国家标准对 6、7、8 级的孔配 5、6、7 级轴的规定不符；对于孔、轴公差等级都选 8 级，则配合公差等于 $92\mu m$，不满足孔、轴公差与配合公差的数值关系；因此，最佳方案应为 $T_D = IT8 = 46\mu m$，$T_d = IT7 = 30\mu m$。由此形成的配合公差等于 $76\mu m$，满足孔、轴公差与配合公差的数值关系，并与国家标准对 6、7、8 级的孔配 5、6、7 级轴的规定相吻合。

2.3.3　配合的选用

配合种类的选用就是在确定了配合制之后，根据使用要求所允许的配合性质来确定非基准件的基本偏差代号，或确定基准件与非基准件的公差带。

1. 根据使用要求确定配合的类别

设计时，应根据具体的使用要求确定是采用间隙、过渡还是过盈配合。孔、轴之间有相对回转或直线运动要求时，一定要选择间隙配合；孔、轴之间无相对运动，应视具体的工作要求而确定是采用过盈还是过渡或者间隙配合。配合类别确定好之后，应尽量依次选用国家标准推荐的优先配合、常用配合。如优先、常用配合不能满足要求时，可以选用其他配合。

2. 确定基本偏差的方法

在工程应用中，通常用类比法、试验法和计算法确定配合种类。三种方法各具特点，设计时可根据具体情况决定采用哪种方法。

试验法是应用试验的方法确定满足产品工作性能的配合种类，主要用于如航天、航空、国防、核工业以及铁路运输行业中一些关键性机构中，对产品性能影响大而又缺乏经验的重要、关键性的配合，该方法比较可靠。其缺点是需要进行试验，成本高、周期长，故较少应用。

计算法是根据使用要求通过理论计算来确定配合种类的。其优点是理论依据充分，成本较试验法低，但由于理论计算不可能把机器设备工作环境的各种实际因素考虑得十分周全，因此设计方案不如通过试验法确定的准确。例如，用计算法确定滑动轴承间隙配合的配合种类时，根据液体润滑理论可以计算其允许的最小间隙，据此从标准中选择适当的配合种类；用计算法确定完全依靠过盈传递负荷的过盈配合种类时，根据要传递负荷的大小，按弹、塑性变形理论，可以计算出需要的最小过盈量，据此选择合适的过盈配合种类，同时验算零件材料强度是否能够承受该配合种类所产生的最大过盈量。由于影响配合间隙、过盈的因素很多，理论计算只能是近似的。

在机械精度设计中，类比法就是以与设计任务同类型的机器或机构中经过生产经验验证的配合作为参考，并结合所设计产品的使用要求和应用条件的实际情况来确定配合。该方法应用最广，但要求设计人员掌握充分的参考资料并具有相当的经验。用类比法确定配合时，应考虑的因素如下：

1) 受力的大小。受力较大时，趋向偏紧选择配合，即应适当地增大过盈配合的过盈量，减小间隙配合的间隙量，选用获得过盈概率大的过渡配合。

2) 拆装情况和结构特点。对于经常拆卸的配合，与不经常拆装的任务相同的装配相比，其配合应松些。装配困难的配合，也应稍松些。

3) 配合长度和几何误差。装配长度越长，由于几何误差的存在，与配合长度短的配合相比，实际形成的配合越紧。因此，宜选用适当松一些的配合。

4）材料、温度。当相配件的材料不同（线性膨胀系数相差较大）且工作温度与标准温度+20℃相差较大时，要考虑热变形的影响。必要时，需要进行修正计算。

5）装配变形的影响。对于图 2-25 所示的套筒类的薄壁零件，应考虑装配后的变形问题。如果要求套筒的内孔与轴的配合为 $\phi30H7/g6$，考虑到套筒的外表面与孔装配后会产生较大的过盈，套筒的内孔会收缩，使内孔变小，这样就不能保证 $\phi30H7/g6$ 的配合性质。因此，在选择套筒与轴的配合时，应考虑此变形量的影响。一是从设计考虑：选择比 $\phi30H7/g6$ 稍松的配合（如 $\phi30H7/f6$）；二是从工艺考虑：先将套筒压入内孔后，再按 $\phi30H7$ 加工套筒的内孔。

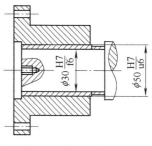

图 2-25　薄壁零件结构

6）生产批量。大批量生产时，加工后的孔、轴提取组成要素的局部尺寸往往服从正态分布。单件、小批量生产时，加工后孔的提取要素的局部尺寸分布中心往往可能偏向其下极限尺寸，轴的提取要素的局部尺寸分布中心往往可能偏向其上极限尺寸。这样，对于同一配合种类，单件、小批量生产形成的配合性质可能要比大批量生产形成的配合性质偏紧。因此，设计时应做出相应的调整。

表 2-14 所列为不同工作条件影响间隙和过盈的趋势。

表 2-14　不同工作条件影响间隙和过盈的趋势

工作条件	间隙增或减	过盈增或减
材料强度	—	减
经常拆卸	—	减
配合长度增大	增	减
配合面几何误差增大	增	减
装配时可能歪斜	增	减
单件生产相对于批量生产	增	减
有轴向运动	增	—
润滑油黏度增大	增	—
旋转速度增高	增	增
表面趋向粗糙	减	增
有冲击载荷	减	增
工作时轴温高于孔温	增	减
工作时孔温高于轴温	减	增

表 2-15 所列为配合公差等级 5~12 级的应用情况。

表 2-15　配合公差等级 5~12 级的应用情况

公差等级	应用说明
5 级	主要用在配合公差和几何公差要求较小的场合，配合性质稳定，一般在机床、发动机、仪表等重要部位应用。如与 5 级滚动轴承配合的箱体孔，与 6 级滚动轴承配合的机床主轴，机床尾座与套筒，精密机械及高速机械中的轴颈、精密丝杠等

（续）

公差等级	应用说明
6 级	配合性质能达到较高的均匀性，如与 6 级滚动轴承相配合的孔、轴颈，与齿轮、蜗轮、联轴器、带轮、凸轮等连接的轴颈、机床丝杠轴颈、摇臂钻床的立柱、机床夹具中导向件的外径尺寸、6 级精度齿轮的基准孔及 7、8 级精度齿轮的基准轴
7 级	7 级精度比 6 级稍低，应用条件与 6 级基本相似，在一般机械制造中应用较为普遍。如联轴器、带轮、凸轮等孔径，机床夹盘座孔，夹具中固定钻套、可换钻套，7、8 级齿轮基准孔，9、10 级齿轮基准轴
8 级	在机器制造中属于中等精度，如轴承座衬套沿宽度方向尺寸，9~12 级尺寸基准孔，11~12 级齿轮基准轴
9~10 级	主要用于机械制造中轴套外径与孔、操纵件与轴、空轴带轮与轴、单键与花键
11~12 级	配合精度很低，装配后可能产生很大间隙，适用于基本上没有配合要求的场合。如机床上法兰与止口，滑块与滑移齿轮，加工中工序间的尺寸，冲压加工的配合件，机床制造中的扳手孔与扳手座的连接

2.4　一般公差（线性尺寸的未注公差）

一般公差是指在车间通常加工条件下可保证的公差，又称为线性尺寸的未注公差。采用一般公差的尺寸，在该尺寸后不需要标注极限偏差值。

国家标准 GB/T 1804—2000 为线性尺寸的一般公差规定了 f、m、c 和 v 共四个公差等级，f 表示精密级，m 表示中等级，c 表示粗糙级，v 表示最粗级。公差等级 f、m、c、v 分别相当于 IT12、IT14、IT16、IT17。

表 2-16 所列为国家标准 GB/T 1804—2000 规定的线性尺寸一般公差的极限偏差数值。

表 2-16　线性尺寸一般公差的极限偏差数值（摘自 GB/T 1804—2000）（单位：mm）

公差等级	尺寸分段							
	0.5~3	>3~6	>6~30	>30~120	>120~400	>400~1000	>1000~2000	>2000~4000
f 精密级	±0.05	±0.05	±0.1	±0.15	±0.2	±0.3	±0.5	—
m 中等级	±0.1	±0.1	±0.2	±0.3	±0.5	±0.8	±1.2	±2
c 粗糙级	±0.2	±0.3	±0.5	±0.8	±1.2	±2	±3	±4
v 最粗级	—	±0.5	±1	±1.5	±2.5	±4	±6	±6

表 2-17 所列为国家标准 GB/T 1804—2000 规定的倒角半径和倒角高度的极限偏差数值。

表 2-17　倒角半径和倒角高度的极限偏差数值（摘自 GB/T 1804—2000）（单位：mm）

公差等级	尺寸分段			
	0.5~3	>3~6	>6~30	>30
f 精密级	±0.2	±0.5	±1	±2
m 中等级				
c 粗糙级	±0.4	±1	±2	±2
v 最粗级				

由表 2-16 和表 2-17 可知，线性尺寸极限偏差的取值，不论孔和轴还是长度尺寸，都采用对称分布的公差带。其优点是概念清楚，使用方便，数值合理。

一般公差用于标准公差等级较低的非配合尺寸。国家标准 GB/T 1804—2000 中规定，当采用一般公差时，在图样上只标注公称尺寸，不标注极限偏差，而应在图样标题栏附近或技术要求、技术文件（如企业标准）中标注出标准号和公差等级代号。例如，选用精密级时，则表示为 GB/T 1804—f。如图 2-26 中的技术要求所示。

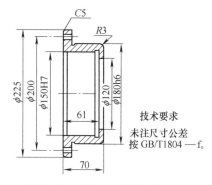

图 2-26 未注尺寸公差标注示例

但是，当功能上允许零件的某一尺寸具有比一般公差更经济的公差（即大于一般公差的公差）时，应在该尺寸后直接标注出其极限偏差。

对于采用一般公差的线性尺寸，是在车间加工精度保证的情况下加工出来的，一般情况下可以不用检验。如果生产方与使用方发生争议，应以表 2-16 和表 2-17 中查得的极限偏差作为依据判断零件的合格性。

例 2-11 试查表确定图 2-26 零件图中线性尺寸的未注公差的极限偏差数值。

解 该零件图中未注公差线性尺寸有 $\phi225$、$\phi200$、$\phi120$、70、61、$C5$ 和 $R3$ 七个尺寸，其中前五个为线性尺寸，后两个分别为倒角高度和倒圆半径，上述尺寸的公差等级，零件图中的技术要求规定为 f 级，即精密级。

根据公称尺寸和 f 级，查表 2-16 可得到前五个线性尺寸的极限偏差分别为 $\phi225\pm0.2$、$\phi200\pm0.2$、$\phi120\pm0.15$、70 ± 0.15、61 ± 0.15。根据倒角高度 5mm、倒圆半径 3mm 和 f 级，查表 2-17 可以得到 $C(5\pm0.5)$ 和 $R3\pm0.2$。

2.5　尺寸精度设计实例分析

1. 计算查表法尺寸精度设计实例

计算查表法设计尺寸精度的步骤为：首先根据极限间隙或极限过盈确定配合公差，将配合公差合理分配给孔和轴的标准公差，从而可以确定孔和轴的公差等级和标准公差数值；然后根据极限间隙或极限过盈的范围，求解与基准孔或基准轴配合的轴或孔的基本偏差范围，查询孔、轴的基本偏差数值表，从而确定其基本偏差代号和孔、轴的配合代号；最后计算设计的孔、轴配合形成的极限间隙或极限过盈是否满足技术指标的要求，从而确定尺寸精度设计的合理性。

例 2-12 已知某滑动轴承机构由轴承和轴所组成，配合的公称尺寸为 $\phi80mm$，使用要求规定，其最大间隙允许值 $[X_{max}] = +110\mu m$，最小间隙允许值 $[X_{min}] = +30\mu m$。试确定采用基孔制时的轴承和轴的公差带和配合代号。

解 1）确定孔、轴的标准公差等级。

由给定条件，可以得到配合公差的允许值为

$$[T_f] = |[X_{max}] - [X_{min}]| = 80\mu m$$

且 $[T_f] \geq [T_D] + [T_d]$。

查表 2-2，得孔、轴的标准公差等级分别为

$$T_D = IT8 = 46\mu m \quad T_d = IT7 = 30\mu m$$

因为采用基孔制，所以孔的基本偏差为下极限偏差，且 $EI = 0\mu m$，代号为 H，孔的上极限偏差 $ES = +46\mu m$，则孔的公差带代号为 H8。

2）确定轴的基本偏差代号。

由于采用基孔制，该配合为间隙配合，根据间隙配合的尺寸公差带图中孔、轴公差带的位置关系，可以确定轴的基本偏差为上极限偏差 es。

轴的基本偏差与以下三式有关，即

$$\begin{cases} X_{max} = ES - ei \leqslant [X_{max}] = +110\mu m \\ X_{min} = EI - es \geqslant [X_{min}] = +30\mu m \\ T_d = es - ei = IT7 = 30\mu m \end{cases}$$

式中　$[X_{max}]$——允许的最大间隙；

　　　$[X_{min}]$——允许的最小间隙。

联立上述三式求解，得

$$ES + T_d - [X_{max}] \leqslant es \leqslant EI - [X_{min}]$$

即

$$-34\mu m \leqslant es \leqslant -30\mu m$$

查表 2-4，取轴的基本偏差代号为 f，则其公差带代号为 f7。

轴的基本偏差为上极限偏差，即

$$es = -30\mu m$$

轴的下极限偏差为

$$ei = es - T_d = -60\mu m$$

3）验算。

$$X_{max} = ES - ei = (+46)\mu m - (-60)\mu m = +106\mu m < [X_{max}] = +110\mu m$$

$$X_{min} = EI - es = 0\mu m - (-30)\mu m = +30\mu m = [X_{max}] = +30\mu m$$

符合技术要求，最后结果为 $\phi80H8/f7$。

4）尺寸公差带图如图 2-27 所示。

例 2-13　有一对公称尺寸为 $\phi90mm$ 的孔、轴形成过盈配合，因结构需要采用基轴制，要求配合的最大过盈允许值 $[Y_{max}] = -75\mu m$，最小过盈允许值 $[Y_{min}] = -15\mu m$。试确定孔、轴的公差带和配合代号。

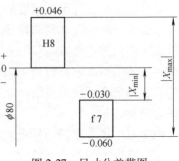

图 2-27　尺寸公差带图

解　1）确定孔、轴的标准公差等级。

由给定条件，可以得到配合公差的允许值为

$$[T_f] = |[Y_{min}] - [Y_{max}]| = 60\mu m$$

且 $[T_f] \geqslant [T_D] + [T_d]$。

查表 2-2，得孔、轴的标准公差等级分别为

$$T_D = IT7 = 35\mu m \quad T_d = IT6 = 22\mu m$$

因为采用基轴制，所以轴的基本偏差为上极限偏差，且 $es = 0\mu m$，代号为 h，轴的下极

限偏差 $ei = es - T_d = -22\mu m$，轴的公差带代号为 h6。

2）确定孔的基本偏差代号。

由于采用基轴制，该配合为过盈配合，根据过盈配合的尺寸公差带图中孔、轴公差带的位置关系，可以确定孔的基本偏差为上极限偏差 ES。

孔的基本偏差与以下三式有关，即

$$\begin{cases} Y_{min} = ES - ei \leqslant [Y_{min}] = -15\mu m \\ Y_{max} = EI - es \geqslant [Y_{max}] = -75\mu m \\ T_D = ES - EI = IT7 = 35\mu m \end{cases}$$

式中　　$[Y_{min}]$——允许的最小过盈；

　　　　$[Y_{max}]$——允许的最大过盈。

联立上述三式求解，得

$$es + T_D + [Y_{max}] \leqslant ES \leqslant ei + [Y_{min}]$$

即

$$-40\mu m \leqslant ES \leqslant -37\mu m$$

由于孔的公差等级 $\leqslant$ IT7 属于特殊情况，需要修正，查表 2-5 得 $\Delta = 13\mu m$，即 $\Delta = IT7 - IT6 = 13\mu m$。则公差等级大于 IT7 的孔的基本偏差范围为

$$-53\mu m \leqslant ES_{>IT7} \leqslant -50\mu m$$

查表 2-5，取孔的基本偏差代号为 R，则其公差带代号为 R7。

孔的基本偏差为上极限偏差，即

$$ES = -51\mu m + 13\mu m = -38\mu m$$

孔的下极限偏差为

$$EI = ES - T_D = -73\mu m$$

3）验算。

$$Y_{min} = ES - ei = (-38)\mu m - (-22)\mu m = -16\mu m < [Y_{min}] = -15\mu m$$

$$Y_{max} = EI - es = (-73)\mu m - 0\mu m = -73\mu m > [Y_{max}] = -75\mu m$$

符合技术要求，最后结果为 $\phi90R7/h6$。

4）尺寸公差带图如图 2-28 所示。

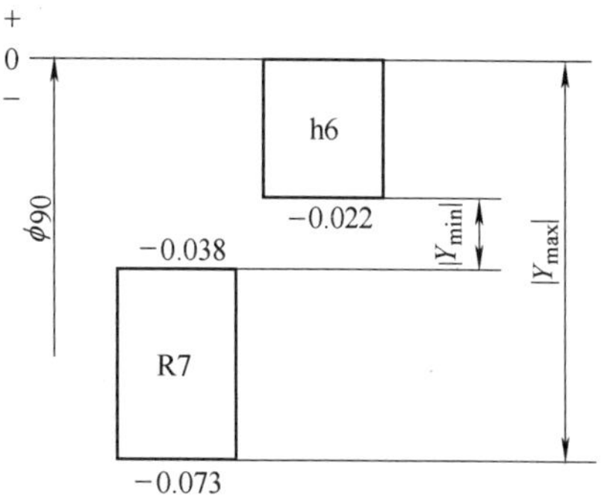

例 2-14　已知某减速器机构中的一对孔、轴配合采用过渡配合，公称尺寸为 $\phi50mm$，要求配合的最大间隙允许值 $[X_{max}] = +32\mu m$，最大过盈允许值 $[Y_{max}] = -14\mu m$，因结构原因需采用基孔制，试确定孔、轴的公差带和配合代号。

解　1）确定孔、轴的标准公差等级。

由给定条件，可以得到配合公差的允许值为

$$[T_f] = |[X_{max}] - [Y_{max}]| = 46\mu m$$

且需满足 $[T_f] \geqslant [T_D] + [T_d]$。

查表 2-2 可知，孔的公差等级选为 IT7 = $25\mu m$，轴的公差等级选为 IT6 = $16\mu m$。

因为基孔制基本偏差代号为 H，所以 EI = $0\mu m$，且 ES = EI + IT7 = $+25\mu m$，所以孔的公差代号为 H7。

图 2-28　尺寸公差带图

2）确定轴的基本偏差代号。

由于采用基孔制，该配合为过渡配合，根据过渡配合的尺寸公差带图中孔、轴公差带的位置关系，所以轴的基本偏差为下极限偏差 ei。

轴的基本偏差与以下三式有关，即

$$\begin{cases} X_{max} = ES - ei \leqslant [X_{max}] = 32\mu m \\ Y_{max} = EI - es \geqslant [Y_{max}] = -14\mu m \\ T_d = es - ei = IT6 = 16\mu m \end{cases}$$

解得

$$-7\mu m \leqslant ei \leqslant -2\mu m$$

查表 2-4，选取轴的下极限偏差 $ei = -5\mu m$，基本偏差代号为 j。
则轴的上极限偏差为

$$es = ei + IT6 = 11\mu m$$

因此配合代号为 $\phi 50H7/j6$。

3）验算。

$$X_{max} = ES - ei = (+25)\mu m - (-5)\mu m = +30\mu m < [X_{max}] = +32\mu m$$

$$Y_{max} = EI - es = 0\mu m - (+11)\mu m = -11\mu m > [Y_{max}] = -14\mu m$$

符合技术要求，最后结果为 $\phi 50H7/j6$。

4）尺寸公差带图如图 2-29 所示。

2. 类比法尺寸精度设计实例

为了便于在实际工程设计中合理地确定配合，下面举例说明某些配合在实际工程中的典型应用，作为基于类比法设计尺寸精度的参考资料。

（1）间隙配合的选用　基准孔（或基准轴）与相应公差等级的轴 a～h（或孔 A～H）形成间隙配合，共 11 种，其中 H/a（或 A/h）组成的间隙最大，H/h 组成的配合间隙最小。

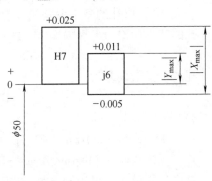

图 2-29　尺寸公差带图

1）H/a（或 A/h）、H/b（或 B/h）、H/c（或 C/h）配合，这三种配合的间隙很大，不常使用。一般用在工作条件较差，要求灵活动作的机械上，或用于受力变形大，轴在高温下工作需保证有较大间隙的场合。如起重机吊钩的铰链的配合为 H12/b12（见图 2-30），带榫槽的法兰的配合为 H12/b12（见图 2-31），内燃机的排气阀和导管的配合为 H7/c6（见图 2-32）。

2）H/d（或 D/h）、H/e（或 E/h）配合，这两种配合的间隙较大，用于要求不高易于转动的支承。其中 H/d（或 D/h）适用于较松的传动配合，如密封盖、滑轮和空转带轮等与轴的配合。也适用于大直径滑动轴承的配合，如球磨机、轧钢机等重型机械的滑动轴承，适用于 IT7～IT11 级。如图 2-33 所示的滑轮与轴的配合为 H8/d8。H/e（或 E/h）适用于要求有明显间隙，易于转动的支承配合。如大跨度支承、多支点支承等配合。高等级的也适用于大的、高速、重载的支承，如蜗轮发电机、大电动机的支承以及凸轮轴的支承。图 2-34 所示为内燃机主轴承的配合（H7/e6）。

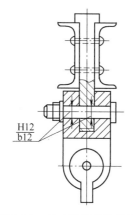

图 2-30　起重机吊钩的铰链

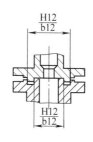

图 2-31　带榫槽的法兰

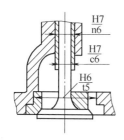

图 2-32　内燃机的排气阀和导管

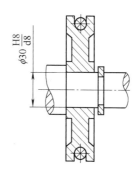

图 2-33　滑轮与轴的配合

3）H/f（或 F/h）配合，这种配合的间隙适中，多用于 IT7～
IT9 级的一般传动配合，如齿轮箱、小电动机、泵的转轴以及滑动
支承的配合。图 2-35 所示为齿轮轴套与轴的配合（H7/f7）。

4）H/g（或 G/h）配合，这种配合的间隙很小，除了很轻负荷
的精密机构外，一般不用作转动配合，多用于 IT5～IT7 级，适用于
作往复摆动和滑动的精密配合。图 2-36 所示为钻套与衬套的配合
（H7/g6）。有时也用于插销等定位配合，如精密连杆轴承、活塞及
滑阀，以及精密机床的主轴与轴承、分度头轴颈与轴的配合等。

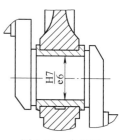

图 2-34　内燃机
主轴承的配合

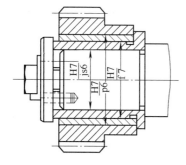

图 2-35　齿轮轴套与轴的配合

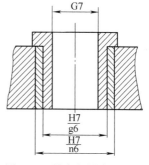

图 2-36　钻套与衬套的配合

5）H/h 配合，这种配合的间隙最小，用于 IT4~IT11 级，适用于无相对转动而有定心和导向要求的定位配合，若无温度、变形影响，也用于滑动配合，推荐配合有 H6/ h5、H7/ h6、H8/ h7、H9/ h9、H11/ h11，图 2-37 所示为车床尾座顶尖套筒与尾座的配合（H6/h5）。

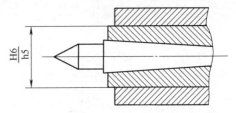

图 2-37　车床尾座顶尖套筒与尾座的配合

（2）过渡配合的选用　基准孔 H 与相应公差等级轴的基本偏差代号 j~n 形成过渡配合（n 与高精度的孔形成过盈配合）。

1）H/j、H/js 配合，这两种过渡配合获得间隙的机会较多，多用于 IT4~IT7 级，适用于要求间隙比 h 小并允许略有过盈的定位配合，如联轴器、齿圈与钢制轮毂以及滚动轴承与箱体的配合等。图 2-38 所示为带轮与轴的配合（H7/js6）。

2）H/k 配合，这种配合获得的平均间隙接近于零，定心较好，装配后零件受到的接触应力较小，能够拆卸，适用于 IT4~IT7 级。图 2-39 所示为刚性联轴器的配合（H7/k6）。

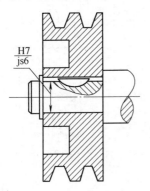

图 2-38　带轮与轴的配合

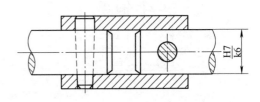

图 2-39　刚性联轴器的配合

3）H/m、H/n 配合，这两种配合获得过盈的机会多，定心好，装配较紧，适用于 IT4~IT7 级。图 2-40 所示为蜗轮青铜轮缘与铸铁轮辐的配合（H7/n6 或 H7/m6）。

（3）过盈配合的选用　基准孔 H 与相应的公差等级轴的基本偏差代号 p~zc 形成过盈配合（p、r 与较低精度的 H 孔形成过渡配合）。

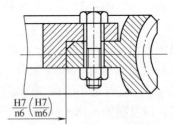

图 2-40　蜗轮青铜轮缘与铸铁轮辐的配合

1）H/p、H/r 配合，这两种配合在高公差等级时为过盈配合，可用锤打或压力机装配，只宜在大修时拆卸。主要用于定心精度很高、零件有足够的刚度、受冲击负载的定位配合，多用于 IT6~IT8 级。图 2-35 所示的齿轮与衬套的配合为 H7/p6。图 2-41 所示为连杆小头孔与衬套的配合（ϕ40H6/r5）。

2）H/s、H/t 配合，这两种配合属于中等过盈配合，多采用 IT6、IT7 级。多用于钢铁件的永久或半永久结合。不用辅助件，依靠过盈产生的结合力，可以直接传递中等负荷。一般用压力法装配，也有用冷轴或热套法装配的。图 2-42 所示为联轴器与轴的配合，柱、销、轴、套等压入孔中的配合为 H7/t6。

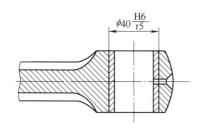

图 2-41　连杆小头孔与衬套的配合

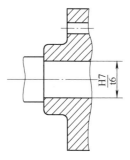

图 2-42　联轴器与轴的配合

3）H/u、H/v、H/x、H/y、H/z 配合，这几种属于大过盈配合，过盈量依次增大，过盈量与直径之比在 0.001 以上。它们适用于传递大的转矩或承受大的冲击载荷，完全依靠过盈产生的结合力保证牢固的连接，通常采用热套或冷轴法装配。如图 2-43 所示火车的铸钢车轮与高锰钢箍要用 H7/u6 甚至 H6/u5 配合。由于过盈量大，要求零件材质好，强度高，否则会将零件挤裂，因此采用时要慎重，一般要经过试验才能投入生产。装配前往往还要进行挑选，使一批配件的过盈量趋于一致，比较适中。

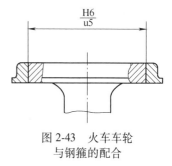

图 2-43　火车车轮
与钢箍的配合

总之，配合的选择应先根据使用要求确定配合的类别（间隙配合、过盈配合或过渡配合），然后按工作条件选出具体的配合公差代号。

例 2-15　图 2-44 所示为某锥齿轮减速器。已知其所传递的功率为 100kW，输入轴的转速为 750r/min，稍有冲击，在中小型企业小批量生产。试选择以下几处配合的公差等级和配合代号：1）联轴器 1 和输入轴轴颈 2；2）带轮 8 和输出端轴颈；3）小锥齿轮 10 内孔和轴颈；4）套杯 4 外径和箱体 6 座孔。

解　由于上述配合均无特殊要求，因此优先选用基孔制。

1）联轴器 1 是用精制螺栓联接的固定式刚性联轴器，为防止偏斜引起的附加载荷，要求对中性好。联轴器是中速轴上重要配合件，无轴向附加定位装置，结构上要采用紧固件，故选用过渡配合 $\phi40H7/m6$ 或 $\phi40H7/n6$。

2）带轮 8 和输出端轴颈配合与上述配合比较，因为是挠性件（皮带）传动，故定心精度要求不高，且又有轴向定位件，为方便装卸，可选用 $\phi50H8/h7$、$\phi50H8/h8$ 或 $\phi50H8/js7$。本例选用 $\phi50H8/h8$。

3）小锥齿轮 10 内孔和轴颈的配合是影响齿轮传动的重要配合，内孔公差等级由齿轮精度决定。一般减速器齿轮精度为 7 级，故基准孔选用 7 级。对于传递载荷的齿轮和轴的配合，为保证齿轮的工作精度和啮合性能，要求准确对中，一般选用过渡配合加紧固件。可供选用的配合有 $\phi45H7/js6$、$\phi45H7/k6$、$\phi45H7/m6$、$\phi45H7/n6$ 甚至 $\phi45H7/p6$、$\phi45H7/r6$。至于具体采用哪种配合，主要应结合装拆要求、载荷大小、有无冲击振动、转速高低、批量生产等因素综合考虑。此处为中速、中载、稍有冲击、小批量生产，故选用 $\phi45H7/k6$。

4）套杯 4 外径和箱体 6 座孔的配合是影响齿轮传动性能的重要配合，该处的配合要求为能准确定心。考虑到为调整锥齿轮间隙而需要轴向移动的要求，为方便调整，故选用最小间隙为零的间隙定位配合 $\phi130H7/h6$。

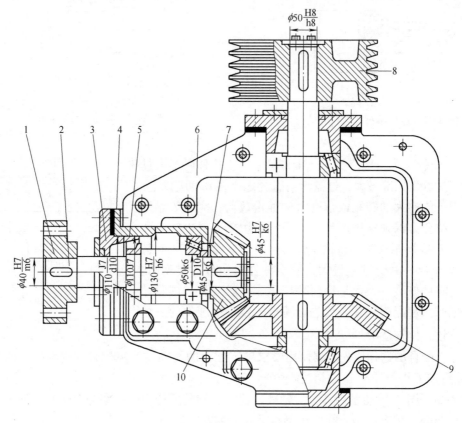

图 2-44　锥齿轮减速器

1—联轴器　2—输入端轴颈　3—端盖　4—套杯　5—轴承座　6—箱体
7—调整垫片　8—带轮　9—大锥齿轮　10—小锥齿轮

习　题

2-1　为什么要规定基准制？为什么优先采用基孔制？在哪些情况下采用基轴制？

2-2　一对相互结合的孔和轴，其图纸上标注孔为 $\phi 50_{0}^{+0.025}$，轴的标注为 $\phi 50_{-0.050}^{0}$，求：（1）孔、轴的上极限尺寸和下极限尺寸 D_{max}、D_{min}、d_{max}、d_{min}；（2）孔、轴的尺寸公差；（3）孔、轴配合的极限间隙 X_{max}、X_{min}、X_{av}；（4）画出该孔、轴的尺寸公差带图。

2-3　已知一对过盈配合的孔、轴，公称尺寸 $D = \phi50mm$，孔的公差带 $T_{D} = 0.025mm$，轴的上偏差 es $= 0$，最大过盈 $Y_{max} = -0.050mm$，配合公差 $T_{f} = 0.041mm$，试求：（1）孔的上、下偏差 ES，EI；（2）轴的下偏差 ei，公差 T_{d}；（3）最小过盈量 Y_{min}；（4）平均过盈 Y_{av}；（5）画出尺寸公差带图。

2-4　已知孔与轴配合的公称尺寸为 $\phi30mm$，配合的最小间隙为 $+20\mu m$，最大间隙为 $+54\mu m$。采用基孔制配合，孔的标准公差等级为 IT7。试根据标准公差表和基本偏差数值表填写表 2-18。

2-5　公称尺寸为 $\phi30mm$ 的孔、轴配合，$X_{max} = +0.027mm$，$Y_{max} = -0.030mm$，要求采用基孔制，试选择合适的配合。

2-6　某孔、轴配合，公称尺寸为 $\phi50mm$，孔公差为 IT8，轴公差为 IT7，已知孔的上偏差为 $+0.039mm$，要求配合的最小间隙是 $+0.009mm$，试确定孔、轴的上、下偏差。

表　2-18

	极限尺寸/mm		极限偏差/mm		基本偏差数值/mm	标准公差数值/mm	公差带代号	配合代号	配合公差/mm
	上极限尺寸	下极限尺寸	上偏差	下偏差					
孔									
轴									

2-7　已知两根轴，其中 $d_1 = \phi 5mm$，其公差值 $T_{d1} = 5\mu m$；$d_2 = \phi 180mm$，其公差值 $T_{d2} = 25\mu m$。试比较以上两根轴加工的难易程度。

2-8　应用标准公差表、基本偏差数值表，查出下列公差带的上、下极限偏差数值，并写出在零件图中采用极限偏差的标注形式。

1）轴：①$\phi 32d8$，②$\phi 70h11$，③$\phi 28k7$，④$\phi 80p6$，⑤$\phi 120v7$。

2）孔：①$\phi 40C8$，②$\phi 300M6$，③$\phi 30JS6$，④$\phi 6J6$，⑤$\phi 35P8$。

2-9　已知 $\phi 50H6/r5$ （$^{+0.016}_{0}$ / $^{+0.045}_{+0.034}$）和 $\phi 50H8/e7$ （$^{+0.039}_{0}$ / $^{-0.050}_{-0.075}$），试不用查表法确定配合公差，IT5、IT6、IT7、IT8 的标准公差值和 $\phi 50e5$、$\phi 50E8$ 的极限偏差。

2-10　已知 $\phi 30N7$ （$^{-0.007}_{-0.028}$）和 $\phi 30t6$ （$^{+0.054}_{+0.041}$），试不用查表法计算 $\phi 30H7/n6$ 与 $\phi 30T7/h6$ 的配合公差，并画出尺寸公差带图。

2-11　试用标准公差表和基本偏差数值表确定下列孔轴公差带代号。

（1）轴 $\phi 40^{+0.033}_{+0.017}$；（2）轴 $\phi 18^{+0.046}_{+0.028}$；（3）孔 $\phi 65^{-0.03}_{-0.06}$；（4）孔 $\phi 240^{+0.285}_{+0.170}$。

2-12　设孔、轴的公称尺寸和使用要求如下：

1）$D(d) = \phi 35mm$，$X_{max} \le +120\mu m$，$X_{min} \ge +50\mu m$。

2）$D(d) = \phi 40mm$，$Y_{max} \ge -80\mu m$，$Y_{min} \le -35\mu m$。

3）$D(d) = \phi 60mm$，$X_{max} \le +50\mu m$，$Y_{max} \ge -32\mu m$。

试确定以上各组的配合制、公差等级及其配合，并画出尺寸公差带图。

2-13　图 2-45 所示为导杆与衬套的配合，公称尺寸为 $\phi 25mm$，要求极限间隙范围为 $+6 \sim +42\mu m$，试确定该处的配合制、公差等级和配合种类，写出配合代号，并画出尺寸公差带图。

2-14　图 2-46 所示为蜗轮部件，蜗轮轮缘由青铜制成，而轮毂由铸铁制成。为了使轮缘和轮毂结合成一体，在设计上可以有两种结合形式。图 2-46a 所示为螺钉紧固，图 2-46b 所示为无螺钉紧固。若蜗轮工作时承受负荷不大，且有一定的对中性要求，试按类比法确定 $\phi 90$ 和 $\phi 120$ 处的配合。

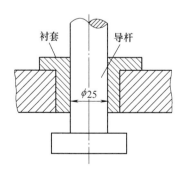

图 2-45　导杆与衬套的配合

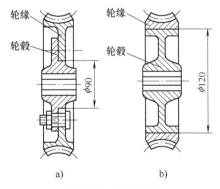

图 2-46　蜗轮部件

2-15　如图 2-47 所示，已知：

1）配合面①和②都有定心要求，需用过盈量不大的固定联接。

2）配合面③有定心要求，在安装和取出定位套时需轴向移动。

3）配合面④有导向要求，且钻头能在转动状态下进入钻套。

试选择上述配合面的配合种类，并简述其理由。

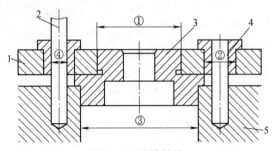

图 2-47   钻模结构

1—钻模套   2、4—钻头   3—定位套   5—工件

第**3**章

几何精度设计

3.1 概述

零件在加工过程中由于受到各种因素的影响，其几何要素不可避免地会产生形状、方向和位置误差（简称几何误差），它们对零件的使用寿命和性能有很大的影响。为了保证机械产品的质量，保证机械零件的互换性，应该在零件图上给出几何公差，规定零件加工时产生的几何误差的允许变动范围，并按零件图上给出的几何公差来检测加工后零件的几何误差是否符合设计要求。

几何误差对零件机械性能有如下影响：

1）影响配合性质。如零件圆柱表面存在形状误差，在间隙配合（有相对转动）时，会加快零件局部磨损，降低零件的工作寿命和运动精度；对于过盈配合，则会影响连接强度。

2）影响零部件的可装配性。如轴承盖上各螺钉孔的位置有误差，会影响其自由装配性。

3）影响零件的功能要求。如导轨表面的形状误差将影响沿导轨移动的运动部件的运动精度；钻模、冲模、锻模、凸轮等的形状误差将直接影响零件的加工精度。

目前我国根据国际标准制定了有关几何公差的新国家标准有：GB/T 1182—2018《产品几何技术规范（GPS）　几何公差　形状、方向、位置和跳动公差标注》；GB/T 4249—2018《产品几何技术规范（GPS）公差原则》；GB/T 16671—2018《产品几何技术规范（GPS）几何公差　最大实体要求、最小实体要求和可逆要求》；GB/T 17851—2010《产品几何技术规范（GPS）几何公差　基准和基准体系》；GB/T 1184—1996《形状和位置公差　未注公差值》；GB/T 1958—2017《产品几何量技术规范（GPS）形状和位置公差　检测规定》。

3.1.1 几何公差的研究对象

几何公差的研究对象是零件的几何要素（简称要素），就是构成零件几何特征的点、线、面。如图 3-1 所示零件的球心、锥顶（点）、圆柱面和圆锥面的素线、轴线、球面、圆柱面、圆锥面、槽的中心平面等。

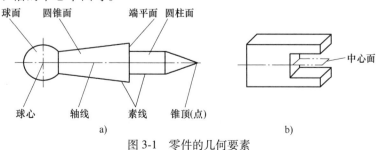

图 3-1　零件的几何要素

几何要素可从不同的角度分类如下：

1. 按结构特征分为组成要素和导出要素

（1）组成要素　指零件的表面或表面上的线。如图 3-1 所示零件的球面、圆柱面、圆锥面及素线。

（2）导出要素　指由一个或几个组成要素得到的中心点、中心线或中心面。如图 3-1 所示零件的球心、轴线、槽的中心平面等。

2. 按检测关系分为被测要素和基准要素

（1）被测要素　指图样上给出了几何公差要求的要素，也就是需要研究和测量的要素。

被测要素按照其功能要求分为单一要素和关联要素。

1）单一要素。指对要素本身提出形状公差要求的被测要素。

2）关联要素。指相对基准要素有方向或位置功能要求而给出方向公差和位置公差要求的被测要素。

（2）基准要素　指图样上规定用来确定被测要素的方向或位置的要素。基准要素按照本身功能要求可以是单一要素或关联要素。

3. 按存在的状态分为公称要素和实际要素（提取要素）

（1）公称要素　具有几何意义的要素，它们不存在任何误差。机械零件图上表示的要素均为理想要素（公称要素）。

（2）实际要素（提取要素）　零件上实际存在的要素。通常都以测得（提取）要素来代替。

图 3-2a 所示为公称组成要素和公称导出要素，图 3-2b 所示为实际组成要素，图 3-2c 所示为提出组成要素和提取导出要素。

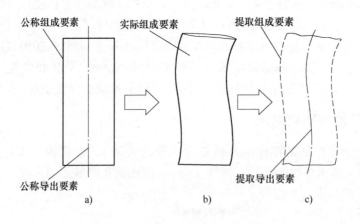

图 3-2　几何要素定义间的相互关系

3.1.2　几何公差特征项目及其符号

几何公差特征项目名称及其符号见表 3-1。几何公差附加符号见表 3-2。

表 3-1　几何公差特征项目名称及其符号（摘自 GB/T 1182—2018）

公差类型	几何特征	符　号	有无基准
形状公差	直线度	—	无
	平面度	▱	无
	圆度	○	无
	圆柱度	⌭	无
	线轮廓度	⌒	无
	面轮廓度	⌓	无
方向公差	平行度	∥	有
	垂直度	⊥	有
	倾斜度	∠	有
	线轮廓度	⌒	有
	面轮廓度	⌓	有
位置公差	位置度	⌖	有或无
	同心度（用于中心点）	◎	有
	同轴度（用于轴线）	◎	有
	对称度	⚌	有
	线轮廓度	⌒	有
	面轮廓度	⌓	有
跳动公差	圆跳动	↗	有
	全跳动	↗↗	有

表 3-2　几何公差附加符号（摘自 GB/T 1182—2018）

说明	符号	说明	符号
被测要素		基准要素	$\boxed{A}$　$\boxed{A}$
基准目标	$\dfrac{\phi 2}{A1}$	全周（轮廓）	
理论正确尺寸	$\boxed{50}$	自由状态条件（非刚性零件）	Ⓕ
包容要求	Ⓔ	任意横截面	ACS
最大实体要求	Ⓜ	公共公差带	CZ
最小实体要求	Ⓛ	小径	LD
可逆要求	Ⓡ	大径	MD
延伸公差带	Ⓟ	中径、节径	PD
线素	LE	不凸起	NC

3.2 几何公差的标注方法及其公差带

3.2.1 几何公差的标注方法

1. 公差框格

几何公差在图样上用框格的形式标注，形状公差框格由两格组成，位置公差框格由三格或多格组成，在图样上只能水平或垂直绘制。公差框格内容从左到右（或从下到上）依次为：带箭头的指引线、几何公差特征项目符号、公差值、基准符号（形状公差无基准）；其中公差值用线性值（单位为 mm）；如公差带是圆形或圆柱形，则在公差值前加注"ϕ"，如公差带是球形则加注"$S\phi$"；可用一个字母表示单一基准或用几个字母表示多基准或公共基准，如图 3-3 所示。

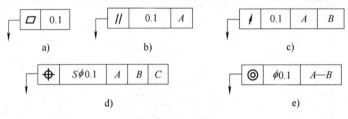

图 3-3 公差框格

当某项公差应用于几个相同被测要素时，应在公差框格上方标明被测要素数量，如"6×""6 槽"，如图 3-4a 所示；如需限制被测要素在公差带内的形状，应在公差框格下方注明，如图 3-4b 所示，"NC"表示被测要素的平面度误差不允许凸起；如对同一被测要素给出几种公差特征项目要求，可将一个公差框格放在另一个的下面，如图 3-4c 所示。

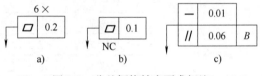

图 3-4 公差框格补充要求标注

2. 被测要素的标注方法

用带箭头的指引线将公差框格与被测要素相连，当公差涉及轮廓线或轮廓面（组成要素）时，箭头指向被测要素的轮廓线或其延长线上（应与尺寸线明显错开），如图 3-5 所示。

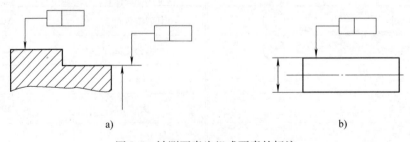

图 3-5 被测要素为组成要素的标注

当公差涉及轴线、中心平面或中心点（导出要素）时，则带箭头的指引线应与尺寸线的延长线重合，如图 3-6 所示。

当指向实际表面时，箭头指向引出线的水平线，引出线引自被测面（实际表面），如图 3-7 所示。

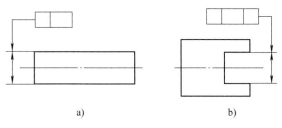

图 3-6 被测要素为导出要素的标注

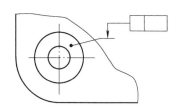

图 3-7 被测要素为实际表面的标注

3. 基准要素的标注方法

基准要素符号由一个标注在基准方框内的大写字母用细实线与一个涂黑（或空白）的三角形相连而组成，如图 3-8a 和 b 所示。基准字母标注在相应被测要素的公差框格中，并且基准方格中的字母应水平书写，如图 3-8c 和 d 所示。

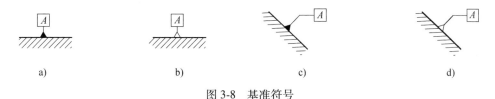

| a) | b) | c) | d) |

图 3-8 基准符号

当基准要素是轮廓线或轮廓面（组成要素）时，基准三角形放置在要素的轮廓线或其延长线上（应与尺寸线明显错开），如图 3-9 所示。基准要素为实际表面时，基准三角形放置在该轮廓面引出线的水平线上，如图 3-10 所示。

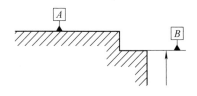

图 3-9 基准要素为组成要素的标注

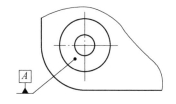

图 3-10 基准要素为实际表面的标注

当基准是尺寸要素确定的轴线、中心线或中心平面（导出要素）时，基准三角形应放置在该尺寸线的延长线上（即细实线与尺寸线对齐），如图 3-11a 所示。如尺寸线处安排不下两个箭头，则其中一个箭头可用基准三角形代替，如图 3-11b 和 c 所示。

当由两个要素建立公共基准时，用中间加连字符的两个大写字母表示，如图 3-12a 所示。由两个或三个基准建立基准体系（即采用多基准时），表示基准的大写字母按基准的优先顺序从左至右填写在公差框格中，如图 3-12b 和 c 所示。

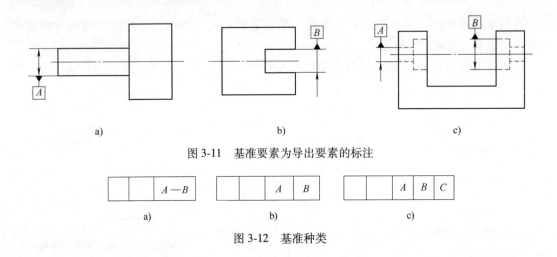

a) b) c)

图 3-11　基准要素为导出要素的标注

a)　　　　　　　　　b)　　　　　　　　　c)

图 3-12　基准种类

4. 附加规定的标注方法

（1）全周符号　几何公差特征符号（如轮廓度公差）适用于横断截面内的整个外轮廓线或整个外轮廓面时，应采用全周符号表示。"全周"符号并不包括整个工件的所有表面，只包括由轮廓和公差标注所表示的各个表面，如图 3-13 所示。

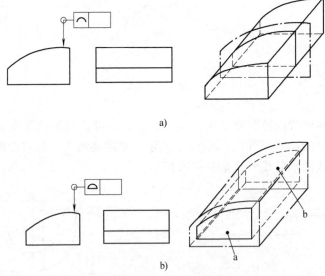

a)

b)

图 3-13　全周符号

注：图中点画线表示所涉及的要素，不涉及图中的表面 a 和表面 b

（2）螺纹、齿轮和花键的标注　若螺纹轴线为被测要素或基准要素时，默认为螺纹中径轴线，如采用大径轴线用"MD"表示，采用小径轴线用"LD"表示，如图 3-14 和图 3-15 所示。

以齿轮、花键轴线为被测要素或基准要素时，需要说明所指的要素，节径轴线用"PD"表示，大径轴线用"MD"表示，小径轴线用"LD"表示。

（3）理论正确尺寸　当给出一个或一组要素的位置、方向或轮廓度公差时，用来确定其理论正确位置、方向或轮廓的尺寸称为"理论正确尺寸（TED）"。理论正确尺寸没有公差，标注在一个方框中，如图 3-16 所示。

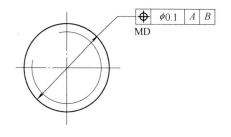

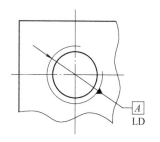

图 3-14　螺纹轴线（大径）的标注　　　　图 3-15　螺纹轴线（小径）的标注

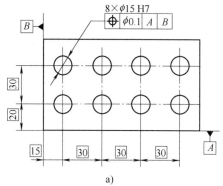

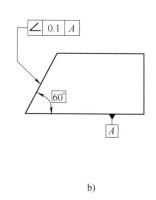

a)　　　　　　　　　　　　　　　　　　b)

图 3-16　理论正确尺寸

（4）限制性规定　如果需要对同一要素的公差值在全部被测的要素内任一部分有进一步限制时，该限制部分（长度或面积）的要求应放在公差值的后面，用斜线隔开，如图 3-17a 所示。如果标注的是两项或两项以上同样几何特征的公差，

a)　　　　　　　　　b)

图 3-17　公差框格中限制性规定

可直接在整个要素公差框格的下方放置另一个公差框格，如图 3-17b 所示。

如果给出的公差仅适用于要素的某一指定局部，则用粗点画线表示该局部的范围并加注尺寸，如图 3-18a 和 b 所示。如果只以要素的某一局部作基准，则用粗点画线表示该部分并加注尺寸，如图 3-18c 所示。

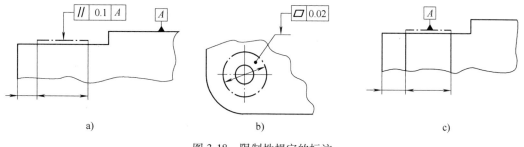

a)　　　　　　　　　　　　b)　　　　　　　　　　　　c)

图 3-18　限制性规定的标注

（5）延伸公差带　延伸公差带的含义是将被测要素的公差带延伸到工件实体之外，用所给定的公差带同时控制工件实体外部的公差，以保证相配件与该零件配合时能顺利装入。延伸公差带用符号 ⓟ 表示，并在图样中标注出其延伸的范围，如图3-19所示。

（6）最大实体要求、最小实体要求和可逆要求　最大实体要求用符号 Ⓜ 表示，该符号根据需要标注在给出的公差值或基准字母后面，或同时标注在两者后面，如图3-20所示。

最小实体要求用符号 Ⓛ 表示，该符号根据需要标注在给出的公差值或基准字母后面，或同时标注在两者后面，如图3-21所示。

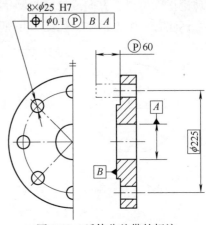

图3-19　延伸公差带的标注

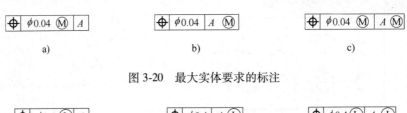

a)　　　　　　　　　b)　　　　　　　　　c)

图3-20　最大实体要求的标注

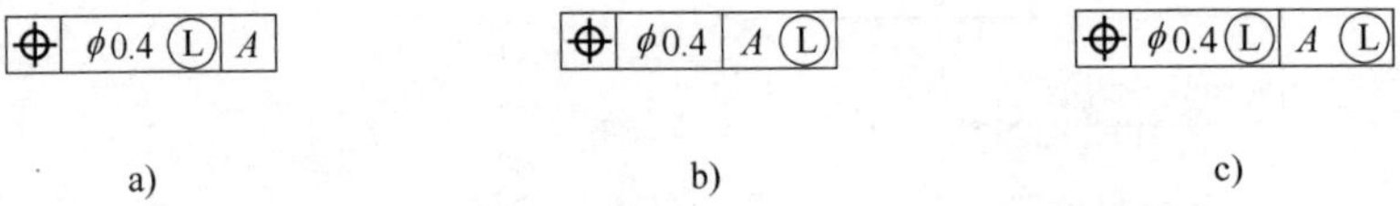

a)　　　　　　　　　b)　　　　　　　　　c)

图3-21　最小实体要求的标注

可逆要求用符号 Ⓡ 表示，该要求不能单独标注，只能标注在被测要素几何公差值 Ⓜ 或 Ⓛ 后，表示可逆要求用于最大实体要求和可逆要求用于最小实体要求，如图3-22所示。

（7）自由状态的标注　对于非刚性零件自由状态下的公差要求用符号 ⓕ 表示，标注在给出公差值的后面，如图3-23所示。

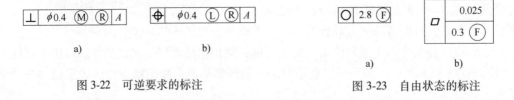

a)　　　　　　　　　b)

图3-22　可逆要求的标注

a)　　　　　　　　　b)

图3-23　自由状态的标注

（8）简化标注　一个公差框格可以用于具有相同几何特征和公差值的若干个分离要素的标注，如图3-24所示。

用一个公共公差带可以表示若干个分离要素给出的单一公差带，标注时在公差框格内公差值后面加注公共

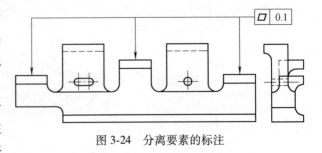

图3-24　分离要素的标注

公差带符号 CZ，如图 3-25 所示。

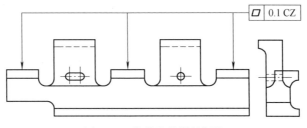

图 3-25 公共公差带的标注

3.2.2 几何公差及其公差带

几何公差是用来限制零件本身几何误差的，它是实际被测要素的允许变动量。新国家标准将几何公差分为形状公差、方向公差、位置公差和跳动公差。

几何公差带是指由一个或几个理想的几何线或面所限定的、由线性公差值表示其大小的区域，它是限制实际被测要素变动的区域。该区域的形状、大小、方向和位置取决于被测要素和设计要求，并以此评定几何误差。只要实际被测要素全部位于该区域内，则认定该实际被测要素合格。

公差带形状由被测要素的几何形状、几何公差特征项目和标注形式决定，表 3-3 所列为几何公差带的 9 种主要形状。其中公差带的大小由公差带的宽度或直径表示，即给定的公差值决定（t、ϕt 或 $S\phi t$，见图 3-3）。

表 3-3 几何公差带的 9 种主要形状

形状	说明	形状	说明
	两平行直线之间的区域		一个圆柱内的区域
	两等距线之间的区域		两同轴线圆柱面之间的区域
	两同心圆之间的区域		两平行平面之间的区域
	一个圆内的区域		两等距面之间的区域
	一个圆球面内的区域		

1. 形状公差带

形状公差带是指单一实际被测要素的形状所允许变动的区域，它不涉及基准。形状公差带定义、标注和解释见表 3-4。

表 3-4　形状公差带定义、标注和解释（摘自 GB/T 1182—2018）　　　（单位：mm）

项目	公差带定义	标注和解释
直线度	在给定平面内和给定方向上，公差带为间距等于公差值 t 的两平行直线所限定的区域　　　任一距离	提取（实际）线必须位于平行于图样所示投影而且在间距等于 0.1 的两平行直线之间　　　— 0.1
	公差带是间距等于公差值 t 的平行平面所限定的区域	提取（实际）的棱边应限定在间距等于 0.1 的两平行平面之间　　　— 0.1
	由于公差值前加注了符号 ϕ，公差带为直径等于公差值 ϕt 的圆柱面所限定的区域　　　ϕt	外圆柱面的提取（实际）中心线应限定在直径等于 $\phi0.08$ 的圆柱面内　　　— $\phi0.08$
平面度	公差带为间距等于公差值 t 的两平行平面所限定的区域	提取（实际）表面应限定在间距等于公差值 0.08 的两平行平面之间　　　□ 0.08
圆度	公差带为在给定横截面内、半径差等于公差值 t 的两同心圆所限定的区域　　　任一横截面	在圆柱面和圆锥面的任意横截面内，提取（实际）圆周应限定在半径差等于 0.03 的两共面同心圆之间　　　○ 0.03

（续）

项目	公差带定义	标注和解释
圆柱度	公差带为半径差等于公差值 t 的两同轴圆柱面所限定的区域 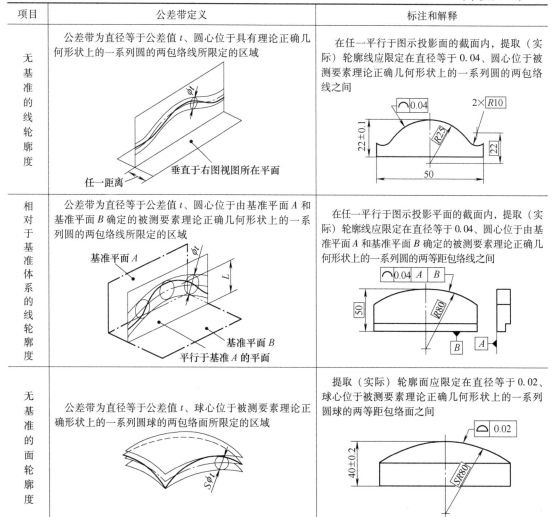	提取（实际）圆柱面应限定在半径差等于 0.1 的两同轴圆柱面之间

2. 线轮廓度和面轮廓度公差带

轮廓度公差有线轮廓度公差和面轮廓度公差。无基准要求时为形状公差，有基准要求时为位置公差或方向公差。线轮廓度和面轮廓度公差带定义、标注和解释见表 3-5。

表 3-5　线轮廓度和面轮廓度公差带定义、标注和解释（摘自 GB/T 1182—2018）

（单位：mm）

项目	公差带定义	标注和解释
无基准的线轮廓度	公差带为直径等于公差值 t、圆心位于具有理论正确几何形状上的一系列圆的两包络线所限定的区域	在任一平行于图示投影面的截面内，提取（实际）轮廓线应限定在直径等于 0.04、圆心位于被测要素理论正确几何形状上的一系列圆的两包络线之间
相对于基准体系的线轮廓度	公差带为直径等于公差值 t、圆心位于由基准平面 A 和基准平面 B 确定的被测要素理论正确几何形状上的一系列圆的两包络线所限定的区域	在任一平行于图示投影平面的截面内，提取（实际）轮廓线应限定在直径等于 0.04、圆心位于由基准平面 A 和基准平面 B 确定的被测要素理论正确几何形状上的一系列圆的两等距包络线之间
无基准的面轮廓度	公差带为直径等于公差值 t、球心位于被测要素理论正确形状上的一系列圆球的两包络面所限定的区域	提取（实际）轮廓面应限定在直径等于 0.02、球心位于被测要素理论正确几何形状上的一系列圆球的两等距包络面之间

（续）

项目	公差带定义	标注和解释
相对于基准的面轮廓度	公差带为直径等于公差值 t、球心位于由基准平面确定的被测要素理论正确几何形状上的一系列圆球的两包络面所限定的区域 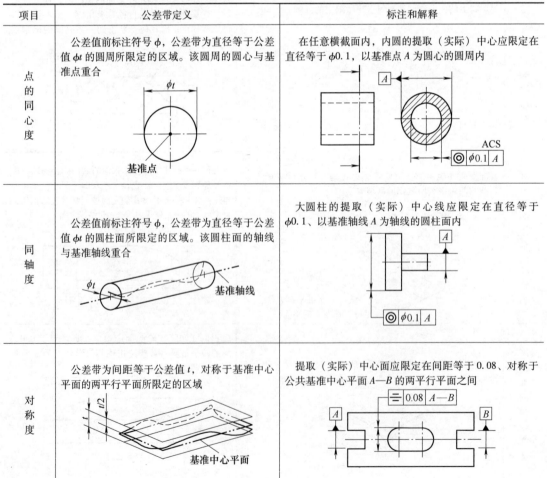	提取（实际）轮廓面应限定在直径等于0.1、球心位于由基准平面 A 确定的被测要素理论正确几何形状上的一系列圆球的两等距包络面之间

3. 位置、方向和跳动公差带

（1）位置公差带　位置公差是实际关联要素对基准要素在位置上允许的变动全量。位置公差包括同轴度、对称度和位置度。位置公差的公差带定义、标注和解释见表3-6。

表3-6　位置公差的公差带定义、标注和解释（摘自 GB/T 1182—2018）（单位：mm）

项目	公差带定义	标注和解释
点的同心度	公差值前标注符号 ϕ，公差带为直径等于公差值 ϕt 的圆周所限定的区域。该圆周的圆心与基准点重合	在任意横截面内，内圆的提取（实际）中心应限定在直径等于 $\phi 0.1$、以基准点 A 为圆心的圆周内
同轴度	公差值前标注符号 ϕ，公差带为直径等于公差值 ϕt 的圆柱面所限定的区域。该圆柱面的轴线与基准轴线重合	大圆柱的提取（实际）中心线应限定在直径等于 $\phi 0.1$、以基准轴线 A 为轴线的圆柱面内
对称度	公差带为间距等于公差值 t，对称于基准中心平面的两平行平面所限定的区域	提取（实际）中心面应限定在间距等于0.08、对称于公共基准中心平面 $A—B$ 的两平行平面之间

（续）

项目		公差带定义	标注和解释
位置度	点的位置度	公差值前加注 $S\phi$，公差带为直径等于公差值 $S\phi t$ 的圆球面所限定的区域。该圆球面中心的理论正确位置由基准 A、B、C 和理论正确尺寸确定 	提取（实际）球心应限定在直径等于 $S\phi 0.3$ 的圆球面内。该圆球面的中心由基准平面 A、基准平面 B、基准平面 C 和理论正确尺寸 30、25 确定 注：提取（实际）球心的定义尚未标准化
	线的位置度	给定一个方向的公差时，公差带为间距等于公差值 t、对称于线的理论正确位置的两平行平面所限定的区域。线的理论正确位置由基准平面 A、B 和理论正确尺寸确定。公差只在一个方向上给定 	各条刻线的提取（实际）中心线应限定在间距等于 0.1、对称于基准平面 A、B 和理论正确尺寸 25、10 确定的理论正确位置的两平行平面之间

（2）方向公差带　方向公差指实际关联要素对基准要素的理想方向的允许变动量。方向公差包括平行度、垂直度和倾斜度。其中每一种方向公差都有面对面、面对线、线对面和线对线四种情况。方向公差的公差带定义、标注和解释见表 3-7。

表 3-7　方向公差的公差带定义、标注和解释（摘自 GB/T 1182—2018）（单位：mm）

项目		公差带定义	标注和解释
平行度	线对基准体系的平行度	公差带为间距等于公差值 t、平行于两基准的两平行平面所限定的区域 	提取（实际）中心线应限定在间距等于 0.1、平行于基准轴线 A 和基准平面 B 的两平行平面之间

（续）

项目		公差带定义	标注和解释
平行度	线对基准线的平行度	若公差值前加注了符号 ϕ，公差带为平行于基准轴线、直径等于公差值 ϕt 的圆柱面所限定的区域	提取（实际）中心线应限定在平行于基准轴线 A、直径等于 $\phi 0.02$ 的圆柱面内
	线对基准面的平行度	公差带为平行于基准平面、间距等于公差值 t 的两平行平面所限定的区域	提取（实际）中心线应限定在平行于基准平面 B、间距等于 0.01 的两平行平面之间
	面对基准线的平行度	公差带为间距等于公差值 t、平行于基准轴线的两平行平面所限定的区域	提取（实际）表面应限定在间距等于 0.1、平行于基准轴线 C 的两平行平面之间
	面对基准面的平行度	公差带为间距等于公差值 t、平行于基准平面的两平行平面所限定的区域	提取（实际）表面应限定在间距等于 0.1、平行于基准 D 的两平行平面之间
垂直度	线对基准体系的垂直度	公差带为间距等于公差值 t 的两平行平面所限定的区域。该两平行平面垂直于基准平面 A，且平行于基准平面 B	圆柱面的提取（实际）中心线应限定在间距等于 0.1 的两平行平面之间。该两平行平面垂直于基准平面 A，且平行于基准平面 B

（续）

项目		公差带定义	标注和解释
垂直度	线对基准线的垂直度	公差带为间距等于公差值 t、垂直于基准线的两平行平面所限定的区域	提取（实际）中心线应限定在间距等于 0.06、垂直于基准轴线 A 的两平行平面之间
	线对基准面的垂直度	若公差值前加注符号 ϕ，公差带为直径等于公差值 ϕt、轴线垂直于基准平面的圆柱面所限定的区域	圆柱面的提取（实际）中心线应限定在直径等于 $\phi 0.01$、垂直于基准平面 A 的圆柱面内
	面对基准线的垂直度	公差带为间距等于公差值 t 且垂直于基准轴线的两平行平面所限定的区域	提取（实际）表面应限定在间距等于 0.08 的两平行平面之间。该两平行平面垂直于基准轴线 A
	面对基准面的垂直度	公差带为间距等于公差值 t、垂直于基准平面的两平行平面所限定的区域	提取（实际）表面应限定在间距等于 0.08、垂直于基准平面 A 的两平行平面之间
倾斜度	线对基准线的倾斜度	被测线与基准线不在同一平面内，公差带为间距等于公差值 t 的两平行平面所限定的区域。该两平行平面按给定角度倾斜于基准轴线	提取（实际）中心线应限定在间距等于 0.08 的两平行平面之间。该两平行平面按理论正确角度 60° 倾斜于公共基准轴线 $A—B$

（续）

项目		公差带定义	标注和解释
倾斜度	线对基准面的倾斜度	公差带为间距等于公差值 t 的两平行平面所限定的区域。该两平行平面按给定的角度倾斜于基准平面	提取（实际）中心线应限定在间距等于0.08的两平行平面之间。该两平行平面按理论正确角度60°倾斜于基准平面 A
	面对基准线的倾斜度	公差带为间距等于公差值 t 的两平行平面所限定的区域。该两平行平面按给定的角度倾斜于基准直线	提取（实际）表面应限定在间距等于0.1的两平行平面之间。该两平行平面按理论正确角度75°倾斜于基准轴线 A
	面对基准面的倾斜度	公差带为间距等于公差值 t 的两平行平面所限定的区域。该两平行平面按给定的角度倾斜于基准平面	提取（实际）表面应限定在间距等于0.08的两平行平面之间。该两平行平面按理论正确角度40°倾斜于基准平面 A

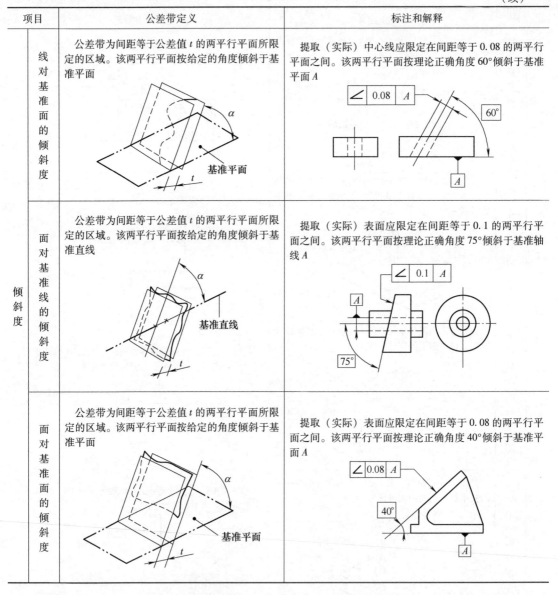

（3）跳动公差带　跳动公差是按特定的测量方法定义的综合几何公差。跳动公差带是控制被测要素为圆柱体的圆柱面、端面，圆锥体的圆锥面和曲面等组成要素。跳动公差包括圆跳动和全跳动。

圆跳动公差是实际要素某一固定参考点围绕基准轴线旋转一周时（零件和测量仪器间无轴向移动）允许的最大变动量 t，圆跳动公差适用于每一个不同的测量位置。圆跳动可能包括圆度、同轴度、垂直度或平面度误差，这些误差的总值不能超过给定的圆跳动公差。圆跳动公差分径向圆跳动公差、轴向圆跳动公差和斜向圆跳动公差。

全跳动公差是实际要素绕基准轴线做无轴向移动的条件下连续旋转，同时指示表与实际被测要素做相对运动过程中，在垂直于指示表移动方向上所允许的最大跳动量。全跳动公差有径向全跳动公差和轴向全跳动公差。跳动公差带定义、标注和解释见表3-8。

表 3-8　跳动公差带定义、标注和解释（摘自 GB/T 1182—2018）　　（单位：mm）

项目		公差带定义	标注和解释
圆跳动	径向圆跳动	公差带是在垂直于基准轴线的横截面内、半径差等于公差值 t 且圆心在基准轴线上的两同心圆所限定的区域 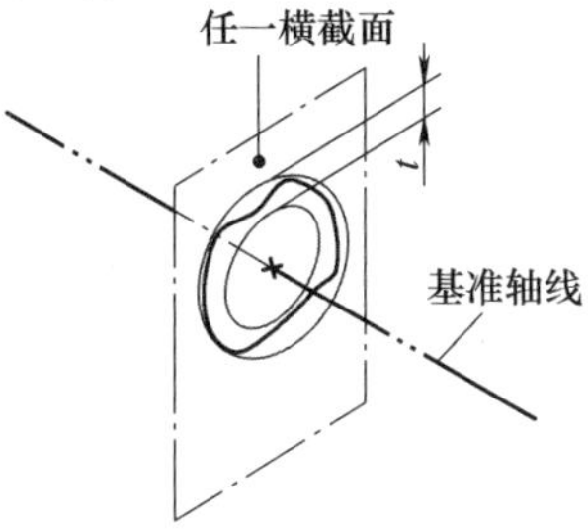 	在任一垂直于基准 A 的横截面内，提取（实际）圆应限定在半径差等于 0.1，圆心在基准轴线 A 的两同心圆之间，如图 a 所示 在任一平行于基准平面 B、垂直于基准轴线 A 的横截面上，提取（实际）圆应限定在半径差等于 0.1，圆心在基准轴线 A 上的两同心圆之间，如图 b 所示 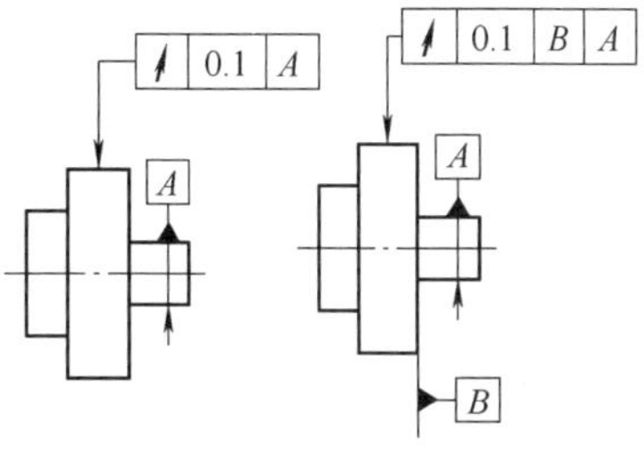
	轴向圆跳动	公差带为与基准轴线同轴的任一半径的圆柱截面上，间距等于公差值 t 的两圆所限定的圆柱面区域 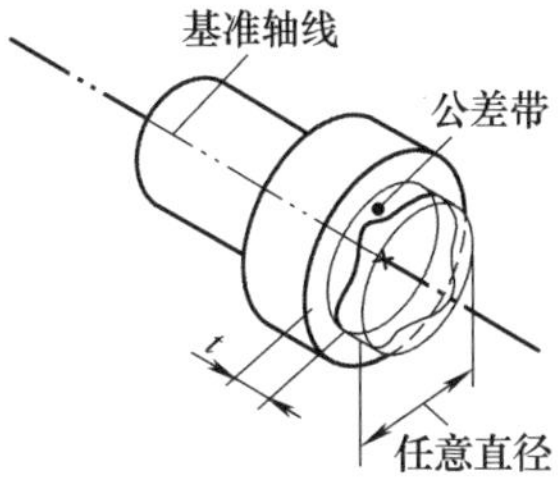 	在与基准轴线 D 同轴的任一圆柱形截面上，提取（实际）圆应限定在轴向距离等于 0.1 的两个等圆之间 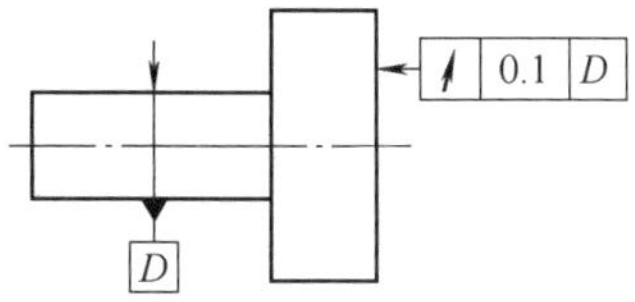
	斜向圆跳动	公差带为与基准轴线同轴的某一圆锥截面上，间距等于公差值 t 的两圆所限定的圆锥面区域。除非另有规定，测量方向应沿被测表面的法向 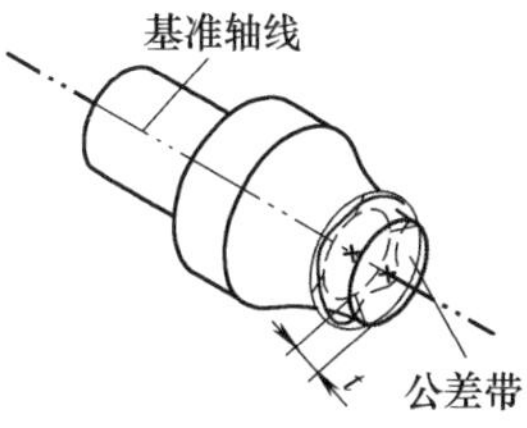 	在与基准轴线 C 同轴的任一圆锥截面上，提取（实际）线应限定在素线方向间距等于 0.1 的两不等圆之间 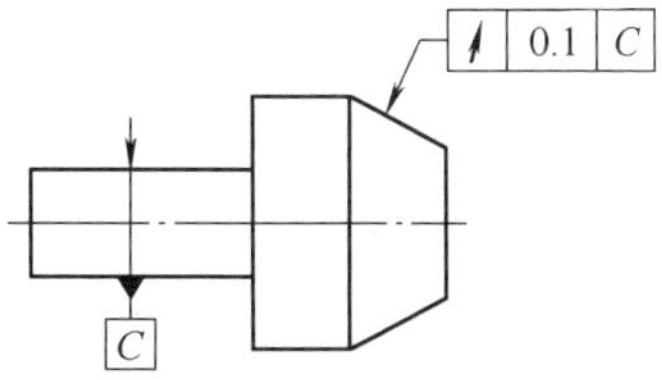
全跳动	径向全跳动	公差带为半径差等于公差值 t、与基准轴线同轴的两圆柱面所限定的区域 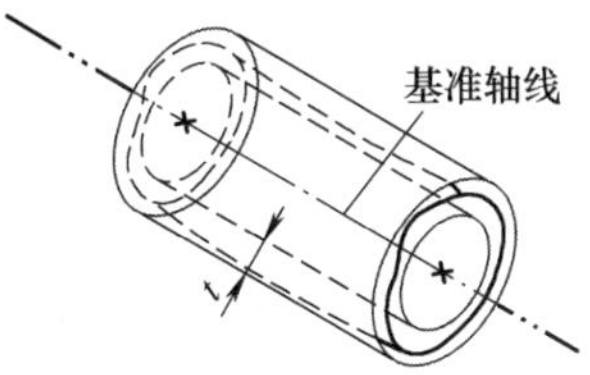 	提取（实际）表面应限定在半径差等于 0.1、与公共基准轴线 A—B 同轴的两圆柱面之间 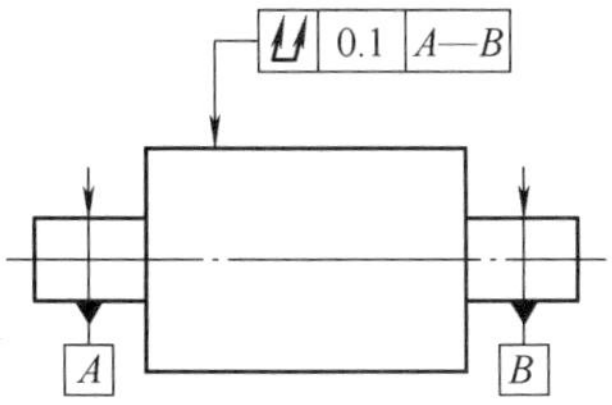

（续）

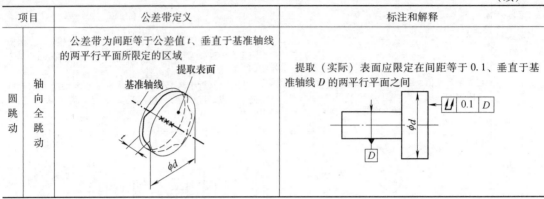

项目		公差带定义	标注和解释
圆跳动	轴向全跳动	公差带为间距等于公差值 t、垂直于基准轴线的两平行平面所限定的区域	提取（实际）表面应限定在间距等于 0.1、垂直于基准轴线 D 的两平行平面之间

3.3　尺寸公差与几何公差的公差原则

处理尺寸（线性尺寸和角度尺寸）公差和几何公差之间相互关系的原则称为公差原则，按照尺寸公差和几何公差有无关系，公差原则分为独立原则和相关要求。

3.3.1　公差原则的术语和定义

1. 最大实体状态（MMC）**和最大实体尺寸**（MMS）

最大实体状态指假设提取组成要素的局部尺寸在给定长度上处处位于极限尺寸且使其具有实体最大时的状态。最大实体状态下的尺寸为最大实体尺寸。对于内表面（孔）为下极限尺寸，用代号 D_M 表示；对于外表面（轴）为上极限尺寸，用代号 d_M 表示。公式表示为

$$D_M = D_{min} \tag{3-1}$$

$$d_M = d_{max} \tag{3-2}$$

2. 最小实体状态（LMC）**和最小实体尺寸**（LMS）

最小实体状态指假设提取组成要素的局部尺寸在给定长度上处处位于极限尺寸且使其具有实体最小时的状态。最小实体状态下的尺寸为最小实体尺寸。对于内表面（孔）为上极限尺寸，用代号 D_L 表示；对于外表面（轴）为下极限尺寸，用代号 d_L 表示。公式表示为

$$D_L = D_{max} \tag{3-3}$$

$$d_L = d_{min} \tag{3-4}$$

3. 体外作用尺寸（EFS）

体外作用尺寸（EFS）是指在被测要素的给定长度上，与实际内表面（孔）体外相接的最大理想面，或与实际外表面（轴）体外相接的最小理想面的直径或宽度。孔、轴的体外作用尺寸分别用代号 D_{fe}、d_{fe} 表示。图 3-26 所示为单一要素的体外作用尺寸。

对于关联要素，其体外作用尺寸理想面的轴线（或中心平面）必须与基准保持图样上规定的方向或位置关系。如图 3-27 所示，其表示理想面的轴线必须垂直于基准平面 A。

由图 3-26 和图 3-27 可知，几何误差 $f_{几何}$ 的内表面（孔）的体外作用尺寸小于其实际尺寸，有几何误差 $f_{几何}$ 的外表面（轴）的体外作用尺寸大于其实际尺寸，公式表示为

$$D_{fe} = D_a - f_{几何} \tag{3-5}$$

$$d_{fe} = d_a + f_{几何} \tag{3-6}$$

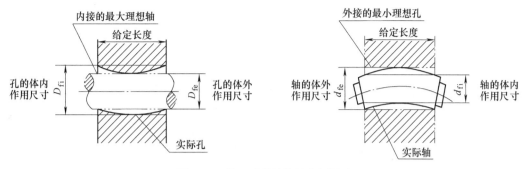

图 3-26　单一要素的体外作用尺寸

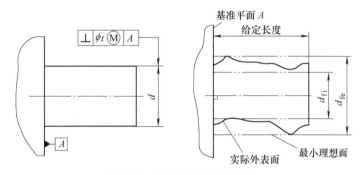

图 3-27　关联要素的作用尺寸

4. 体内作用尺寸（IFS）

体内作用尺寸（IFS）是指在被测要素的给定长度上，与实际内表面（孔）体内相接的最小理想面，或与实际外表面（轴）体内相接的最大理想面的直径或宽度。孔、轴的体外作用尺寸分别用代号 D_{fi}、d_{fi} 表示。

由图 3-26 和图 3-27 可知，有几何误差 $f_{几何}$ 的内表面（孔）的体内作用尺寸大于其实际尺寸，有几何误差 $f_{几何}$ 的外表面（轴）的体内作用尺寸小于其实际尺寸，公式表示为

$$D_{fi} = D_a + f_{几何} \tag{3-7}$$

$$d_{fi} = d_a - f_{几何} \tag{3-8}$$

5. 最大实体实效状态（MMVC）和最大实体实效尺寸（MMVS）

最大实体实效状态（MMVC）是指在被测要素的给定长度上，实际要素处于最大实体状态且其导出要素的几何误差 $f_{几何}$ 等于给出公差值 $t_{几何}$ 时的综合极限状态。在最大实体实效状态下的体外作用尺寸称为最大实体实效尺寸（MMVS），孔、轴的最大实体实效尺寸分别用代号 D_{MV}、d_{MV} 表示，公式为

$$D_{MV} = D_M - t_{几何} \tag{3-9}$$

$$d_{MV} = d_M + t_{几何} \tag{3-10}$$

6. 最小实体实效状态（LMVC）和最小实体实效尺寸（LMVS）

最小实体实效状态（LMVC）是指在被测要素的给定长度上，实际要素处于最小实体状态且其导出要素的几何误差 $f_{几何}$ 等于给出公差值 $t_{几何}$ 时的综合极限状态。在最小实体实效状态下的体内作用尺寸称为最小实体实效尺寸（LMVS），孔、轴的最小实体实效尺寸分别用

代号 D_{LV}、d_{LV} 表示，公式为

$$D_{LV} = D_L + t_{几何} \tag{3-11}$$

$$d_{LV} = d_L - t_{几何} \tag{3-12}$$

7. 边界

边界是指由设计给定的具有理想形状的极限包容面（圆柱面或两平行平面）。边界尺寸（BS）为极限包容面的直径或距离。单一要素的边界没有方向和位置的约束，关联要素的边界应与基准保持图样上给定的方向或位置关系。

边界尺寸分为最大实体边界（MMB）、最小实体边界（LMB）、最大实体实效边界（MMVB）和最小实体实效边界（LMVB）四种。其中最大实体边界（MMB）是指具有理想形状且边界尺寸为最大实体尺寸（MMS）的包容面，要素的实际轮廓不得超出 MMB。

3.3.2 独立原则

独立原则是指图样上给定的尺寸公差和几何公差要求均是独立的，应分别满足各自的要求。独立原则是处理尺寸公差和几何公差相互关系的基本原则，应用最广。

图 3-28 所示为独立原则应用示例，不须标注任何相关符号。图中轴的提取（组成）要素的局部尺寸应为 $\phi19.97 \sim \phi20mm$，且轴线（导出要素）的直线度误差不允许大于 $\phi0.02mm$。

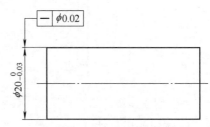

图 3-28　独立原则应用示例

3.3.3 相关要求

相关要求指图样上给定的尺寸公差和几何公差相互有关的公差要求，有包容要求、最大实体要求（MMR）（包括附加于最大实体要求的可逆要求（RPR））和最小实体要求（LMR）（包括附加于最小实体要求的可逆要求（RPR））。

1. 包容要求

包容要求适用于单一要素，如圆柱面或两平行平面。包容要求表示提取组成要素不得超越其最大实体边界（MMB），其局部实际尺寸不得超出最小实体尺寸（LMS）。采用包容要求的单一要素，应在其尺寸极限偏差或尺寸公差带代号之后加注符号Ⓔ。

如图 3-29a 所示，公称尺寸为 $\phi150mm$ 的轴遵守包容要求（标注如图所示），不论其圆柱表面有形状误差（见图 3-29b），还是其轴线有形状误差（见图 3-29c），其体外作用尺寸必须在最大实体边界（MMB）内（该边界尺寸（BS）为最大实体尺寸 $\phi150mm$），其局部实际尺寸不得小于最小实体尺寸 $\phi149.96mm$；图 3-29d 表示局部实际尺寸处处均为最大实体尺寸 $\phi150mm$，此时不允许轴线有形状误差。

采用包容要求的合格条件是体外作用尺寸不得超过其最大实体尺寸，且局部尺寸不得小于其最小实体尺寸，这就是泰勒原则，公式为

对于内表面（孔）：

$$\begin{cases} D_{fe} \geq D_M \\ D_a \leq D_L \end{cases} \quad 即 \begin{cases} D_a - f_{几何} \geq D_{min} \\ D_a \leq D_{max} \end{cases} \tag{3-13}$$

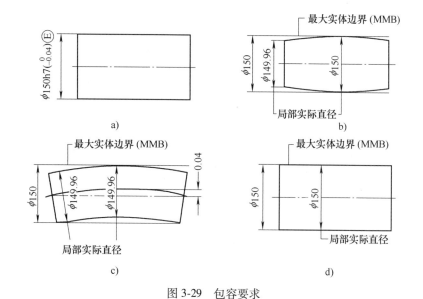

图 3-29　包容要求

对于外表面（轴）：

$$\begin{cases} d_{\mathrm{fe}} \leqslant d_{\mathrm{M}} \\ d_{\mathrm{a}} \geqslant d_{\mathrm{L}} \end{cases} \quad 即 \begin{cases} d_{\mathrm{a}} + f_{几何} \leqslant d_{\max} \\ d_{\mathrm{a}} \geqslant d_{\min} \end{cases} \tag{3-14}$$

包容要求是将尺寸误差和几何误差同时控制在尺寸公差范围内的一种公差要求，主要用于必须保证配合性质要求的场合。

2. 最大实体要求（MMR）（包括附加于最大实体要求的可逆要求（RPR））

最大实体要求是控制被测要素的实际轮廓处于最大实体实效边界（MMVB）之内的一种相关公差要求。当其实际尺寸偏离最大实体尺寸时，允许其导出要素的几何误差超出给出的公差值。

最大实体要求适用于导出要素有几何公差要求的情况，既适用于被测导出要素，也适用于基准导出要素，在导出要素的几何公差值后加注符号Ⓜ，如图 3-20 所示。

当导出要素的几何误差小于给出的几何公差时，又允许其局部尺寸超出最大实体尺寸时（即允许几何公差补偿给尺寸公差），可将可逆要求应用于最大实体要求，此时应在其几何公差框格中最大实体要求的符号Ⓜ后标注符号Ⓡ，如图 3-22a 所示。

采用最大实体要求时，几何误差的补偿值取决于提取组成要素局部尺寸对其最大实体尺寸的偏离程度。因此，即使是规格相同的一批零件，各个零件上相对应的要素所能得到的几何公差补偿值也可能是各不相同的。

最大实体要求用于被测要素时，被测要素的体外作用尺寸不得超越其最大实体实效尺寸，且局部尺寸在最大与最小实体尺寸之间，公式为

对于内表面（孔）：

$$\begin{cases} D_{\mathrm{fe}} \geqslant D_{\mathrm{MV}} \\ D_{\mathrm{M}} \leqslant D_{\mathrm{a}} \leqslant D_{\mathrm{L}} \end{cases} \quad 即 \begin{cases} D_{\mathrm{a}} - f_{几何} \geqslant D_{\min} - t_{几何} \\ D_{\min} \leqslant D_{\mathrm{a}} \leqslant D_{\max} \end{cases} \tag{3-15}$$

对于外表面（轴）：

$$\begin{cases} d_{fe} \leq d_{MV} \\ d_L \leq d_a \leq d_M \end{cases} \quad 即 \begin{cases} d_a + f_{几何} \leq d_{max} + t_{几何} \\ d_{min} \leq d_a \leq d_{max} \end{cases} \tag{3-16}$$

可逆要求应用于最大实体要求时，指被测实际尺寸偏离最大实体尺寸时，允许其导出要素的几何误差超出给出的公差值。同时当几何误差小于给出的公差值时，也允许局部实际尺寸超出最大实体尺寸。只要尺寸误差与几何误差之和小于尺寸公差与几何公差之和即可。

可逆要求应用于最大实体要求时，可按如下公式检验零件的合格性。

对于内表面（孔）：

$$\begin{cases} D_{fe} \geq D_{MV} \\ D_a \leq D_L \end{cases} \quad 即 \begin{cases} D_a - f_{几何} \geq D_{min} - t_{几何} \\ D_a \leq D_{max} \end{cases} \tag{3-17}$$

对于外表面（轴）：

$$\begin{cases} d_{fe} \leq d_{MV} \\ d_L \leq d_a \end{cases} \quad 即 \begin{cases} d_a + f_{几何} \leq d_{max} + t_{几何} \\ d_{min} \leq d_a \end{cases} \tag{3-18}$$

图 3-30 所示为最大实体要求应用到被测要素（导出要素）的示例。图中轴线直线度公差（$\phi 0.1$mm）是该轴为最大实体状态（MMC）时给定的；若该轴为最小实体状态（LMC）时，其轴线的直线度误差允许达到的最大值为图 3-30a 中给定的轴线直线度公差（$\phi 0.1$mm）与该轴的尺寸公差（0.1mm）之和 $\phi 0.2$mm；若该轴处于最大实体状态（MMC）和最小实体状态（LMC）之间，其轴线直线度公差在 $\phi 0.1 \sim \phi 0.2$mm 之间变化，图 3-30c 给出了直线度误差允许值随轴的局部实际尺寸变化的动态公差图。若可逆要求用于最大实体要求时，其动态公差图如图 3-30d 所示。

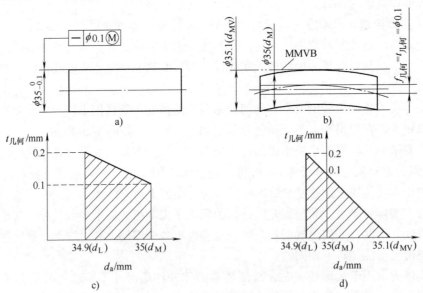

图 3-30 最大实体要求应用到被测要素（导出要素）的示例

关联要素采用最大实体要求的零几何公差标注时，要求其实际轮廓处处不得超越最大实体边界，且该边界应与基准保持图样上给定的几何关系，要素实际轮廓的局部尺寸不得超越最小实体尺寸。图 3-31a 所示轴线垂直度公差（$\phi 0$mm）是该轴为最大实体状态（MMC）时给定的；若该轴为最小实体状态（LMC）时，其轴线垂直度误差允许达到的最大值为

$\phi 0.025\text{mm}$；若该轴处于最大实体状态（MMC）和最小实体状态（LMC）之间，其轴线垂直度公差在 $\phi 0 \sim \phi 0.025\text{mm}$ 之间变化，图 3-31b 给出了垂直度误差允许值随轴的局部实际尺寸变化的动态公差图。

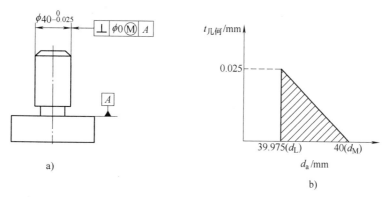

图 3-31 零几何公差

关联要素采用最大实体要求的零几何公差标注时，将 $t_{几何} = 0$ 代入式（3-15）和式（3-16），得到如下式（3-19）和式（3-20）来检验零件是否合格。

对于内表面（孔）：

$$\begin{cases} D_{fe} \geqslant D_{M} \\ D_{a} \leqslant D_{L} \end{cases} \quad 即 \begin{cases} D_{a} - f_{几何} \geqslant D_{min} \\ D_{a} \leqslant D_{max} \end{cases} \qquad (3\text{-}19)$$

对于外表面（轴）：

$$\begin{cases} d_{fe} \leqslant d_{M} \\ d_{a} \geqslant d_{L} \end{cases} \quad 即 \begin{cases} d_{a} + f_{几何} \leqslant d_{max} \\ d_{a} \geqslant d_{min} \end{cases} \qquad (3\text{-}20)$$

由式（3-19）和式（3-20）可知，关联要素采用最大实体要求的零几何公差适用的场合与包容要求的应用相同，主要用于保证配合性质的要素。只是包容要求仅适合于被测要素是单一要素，而最大实体要求的零几何公差适用于被测要素是关联要素。

最大实体要求常应用于只要求可装配性的零件，以便充分利用图样上给出的公差值。当被测要素或基准要素偏离最大实体状态时，几何公差可以得到补偿，从而提高零件的合格率，具有显著的经济效益。

3. 最小实体要求（LMR）（包括附加于最小实体要求的可逆要求（RPR））

最小实体要求是控制被测要素的实际轮廓处于最小实体实效边界（LMVB）之内的一种相关公差要求。当其局部实际尺寸偏离最小实体尺寸时，允许其导出要素的几何误差超出给出的公差值。

最小实体要求适用于导出要素有几何公差要求的情况，既适用于被测导出要素，也适用于基准导出要素，在导出要素的几何公差值后加注符号Ⓛ，如图 3-21 所示。

当导出要素的几何误差小于给出的几何公差时，又允许其局部尺寸超出最小实体尺寸时（即允许几何公差补偿给尺寸公差），可将可逆要求应用于最小实体要求，此时应在其几何公差框格中最小实体要求的符号Ⓛ后标注符号Ⓡ，如图 3-22b 所示。

图 3-32 所示为最小实体要求应用到被测要素（导出要素）的示例。图中轴线垂直度公

差（$\phi 0.1$mm）是该轴为最小实体状态（LMC）时给定的；若该轴为最大实体状态（MMC）时，其轴线的垂直度误差允许达到的最大值为图3-32a中给定的轴线垂直度公差（$\phi 0.1$mm）与该轴的尺寸公差（0.021mm）之和$\phi 0.121$mm；若该轴处于最大实体状态（MMC）和最小实体状态（LMC）之间，其轴线垂直度公差在$\phi 0.1 \sim \phi 0.121$mm之间变化，图3-32b给出了垂直度误差允许值随轴的局部实际尺寸变化的动态公差图。若可逆要求用于最小实体要求时，其动态公差图如图3-32c所示。

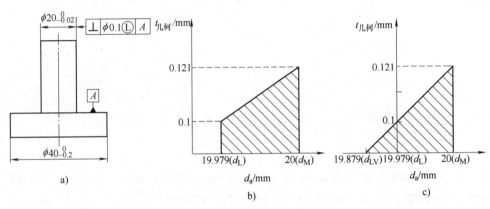

图 3-32　最小实体要求应用到被测要素（导出要素）的示例

被测要素采用最小实体要求时，可按如下公式检验零件的合格性。

对于内表面（孔）：

$$\begin{cases} D_{\text{fi}} \leqslant D_{\text{LV}} \\ D_{\text{M}} \leqslant D_{\text{a}} \leqslant D_{\text{L}} \end{cases} \quad \text{即} \quad \begin{cases} D_{\text{a}} + f_{\text{几何}} \leqslant D_{\text{max}} + t_{\text{几何}} \\ D_{\text{min}} \leqslant D_{\text{a}} \leqslant D_{\text{max}} \end{cases} \tag{3-21}$$

对于外表面（轴）：

$$\begin{cases} d_{\text{fi}} \geqslant d_{\text{LV}} \\ d_{\text{L}} \leqslant d_{\text{a}} \leqslant d_{\text{M}} \end{cases} \quad \text{即} \quad \begin{cases} d_{\text{a}} - f_{\text{几何}} \geqslant d_{\text{min}} - t_{\text{几何}} \\ d_{\text{min}} \leqslant d_{\text{a}} \leqslant d_{\text{max}} \end{cases} \tag{3-22}$$

可逆要求应用于最小实体要求时，可按如下公式检验零件的合格性。

对于内表面（孔）：

$$\begin{cases} D_{\text{fi}} \leqslant D_{\text{LV}} \\ D_{\text{a}} \geqslant D_{\text{M}} \end{cases} \quad \text{即} \quad \begin{cases} D_{\text{a}} + f_{\text{几何}} \leqslant D_{\text{max}} + t_{\text{几何}} \\ D_{\text{a}} \geqslant D_{\text{min}} \end{cases} \tag{3-23}$$

对于外表面（轴）：

$$\begin{cases} d_{\text{fi}} \geqslant d_{\text{LV}} \\ d_{\text{a}} \leqslant d_{\text{M}} \end{cases} \quad \text{即} \quad \begin{cases} d_{\text{a}} - f_{\text{几何}} \geqslant d_{\text{min}} - t_{\text{几何}} \\ d_{\text{a}} \leqslant d_{\text{max}} \end{cases} \tag{3-24}$$

最小实体要求主要用于需保证零件的强度和壁厚的场合。

3.4　几何公差的设计

几何精度的设计方法选用对保证产品质量和降低制造成本具有十分重要的意义。几何精度的设计主要包括几何公差项目的选择、公差等级与公差值的选择、公差原则的选择和基准要素的选择。

3.4.1 几何公差特征项目的选择

几何公差特征项目的设计取决于零件的几何特征、功能要求和检测方便性等方面。

1. 零件的几何特征

形状公差项目的设计主要是按照要素的几何形状特征制订的，这是设计单一要素公差项目的基本依据。如控制平面的形状误差应选择平面度；控制导轨导向面的形状误差应选择直线度；控制圆柱面的形状误差应选择圆度和圆柱度等。

方向和位置公差项目的设计主要是按照要素间几何方位关系制订的，所以设计关联要素的公差项目以它与基准间的几何方位关系为基本依据。如对线（中心线）、面可规定方向公差和位置公差；对点只能规定位置度公差；对回转零件规定同轴度公差和跳动公差。

2. 零件的使用要求

零件的功能不同，对几何公差设计应提不同的公差要求，所以应分析几何误差对零件使用性能的影响。如平面的形状误差将影响支承面的稳定性和定位可靠性，影响贴合面的密封性和滑动面的磨损；导轨面的形状误差将影响导向精度；圆柱面的形状误差将影响连接强度和可靠性，影响转动配合的间隙均匀性和运动平稳性；轮廓表面或导出要素的方向或位置误差将直接决定机器的装配精度和运动精度，如齿轮箱体上两孔中心线不平行将影响齿轮副的接触精度，并降低承载能力；滚动轴承的定位轴肩和轴线不垂直将影响轴承的旋转精度等。

3. 检测的方便性

从检测是否方便考虑，有时可将所需的公差项目用控制效果相同或相近的公差项目来代替。例如，被测要素为圆柱面时，因为跳动公差检测方便，可用径向圆跳动来代替圆柱度或圆度；用轴向全跳动代替端面对中心线的垂直度等。

3.4.2 几何公差值的选择

GB/T 1184—1996 规定图样中标注的几何公差有两种形式：未注公差值和注出公差值。

未注公差值是各类工厂中常用设备能保证的精度。零件大部分要素的几何公差值均应遵循未注公差值的要求，图样上不必注出。只有当零件要素的几何公差值要求较高（小于未注公差值）时，加工后必须经过检验；或者零件要素的公差值大于未注公差值，能给工厂带来经济效益时，才需要在几何公差框格中给出公差要求。

1. 几何公差的未注公差值

线轮廓度、面轮廓度、倾斜度、位置度和全跳动的未注公差，均由各要素的注出或未注出线性尺寸公差或角度公差控制，在图样上不用作特殊标注。

圆度的未注公差等于极限与配合标准中规定的直径公差值，但不可大于表 3-16 中规定的径向圆跳动公差值。

对圆柱度的未注公差值不做单独规定，圆柱度误差由圆度、直线度和相对素线的平行度误差组成，其中每一项误差均由它们的注出公差或未注公差控制。

平行度的未注公差等于给出的尺寸公差值，或者取直线度和平面度未注公差值中的较大者；同轴度的未注公差值可与表 3-9 中规定的径向圆跳动的未注公差值相等。

GB/T 1184—1996 对圆跳动、对称度、垂直度、直线度和平面度的未注公差规定了 H、K、L 三个公差等级，选用时应在技术要求中注出标准号和公差等级代号，如：未注几何公差按 GB/T 1184—H。

常用的未注几何公差的等级和数值见表 3-9~表 3-12。

表 3-9　圆跳动的未注公差值（摘自 GB/T 1184—1996）　（单位：mm）

公 差 等 级	圆 跳 动 公 差 值
H	0.1
K	0.2
L	0.5

表 3-10　对称度的未注公差值（摘自 GB/T 1184—1996）　（单位：mm）

公差等级	基本长度范围			
	~100	>100~300	>300~1000	>1000~3000
H	0.5			
K	0.6		0.8	1
L	0.6	1	1.5	2

表 3-11　垂直度的未注公差值（摘自 GB/T 1184—1996）　（单位：mm）

公差等级	基本长度范围			
	~100	>100~300	>300~1000	>1000~3000
H	0.2	0.3	0.4	0.5
K	0.4	0.6	0.8	1
L	0.6	1	1.5	2

表 3-12　直线度和平面度的未注公差值（摘自 GB/T 1184—1996）　（单位：mm）

公差等级	基本长度范围					
	~10	>10~30	>30~100	>100~300	>300~1000	>1000~3000
H	0.02	0.05	0.1	0.2	0.3	0.4
K	0.05	0.1	0.2	0.4	0.6	0.8
L	0.1	0.2	0.4	0.8	1.2	1.6

2. 几何公差的注出公差值

注出几何公差的精度高低是由公差等级表示的。按照国家标准 GB/T 1184—1996 规定，除了线轮廓度、面轮廓度和位置度未规定公差等级外，其余项目均有规定，各项目的各级公差值见表 3-13~表 3-16。

表 3-13　直线度和平面度的公差值（摘自 GB/T 1184—1996）

主参数 L/mm	公差等级											
	1	2	3	4	5	6	7	8	9	10	11	12
	公差值/μm											
≤10	0.2	0.4	0.8	1.2	2	3	5	8	12	20	30	60
>10~16	0.25	0.5	1	1.5	2.5	4	6	10	15	25	40	80
>16~25	0.3	0.6	1.2	2	3	5	8	12	20	30	50	100
>25~40	0.4	0.8	1.5	2.5	4	6	10	15	25	40	60	120
>40~63	0.5	1	2	3	5	8	12	20	30	50	80	150
>63~100	0.6	1.2	2.5	4	6	10	15	25	40	60	100	200
>100~160	0.8	1.5	3	5	8	12	20	30	50	80	120	250

（续）

主参数 L/mm	公差等级											
	1	2	3	4	5	6	7	8	9	10	11	12
	公差值/μm											
>160~250	1	2	4	6	10	15	25	40	60	100	150	300
>250~400	1.2	2.5	5	8	12	20	30	50	80	120	200	400
>400~630	1.5	3	6	10	15	25	40	60	100	150	250	500

注：主参数 L 为轴、直线、平面的长度。

表 3-14　圆度和圆柱度的公差值（摘自 GB/T 1184—1996）

主参数 $d(D)$/mm	公差等级												
	0	1	2	3	4	5	6	7	8	9	10	11	12
	公差值/μm												
≤3	0.1	0.2	0.3	0.5	0.8	1.2	2	3	4	6	10	14	25
>3~6	0.1	0.2	0.4	0.6	1	1.5	2.5	4	5	8	12	18	30
>6~10	0.12	0.25	0.4	0.6	1	1.5	2.5	4	6	9	15	22	36
>10~18	0.15	0.25	0.5	0.8	1.2	2	3	5	8	11	18	27	43
>18~30	0.2	0.3	0.6	1	1.5	2.5	4	6	9	13	21	33	52
>30~50	0.25	0.4	0.6	1	1.5	2.5	4	7	11	16	25	39	62
>50~80	0.3	0.5	0.8	1.2	2	3	5	8	13	19	30	46	74
>80~120	0.4	0.6	1	1.5	2.5	4	6	10	15	22	35	54	87
>120~180	0.6	1	1.2	2	3.5	5	8	12	18	25	40	63	100
>180~250	0.8	1.2	2	3	4.5	7	10	14	20	29	46	72	115
>250~315	1.0	1.6	2.5	4	6	8	12	16	25	32	52	81	130
>315~400	1.2	2	3	5	7	9	13	18	25	36	57	89	140
>400~500	1.5	2.5	4	6	8	10	15	20	27	40	63	97	155

注：主参数 $d(D)$ 为轴（孔）的直径。

表 3-15　平行度、垂直度和倾斜度的公差值（摘自 GB/T 1184—1996）

主参数 $d(D)$、L/mm	公差等级											
	1	2	3	4	5	6	7	8	9	10	11	12
	公差值/μm											
≤10	0.4	0.8	1.5	3	5	8	12	20	30	50	80	120
>10~16	0.5	1	2	4	6	10	15	25	40	60	100	150
>16~25	0.6	1.2	2.5	5	8	12	20	30	50	80	120	200
>25~40	0.8	1.5	3	6	10	15	25	40	60	100	150	250
>40~63	1	2	4	8	12	20	30	50	80	120	200	300
>63~100	1.2	2.5	5	10	15	25	40	60	100	150	250	400
>100~160	1.5	3	6	12	20	30	50	80	120	200	300	500
>160~250	2	4	8	15	25	40	60	100	150	250	400	600
>250~400	2.5	5	10	20	30	50	80	120	200	300	500	800
>400~630	3	6	12	25	40	60	100	150	250	400	600	1000

注：1. 主参数 L 为给定平行度时轴线或平面的长度，或给定垂直度、倾斜度时被测要素的长度。

2. 主参数 $d(D)$ 为给定面对线垂直度时，被测要素的轴（孔）的直径。

表 3-16　同轴度、对称度、圆跳动和全跳动的公差值（摘自 GB/T 1184—1996）

主参数 $d(D)$、B、 L/mm	公差等级											
	1	2	3	4	5	6	7	8	9	10	11	12
	公差值/μm											
≤1	0.4	0.6	1.0	1.5	2.5	4	6	10	15	25	40	60
>1~3	0.4	0.6	1.0	1.5	2.5	4	6	10	20	40	60	120
>3~6	0.5	0.8	1.2	2	3	5	8	12	25	50	80	150

（续）

主参数 $d(D)$、B、 L/mm	公差等级											
	1	2	3	4	5	6	7	8	9	10	11	12
	公差值/μm											
>6~10	0.6	1	1.5	2.5	4	6	10	15	30	60	100	200
>10~18	0.8	1.2	2	3	5	8	12	20	40	80	120	250
>18~30	1	1.5	2.5	4	6	10	15	25	50	100	150	300
>30~50	1.2	2	3	5	8	12	20	30	60	120	200	400
>50~120	1.5	2.5	4	6	10	15	25	40	80	150	250	500
>120~250	2	3	5	8	12	20	30	50	100	200	300	600
>250~500	2.5	4	6	10	15	25	40	60	120	250	400	800

注：1. 主参数 $d(D)$ 为给定同轴度，或给定圆跳动、全跳动时的轴（孔）直径。

2. 圆锥体斜向圆跳动公差的主参数为平均直径。

3. 主参数 B 为给定对称度时槽的宽度。

4. 主参数 L 为给定两孔对称度时的孔心距。

对位置度，国家标准只规定了公差值数系，而未规定公差等级，见表 3-17。

表 3-17 位置度公差值数系（摘自 GB/T 1184—1996）　　（单位：μm）

1	1.2	1.5	2	2.5	3	4	5	6	8
1×10^n	1.2×10^n	1.5×10^n	2×10^n	2.5×10^n	3×10^n	4×10^n	5×10^n	6×10^n	8×10^n

注：n 为正整数。

3. 几何公差值的选择原则

几何公差值的选择原则是在满足零件功能要求的前提下，兼顾工艺性、经济性和检测条件，尽量选择较大的公差值。此外还需考虑下列情况：

1）同一要素上给出的形状公差值应小于方向公差值、位置公差值和跳动公差值。一般应满足：$t_{形状} < t_{方向} < t_{位置} < t_{跳动}$。如要求平行的两个表面，其平面度公差值应小于平行度公差值。

2）平行度公差值应小于其相应的距离公差值。

3）圆柱形零件的形状公差值（轴线的直线度除外）一般情况下应小于其尺寸公差值。

4）对下列情况，考虑到加工的难易程度和其他参数的影响（除主参数外），在满足零件功能要求的条件下可降低 1~2 级选用：如孔相对于轴，对长径比较大的轴或孔，对距离较大的轴或孔，对宽度较大（一般大于 1/2 长度）的零件表面，对线对线和线对面相对于面对面的平行度，对线对线和线对面相对于面对面的垂直度等。

5）位置度公差的确定。对于用螺栓或螺钉联接两个或两个以上的零件上孔组的各个孔位置度公差，可根据螺栓或螺钉与通孔间的最小间隙 X_{min} 确定。用螺栓联接时，由于各个被联接零件上的孔均为通孔，位置度公差值 $t = X_{min}$；用螺钉联接时，被联接零件上通孔的位置度公差值 $t = 0.5X_{min}$。计算出的位置度公差值按照表 3-17 进行规范。

表 3-18~表 3-21 给出了几何公差等级的应用场合。

表 3-18 直线度、平面度公差等级应用

公差等级	应用举例
5	1级平板，2级宽平尺，平面磨床的纵导轨、垂直导轨、立柱导轨及工作台，液压龙门刨床及转塔车床床身导轨，柴油机进气、排气阀门导杆
6	卧式车床、龙门刨床、滚齿机、自动车床等的床身导轨、立柱导轨，柴油机壳体

（续）

公差等级	应 用 举 例
7	2 级平板，机床主轴箱，摇臂钻床底座及工作台，镗床工作台，液压泵盖，减速器壳体结合面
8	机床传动箱体，交换齿轮箱体，车床溜板箱体，柴油机气缸体，连杆分离面，汽车发动机缸盖，曲轴箱结合面，液压管件及法兰连接面
9	3 级平板，自动车床床身底面，摩托车曲轴箱体，汽车变速器壳体，手动机械的支承面

表 3-19　圆度、圆柱度公差等级应用

公差等级	应 用 举 例
5	一般计量仪器主轴、测杆外圆柱面，陀螺仪轴颈，一般机床主轴轴颈及主轴轴承孔，柴油机、汽油机的活塞及活塞销，与 P6 级滚动轴承配合的轴颈
6	仪表端盖外圆柱面，一般机床主轴及前轴承孔，泵、压缩机的活塞、气缸，汽油发动机凸轮轴，纺机锭子，减速器传动轴颈，高速船柴油机，拖拉机曲轴轴颈，与 P6 级滚动轴承配合的外壳孔，与 P0 级滚动轴承配合的轴颈
7	大功率低速发动机曲轴轴颈、活塞、活塞销、连杆、气缸，高速柴油机箱体轴承孔，千斤顶或液压缸活塞，机车传动轴，水泵及通用减速器转轴轴颈，与 P0 级滚动轴承配合的外壳孔
8	大功率低速发动机曲轴轴颈，压力机连杆盖、连杆体，拖拉机气缸、活塞，炼胶机冷铸轴辊，印刷机传墨辊，内燃机曲轴轴颈，柴油机凸轮轴承孔、凸轮轴，拖拉机、小型船用柴油机气缸套
9	空气压缩机缸体，通用机械杠杆及拉杆用套筒销子，拖拉机活塞环、套筒孔

表 3-20　平行度、垂直度、倾斜度及轴向跳动公差等级应用

公差等级	应 用 举 例
4、5	卧式车床导轨、重要支承面，机床主轴轴承孔对基准的平行度，精密机床重要零件，计量仪器、量具、模具的基准面和工作面，机床床头箱体重要孔，通用减速器壳体孔，齿轮泵的油孔端面，发动机轴和离合器的凸缘，气缸支承端面，精密滚动轴承的壳体孔的凸肩
6、7、8	一般机床的工作面和基准面，压力机和锻锤的工作面，机床一般轴承孔对基准的平行度，变速器箱体孔，主轴花键对定心表面轴线的平行度，重型机械滚动轴承端盖，卷扬机、手动传动装置中的传动轴，一般导轨，主轴箱体孔，刀架、砂轮架、气缸配合面对基准轴线以及活塞销孔对活塞轴线的垂直度，滚动轴承内、外圈端面对轴线的垂直度
9、10	低精度零件，重型机械滚动轴承端盖，柴油机、煤气发动机箱体曲轴孔、曲轴轴颈，花键轴和轴肩端面，带式运输机法兰等端面对轴线的垂直度，手动卷扬机及传动装置中轴承孔端面，减速器壳体平面

表 3-21　同轴度、对称度、径向跳动公差等级应用

公差等级	应 用 举 例
5、6、7	这几个公差等级应用较广，用于几何精度要求较高、尺寸公差等级不低于 IT8 的零件。5 级常用于机床主轴轴颈，计量仪器的测杆，涡轮机主轴，柱塞泵转子，高精度滚动轴承外圈，一般精度滚动轴承内圈。6、7 级用于内燃机主轴、凸轮轴、齿轮轴、水泵轴、汽车后轮输出轴、电动机转子、印刷机传墨辊的轴颈，键槽
8、9	常用于几何精度要求一般、尺寸公差等级为 IT9～IT11 的零件。8 级用于拖拉机发动机分配轴轴颈，与 9 级精度以下齿轮相配的轴，水泵叶轮，离心泵体，棉花精梳机前后滚子，键槽。9 级用于内燃机气缸套配合面，自行车中轴

3.4.3　公差原则和公差要求的选择

同一零件上同一要素既有尺寸公差要求又有几何公差要求时，采用何种公差原则处理它们之间的关系。

1. 独立原则

独立原则是处理尺寸公差和几何公差关系的基本原则，以下情况一般采用独立原则：当

对零件要素有特殊功能要求时，如对导轨的工作面提出直线度或平面度公差要求；当尺寸公差和几何公差均有较严格精度要求且需要分别满足时，如对滚动轴承进行精度设计时，为了保证轴承内圈与轴的旋转精度要求，对减速器轴颈分别提出尺寸精度和圆柱度几何公差要求；当尺寸公差和几何公差相差较大时，如打印机或印刷机的滚筒，其圆柱度精度要求较高，但尺寸精度要求较低，应分别提出要求。

2. 公差要求

在需要严格保证配合性质的场合采用包容要求，如滚动轴承内圈与轴颈配合，要严格保证其配合性质，轴承内圈与轴颈都应采用包容要求。

对无配合性质要求，只要求保证可装配性的场合采用最大实体要求，如轴承盖与底座装配时，轴承盖上的孔的位置度公差采用最大实体要求，用孔与螺钉之间的间隙补偿位置度公差，可以降低加工成本，利于装配。

在需要保证零件强度和最小壁厚的场合采用最小实体要求。

在不影响使用性能前提下，为了充分利用图样上的公差带以提高经济效益，可将可逆要求应用于最大（最小）实体要求。

3.4.4　基准的选择

在对关联要素提方向、位置或跳动公差要求时，需要同时确定基准要素。选择基准时主要根据零件的功能和设计要求，并且兼顾基准统一原则和零件的结构特征，应从以下几方面考虑。

1）从设计功能考虑，根据零件的功能要求和要素间的几何关系选择基准。如对于回转类零件（轴或孔类零件），以轴线或孔的中心线作为基准。

2）从加工、测量考虑，一般选择加工时夹具或测量时量具定位的要素作为基准，并考虑这些表面作基准时要便于设计工具、夹具和量具，尽量使测量基准与设计基准统一。

3）从装配考虑，一般选择相互配合或相互接触的表面为基准，以保证零件正确装配。如箱体的装配底面作为基准；应尽量使设计、加工、测量和装配基准统一。

4）采用多基准时，通常选择对被测要素影响最大的表面或定位最稳的表面作为第一基准。

3.5　几何精度设计实例分析

图3-33所示为减速器轴设计实例分析，根据减速器中对该轴的功能要求，其几何公差设计过程如下：轴的外伸端 $\phi45^{+0.042}_{+0.017}$ mm 和轴头 $\phi58^{+0.060}_{+0.041}$ mm 分别与带轮内孔和齿轮内孔配合，为保证配合性质，采用包容要求；为保证带轮和齿轮的定位精度和装配精度，对轴肩和轴环相对于公共基准轴线 A—B 提出轴向圆跳动公差为 0.015mm 的要求，对两轴头表面分别提出径向圆跳动公差为 0.017mm 和 0.022mm 的要求。

两个轴颈 $\phi55^{+0.021}_{+0.002}$ mm 与轴承内圈配合，同时采用包容要求保证配合性质；为保证轴承的安装精度，对轴颈表面提出圆柱度公差为 0.005mm 的要求；为保证旋转精度，对轴环端面相对于公共基准轴线 A—B 提出轴向圆跳动公差为 0.015mm 的要求；为保证轴承外圈与箱体孔的配合性质，需要控制两轴颈的同轴度误差，因此对两轴颈提出径向圆跳动公差为

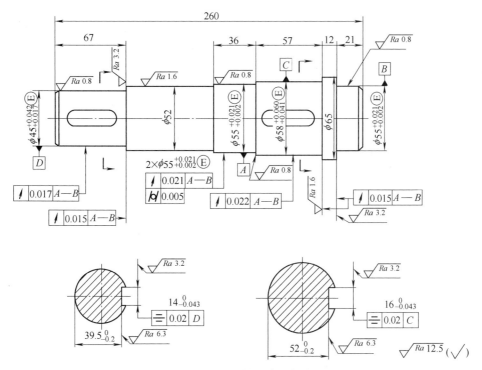

图 3-33　减速器轴设计实例分析

0.021mm 的要求。

　　为保证轴与轴上零件（齿轮或带轮）的平键联结质量，对 $\phi 45_{+0.017}^{+0.042}$mm 轴头上的键槽对称中心面提出对称度公差为 0.02mm 的要求，对 $\phi 58_{+0.041}^{+0.060}$mm 轴头上的键槽对称中心面提出对称度公差为 0.02mm 的要求，基准都是所在轴的轴线。

　　图 3-34 所示为减速器中的轴承盖设计实例分析，为了保证轴承盖和底座孔的可装配性，对轴承盖上的孔提出位置度公差为 ϕ0.1mm 的要求，同时为获得经济效益，对只保证可装配性零件采用最大实体要求；为保证装配时螺钉能顺利装入，采用延伸公差带，并在图样上注出延伸长度。

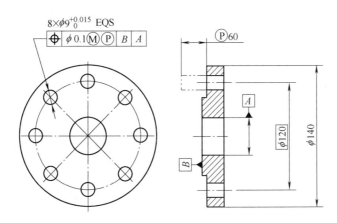

图 3-34　轴承盖设计实例分析

习　题

3-1　几何公差的公差原则和公差要求有哪些？如何应用？

3-2　几何公差的选择包括哪些内容？何时选用未注几何公差？在图样上如何标注？

3-3　现切削加工一根轴，把下列几何公差要求标注在零件图 3-35 上：

1）$\phi56r6$ 轴线对两个 $\phi52k6$ 公共轴线的同轴度公差为 $\phi0.03mm$。

2）键槽 16N9 的中心平面对其所在轴颈的轴线的对称度公差为 0.02mm。

3）对 $\phi56r6$ 轴、两个 $\phi52k6$ 轴应用包容要求。

4）右边 $\phi52k6$ 轴肩表面对两个 $\phi52k6$ 轴公共轴线的轴向圆跳动公差为 0.02mm。

5）两个 $\phi52k6$ 圆柱面的圆柱度公差均为 0.01mm。

6）左边圆锥面对两个 $\phi52k6$ 公共轴线的斜向圆跳动公差为 0.05mm。

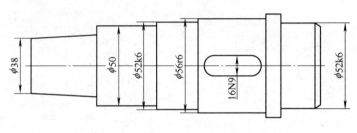

图 3-35　题 3-3 图

3-4　在不改变几何公差特征项目的前提下，改正图 3-36 中错误。要求将改正后的答案重新画图，并重新标注。

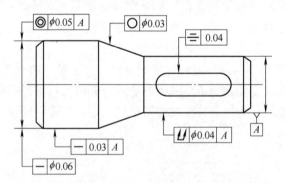

图 3-36　题 3-4 图

3-5　说明图 3-37 所示零件的底面 a、端面 b、孔内表面 c 和孔的中心线 d 分别属于什么要素（组成要素、导出要素、被测要素、基准要素、单一要素、关联要素）？

3-6　按照图 3-38 加工一轴，已知：$d_a=\phi15.9$，$f_\perp=\phi0.02$，求轴的 d_M，d_L，d_{fe}，d_{MV}。

3-7　按图样 $\phi20H7({}^{+0.021}_{0})$ Ⓔ加工一孔，测得该孔横截面形状正确，实际尺寸处处皆为 20.010mm，孔的中心线直线度误差为 $\phi0.008mm$，试计算：

1）该孔的体外作用尺寸。

2）该孔的最大实体尺寸和最小实体尺寸。

3）判断该孔是否合格。

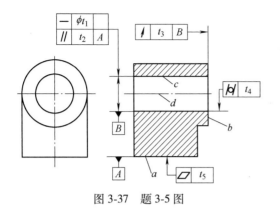

图 3-37　题 3-5 图

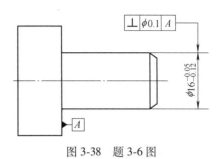

图 3-38　题 3-6 图

第 **4** 章

表面粗糙度精度设计

4.1　概述

机械精度设计除了宏观的精度（尺寸精度和几何精度）设计之外，还必须包括零件表面微观轮廓精度，即表面粗糙度的设计。表面粗糙度是指零件轮廓表面的微观峰谷特征，对零件的配合性质、抗疲劳强度、耐磨、耐蚀性能影响较大，因此必须对零件的表面粗糙度进行合理设计。表面粗糙度的设计以类比法为主，对于尺寸精度和几何精度要求较高的配合表面和工作表面，表面粗糙度也应给出匹配的精度。

4.1.1　表面粗糙度的定义

在机械加工过程中，由于刀具或砂轮切削后遗留的刀痕、切削过程中切屑分离时的塑性变形，以及机床的振动等原因，会使被加工零件的表面产生微小的峰谷，这些微小峰谷的高低程度和间距状况称为表面粗糙度，它是一种微观几何形状误差，也称为微观不平度。表面粗糙度应与表面形状误差（宏观几何形状误差）和表面波纹度区别开，通常波距小于1mm 的属于表面粗糙度，波距在 1 ~ 10mm 的属于表面波纹度，波距大于10mm 的属于形状误差，如图 4-1 所示。

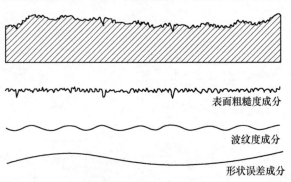

图 4-1　表面粗糙度、波纹度和形状误差的综合影响

4.1.2　表面粗糙度对机械零件使用性能的影响

表面粗糙度对机械零件使用性能及其寿命影响较大，尤其对在高温、高速和高压条件下工作的机械零件影响更大，其影响主要表现在以下几个方面。

1. 对摩擦和磨损的影响

具有表面粗糙度的两个零件，当它们接触并产生相对运动时，峰顶间的接触作用就会产生摩擦阻力，使零件磨损。零件越粗糙，阻力就越大，零件磨损也越快。但需指出，零件表面越光滑，磨损量不一定越小。因为零件的耐磨性除受表面粗糙度的影响外，还与磨损下来的金属微粒的刻划，以及润滑油被挤出和分子间的吸附作用等因素有关。所以，特别光滑的表面磨损反而增大。实验证明，磨损量与表面粗糙度 Ra 之间的关系如图 4-2 所示。

2. 对配合性质的影响

对于间隙配合，相对运动的表面因其粗糙不平而迅速磨损，致使间隙增大；对于过盈配合，表面轮廓峰顶在装配时易被挤平，实际有效过盈减小，致使连接强度降低。因此，表面粗糙度影响配合性质的稳定性。

3. 对抗疲劳强度的影响

零件表面越粗糙，凹痕越深，波谷的曲率半径也越小，对应力集中越敏感。特别是当零件承受交变载荷时，由于应力集中的影响，使疲劳强度降低，导致零件表面产生裂纹而被破坏。

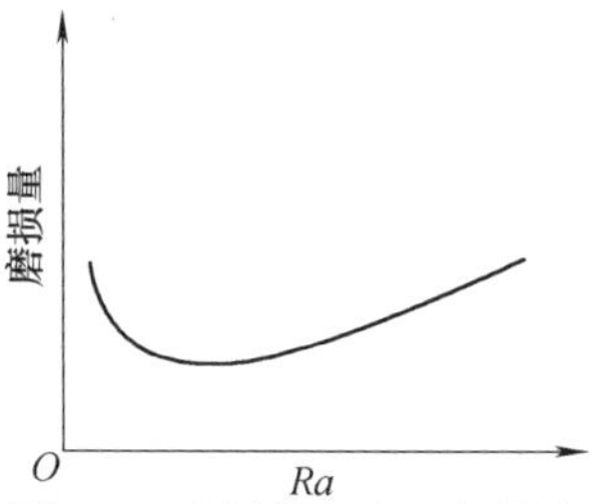

4. 对耐蚀性的影响

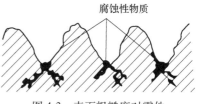

图 4-2　磨损量与表面粗糙度 Ra 之间的关系

粗糙的表面，易使腐蚀性物质存积在表面的微观凹谷处，并渗入到金属内部，如图 4-3 所示，致使腐蚀加剧。因此，提高零件表面的质量，减小表面粗糙度值，可以增强其耐蚀的能力。

此外，表面粗糙度对零件其他使用性能（如结合的密封性、连接刚度、对流体流动的阻力以及机器、仪器的外观质量及测量精度等）都有很大的影响。因此，为了保证机械零件的使用性能，在对零件进行几何精度设计时，必须合理地提出表面粗糙度的要求。我国有关表面粗糙度的国家标准是 GB/T 3505—2009《产品几何技术规范（GPS）表面结构　轮廓法　术

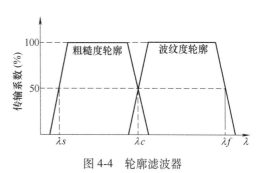

图 4-3　表面粗糙度对零件表面耐蚀性的影响

语、定义及表面结构参数》，GB/T 1031—2009《产品几何技术规范（GPS）表面结构　轮廓法　表面粗糙度参数及其数值》和 GB/T 131—2006《产品几何技术规范（GPS）技术产品文件中表面结构的表示法》等。

4.2　表面粗糙度的评定

经加工获得的零件的表面粗糙度是否满足使用要求，需要进行测量和评定。首先学习相关的基本术语、评定基准和评定参数。

4.2.1　基本术语

1. 轮廓滤波器

表面粗糙度是波距小于 1mm 的零件表面微观轮廓，因此在实际工程评价时，应采用合理波长的滤波器提取需要的表面粗糙度信息，去除波纹度和形状误差的影响，如图 4-4 所示。

（1）λc 滤波器　λc 滤波器是指确定粗糙度与波纹度成分之间相交界限的滤波器。

（2）λs 滤波器　λs 滤波器是指确定存在于表面上的粗糙度与比它更短波的成分之间相交界限的滤波器。

图 4-4　轮廓滤波器

（3）原始轮廓　原始轮廓是指通过 λs 轮廓滤波器后的总轮廓。

（4）传输带　传输带是指短波滤波器的截止波长 λs 至长波滤波器的截止波长 λc 之间的波长范围。

（5）粗糙度轮廓　粗糙度轮廓是指对原始轮廓采用 λc 轮廓滤波器抑制长波成分以后形成的轮廓，是经过人为修正的轮廓。以下所涉及的轮廓，若无特殊说明，均指粗糙度轮廓。

2. 评定基准

为了合理、准确地评定零件表面的粗糙度，需要确定间距和幅值两个方面的评定基准，即取样长度、评定长度和轮廓中线。

（1）取样长度 lr　取样长度是指用于判别被评定轮廓不规则特征的 X 轴方向上的长度，即测量和评定表面粗糙度时所规定的 X 轴方向上基准线的长度，如图 4-5 所示。

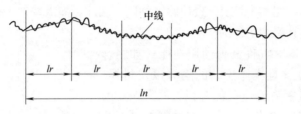

图 4-5　取样长度

取样长度在数值上与 λc 轮廓滤波器的标志波长相等，X 轴方向与间距方向一致，如图 4-6 所示。

规定取样长度是为了限制和减弱被测表面其他几何形状误差，特别是表面波纹度对测量、评定表面粗糙度的影响。零件表面越粗糙，取样长度就应该越大。

（2）评定长度 ln　用于判别被评定轮廓的 X 轴方向上的长度。由于零件表面粗糙度不一定均匀，在一个取样长度上往往不能合理、客观地反映整个表面粗糙度特征，因此，在测量和评定时，需要规定一段最小的测量长度作为评定长度。

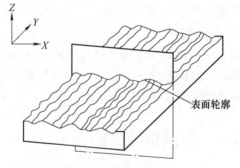

图 4-6　取样长度与 λc
轮廓滤波器标志波长的关系

因为零件表面各个采样长度中的峰谷和间距的不均匀性，为可靠地反映表面粗糙度特性，评定长度包含一个或几个取样长度，如图 4-5 所示。一般 $ln = 5lr$，如被测表面均匀性较好，测量时可选 $ln < 5lr$；均匀性较差的表面，可选 $ln > 5lr$。

（3）轮廓中线　用轮廓滤波器 λc 抑制了与长波轮廓成分相对应的中线，即具有几何轮廓形状并划分轮廓的基准线，也就是用以评定表面粗糙度参数值的给定线。轮廓中线有两种确定方法：

1）轮廓最小二乘中线（m）。指在取样长度内，使轮廓上各点的纵坐标值 $Z_i(X)$ 的平方和为最小的基准线，即 $\int_{0}^{lr} \left[Z(X) \right]^2 \mathrm{d}X$ 为最小，纵坐标 Z 的方向如图 4-7 所示。

2）轮廓算术平均中线。具有几何轮廓形状在取样长度内与轮廓走向一致的基准线。在取样长度内，由该中线划分轮廓，并使上、下两边的面积和相等，即 $F_1 + F_2 + \cdots + F_n = F_1' + F_2' +$

$\cdots F'_n$，如图 4-7 所示。

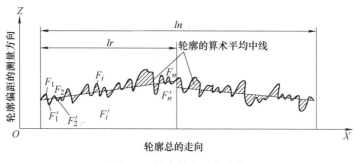

图 4-7　轮廓算术平均中线

4.2.2　评定参数

国家标准 GB/T 3505—2009 从表面粗糙度特征的幅度、间距等方面，规定了相应的评定参数，以满足机械产品对零件表面的各种功能要求。下面介绍其中的几个主要参数。

1. 幅度参数（高度参数）

（1）轮廓的算术平均偏差 Ra　轮廓的算术平均偏差 Ra 是指在一个取样长度 lr 内纵坐标 $Z(X)$ 绝对值的算术平均值，记为 Ra，如图 4-8 所示。用公式表示为

$$Ra = \frac{1}{lr} \int_0^{lr} |Z(X)| \mathrm{d}X \tag{4-1}$$

在工程测量中，在零件表面轮廓上采集 n 个离散的数据点 $Z_i(X)$ 来计算 Ra，此时式（4-1）的积分运算变换为工程领域的求和运算，可近似为

$$Ra = \frac{1}{n} \sum_{i=1}^{n} |Z_i(X)| \tag{4-2}$$

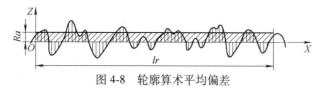

图 4-8　轮廓算术平均偏差

Ra 值的大小能客观地反映零件被测表面的微观几何特征。Ra 数值越小，说明被测表面微小峰谷的幅值越小，表面越光滑；反之，Ra 越大，说明被测表面越粗糙。Ra 值是采用接触式电感轮廓仪测量得到的，受触针半径和仪器测量原理的限制，适用于 Ra 值在 $0.025 \sim 6.3 \mu m$ 的零件表面。Ra 值的计算具有平均效应，奇异的峰谷点容易被平均，仅用 Ra 值评价难以体现，这时可采用轮廓的最大高度 Rz 评价。

（2）轮廓的最大高度 Rz　轮廓的最大高度 Rz 是指在一个取样长度 lr 内，最大轮廓峰高 Zp 和最大轮廓谷深 Zv 之和的总高度，如图 4-9 所示。用公式表示为

$$Rz = Zp + Zv \tag{4-3}$$

其中，Zp 和 Zv 都取绝对值。

当零件表面比较粗糙时，采用轮廓的算术平均偏差 Ra 具有均化效应，而采用轮廓的最大高度可以将零件表面出现的较大波峰和波谷特性反映出来。

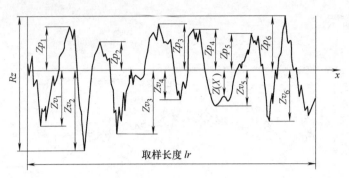

图 4-9　轮廓的最大高度

注意：幅度参数（Ra、Rz）是标准规定必须标注的参数，故又称为基本参数。

2. 间距参数

新标准规定的轮廓间距参数只有一个评定项目——轮廓单元的平均宽度 Rsm。

根据表面粗糙度的定义，除了反映幅值信息，还要反映波距信息。某个轮廓峰与相邻轮廓谷的组合称为轮廓单元，在一个取样长度内，中线与各个轮廓单元相交线段长度称为轮廓单元宽度，用符号 Xs 表示，如图 4-10 所示。

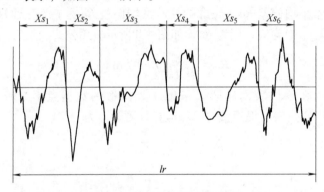

图 4-10　轮廓单元的平均宽度

在一个取样长度内轮廓单元宽度 Xs 的平均值，用 Rsm 表示。即

$$Rsm = \frac{1}{m} \sum_{i=1}^{m} Xs_i \tag{4-4}$$

式（4-4）中，m 代表取样长度范围内间距 Xs_i 个数。轮廓单元的平均宽度 Rsm 数值越大，说明在相同的取样长度内会出现较少的波峰和波谷，在波谷处出现裂纹和生锈腐蚀的几率较大，影响零件表面的抗裂纹和耐蚀性能。因此，当零件对抗裂纹、耐蚀、涂漆性能有要求时，适合采用轮廓单元的平均宽度 Rsm 来控制零件表面的使用性能要求。

3. 混合参数（形状参数）

新标准中，此项目中重要并且常用的评定参数——轮廓的支承长度率 $Rmr(c)$。

在给定的水平位置 c 上轮廓的实体材料长度 $Ml(c)$ 与评定长度 ln 的比率即为轮廓的支承长度率，用 $Rmr(c)$ 表示，如图 4-11 所示。用公式表示为

$$Rmr(c) = \frac{Ml(c)}{ln} \tag{4-5}$$

所谓轮廓的实体材料长度 $Ml(c)$，是指在评定长度 ln 内，一平行于 X 轴的直线从峰顶线向下平移一水平截距 c 时，与轮廓相截所得的各段截线段长度之和，如图 4-11a 所示，即

$$Ml(c) = b_1 + b_2 + \cdots + b_i + \cdots + b_n = \sum_{i=1}^{n} b_i \tag{4-6}$$

轮廓的水平截距 c 可用微米或用它占轮廓最大高度的百分比表示。由图 4-11a 可知，轮廓的支承长度率是随着水平截距的大小而变化的，其关系曲线称为支承长度率曲线，如图 4-11b所示。轮廓的支承长度率曲线对于反映零件表面耐磨性具有显著的功效，即从中可以明显看出轮廓的支承长度的变化趋势，比较直观。因此，当零件表面对耐磨性有要求时，适合采用轮廓的支承长度率来评价。

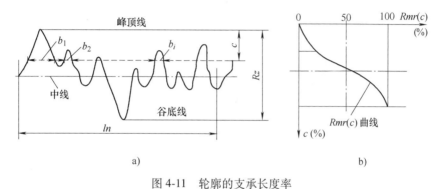

图 4-11　轮廓的支承长度率

注意：间距参数（Rsm）与混合参数（$Rmr(c)$），相对于基本参数而言，称为附加参数，只有少数零件的重要表面有特殊使用要求时才选用附加评定参数。

4.3　表面粗糙度的设计

表面粗糙度设计包括评定参数、表面粗糙度参数值、取样长度和评定长度的选用。

4.3.1　评定参数的选用

1. 幅度参数的选用

幅度参数是标准规定的基本参数，可以独立使用。对于一般有表面粗糙度要求的零件表面，必须选用一个幅度参数，通常选用幅度 Ra 或 Rz 即可满足零件表面的功能要求。轮廓的算术偏差 Ra 是各国普遍采用的一个参数，它既能比较全面地反映被测表面微小峰谷高度特征，又能反映形状特征，且用电感轮廓仪直接得到的参数就是 Ra，对于幅度方向的表面粗糙度参数值为 $0.025 \sim 6.3 \mu m$ 的零件表面，国家标准推荐优先选用 Ra。轮廓的最大高度 Rz 只反映零件表面的局部特征，因此评价表面粗糙度不如 Ra 全面，但对某些不允许存在微观较深高度变化（如有疲劳强度要求）的表面和小零件（如仪器仪表中的零件、微小宝石轴承）的表面（Ra 值为 $6.3 \sim 100 \mu m$ 极其粗糙的表面和 Ra 值为 $0.008 \sim 0.025 \mu m$ 极其光滑的表面），Rz 就比较适用。

图 4-12 中五种表面的最大高度参数相同，但使用质量显然不同。因此，对于有特殊要求的零件表面，需要选加附加参数 Rsm 或 $Rmr(c)$。

2. 附加参数的选用

参数轮廓单元的平均宽度 Rsm 和轮廓的支承长度率 $Rmr(c)$ 一般不能作为独立参数使用，只能作为幅度参数的附加参数选用。

若对零件表面有特殊功能要求时，除选用高度参数 Ra 或 Rz 外，还可选用附加参数 Rsm、$Rmr(c)$，对于有涂漆的均匀性、附着性、光洁性、抗振性、耐蚀性、流体流动摩擦阻力（如导轨、法兰）等要求的零件表面，可以选用轮廓单元的平均宽度 Rsm 来控制表面的微观横向间距的细密度。对于耐磨性、接触刚度要求较高的零

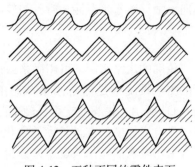

图 4-12　五种不同的零件表面

件（如轴承、轴瓦）表面，可以选用轮廓的支承长度率 $Rmr(c)$ 来控制加工表面的质量。

4.3.2　表面粗糙度参数值的选用

1. 表面粗糙度的参数值

表面粗糙度参数值的选用直接关系到零件的性能、产品的质量、使用寿命、制造工艺和制造成本。在满足功能要求的前提下，高度参数 Ra、Rz 及间距参数 Rsm 的数值应尽量大些，混合参数 $Rmr(c)$ 的数值应尽可能小些。在 GB/T 1031—2009 中，已经将表面粗糙度的参数值标准化，所用参数的数值设计时应从国家标准 GB/T 1031—2009 规定的参数值系列中选取。

幅度参数 Ra 和 Rz 值见表 4-1 和表 4-2，间距参数 Rsm 值见表 4-3，混合参数 $Rmr(c)$ 值见表 4-4。

表 4-1　*Ra* 的数值（摘自 GB/T 1031—2009）

$Ra/\mu m$	0.012	0.2	3.2	50
	0.025	0.4	6.3	100
	0.05	0.8	12.5	
	0.1	1.6	25	

表 4-2　*Rz* 的数值（摘自 GB/T 1031—2009）

$Rz/\mu m$	0.025	0.4	6.3	100	1600
	0.05	0.8	12.5	200	
	0.1	1.6	25	400	
	0.2	3.2	50	800	

表 4-3　*Rsm* 的数值（摘自 GB/T 1031—2009）

Rsm/mm	0.006	0.1	1.6
	0.0125	0.2	3.2
	0.025	0.4	6.3
	0.05	0.8	12.5

表 4-4　*Rmr(c)* 的数值（摘自 GB/T 1031—2009）

$Rmr(c)/\%$	10	15	20	25	30	40	50	60	70	80	90

注：选用轮廓的支承长度率 $Rmr(c)$ 时，必须同时给出轮廓截面高度 c 值。它可用微米或 Rz 的百分数表示。Rz 的百分数系列如下：5%、10%、15%、20%、25%、30%、40%、50%、60%、70%、80%、90%。

2. 表面粗糙度参数值的选用

设计时应按标准规定的参数值系列选取各项参数的参数值。选用原则是在满足功能要求的前提下，参数的允许值应尽量大些，轮廓的支承长度率 $Rmr(c)$ 尽可能小些，以便于加工，降低成本，获得较好的经济效益。

选用方法目前多采用类比法。根据类比法初步确定参数值，同时还要考虑下列情况：

1）同一零件，工作表面比非工作表面的 Ra 值或 Rz 值小。

2）摩擦表面比非摩擦表面、滚动摩擦表面比滑动摩擦表面的 Ra 值或 Rz 值小。

3）运动速度高、单位面积压力大、受交变载荷作用的零件表面以及最易产生应力集中的沟槽、圆角部位应选用较小的表面粗糙度数值。

4）要求配合稳定、可靠性高时，表面粗糙度数值应小些。如小间隙配合表面、受重载作用的过盈配合表面，都应选用较小的表面粗糙度数值。

5）协调好表面粗糙度数值与尺寸及几何公差的关系。通常，尺寸、几何公差值小，表面粗糙度 Ra 值或 Rz 值也要小；尺寸公差等级相同时，轴比孔的表面粗糙度数值要小。

6）防腐蚀性、密封性要求高，或外形要求美观的表面应选用较小的表面粗糙度数值；凡有关标准已对表面粗糙度作出规定的标准件或常用典型零件（如与轴承配合的轴颈和基座孔、与键配合的键槽、轮毂槽的工作面等），应按相应的标准确定其表面粗糙度数值。

表 4-5 列出了各类配合要求的孔、轴表面粗糙度参数的推荐值。

表 4-5　各类配合要求的孔、轴表面粗糙度参数的推荐值

表面特征			$Ra/\mu m$ 不大于		
	公差等级	表面	公称尺寸/mm		
			~50	>50~500	
轻度装卸零件的配合表面（如交换齿轮、滚刀等）	5	轴	0.2	0.4	
		孔	0.4	0.8	
	6	轴	0.4	0.8	
		孔	0.4~0.8	0.8~1.6	
	7	轴	0.4~0.8	0.8~1.6	
		孔	0.8	1.6	
	8	轴	0.8	1.6	
		孔	0.8~1.6	1.6~3.2	
过盈配合的配合表面	公差等级	表面	公称尺寸/mm		
			~50	>50~120	>120~500
	装配按机械压入法	5	轴	0.1~0.2	0.4	0.4
		孔	0.2~0.4	0.8	0.8
	6~7	轴	0.4	0.8	1.6
		孔	0.8	1.6	1.6
	8	轴	0.8	0.8~1.6	1.6~3.2
		孔	1.6	1.6~3.2	1.6~3.2
	热装法	轴	1.6		
		孔	1.6~3.2		

（续）

表面特征		Ra/μm 不大于					
精密定心用配合的零件表面	表面	径向跳动公差/μm					
		2.5	4	6	10	16	25
		Ra/μm 不大于					
	轴	0.05	0.1	0.1	0.2	0.4	0.8
	孔	0.1	0.2	0.2	0.4	0.8	1.6
滑动轴承的配合表面	表面	公差等级				液体湿摩擦条件	
		6~9		10~12			
		Ra/μm 不大于					
	轴	0.4~0.8		0.8~3.2		0.1~0.4	
	孔	0.8~1.6		1.6~3.2		0.2~0.8	

表 4-6 列出了表面粗糙度的表面特征、经济加工方法和应用举例。

表 4-6　表面粗糙度的表面特征、经济加工方法和应用举例

表面微观特性		$Ra/\mu m$	加工方法	应用举例
粗糙表面	微见刀痕	≤20	粗车、粗刨、粗铣、钻、毛锉、锯断	半成品粗加工过的表面，非配合的加工表面，如轴端面、倒角、钻孔、齿轮和带轮侧面、键槽底面、垫圈接触面
半光表面	微见加工痕迹	≤10	车、刨、铣、镗、钻、粗铰	轴上不安装轴承、齿轮处的非配合表面，紧固件的自由装配表面，轴和孔的退刀槽
	微见加工痕迹	≤5	车、刨、铣、镗、磨、拉、粗刮、滚压	半精加工表面，箱体、支架、盖面、套筒等和其他零件结合而无配合要求的表面，需要发蓝的表面等
	看不清加工痕迹	≤2.5	车、刨、铣、镗、磨、拉、刮、压、铣齿	接近于精加工表面，箱体上安装轴承的镗孔表面，齿轮的工作面
光表面	可辨加工痕迹方向	≤1.25	车、镗、磨、拉、刮、精铰、磨齿、滚压	圆柱销、圆锥销，与滚动轴承配合的表面，普通车床导轨面，内、外花键定心表面
	微辨加工痕迹方向	≤0.63	精铰、精镗、磨、刮、滚压	要求配合性质稳定的配合表面，工作时受交变应力的重要零件，较高精度车床的导轨面
	不可辨加工痕迹方向	≤0.32	精磨、珩磨、研磨、超精加工	精密机床主轴锥孔、顶尖圆锥面、发动机曲轴、凸轮轴工作表面，高精度齿轮齿面
极光表面	暗光泽面	≤0.16	精磨、研磨、普通抛光	精密机床主轴轴颈表面，一般量规工作表面，气缸套内表面，活塞销表面
	亮光泽面	≤0.08	超精磨、精抛光、镜面磨削	精密机床主轴轴颈表面，滚动轴承的滚珠，高压油泵中柱塞和柱塞套配合表面
	镜状光泽面	≤0.04		
	镜面	≤0.01	镜面磨削、超精研	高精度量仪、量块的工作表面，光学仪器中的金属镜面

表 4-7 列出了各种加工方法可能达到的表面粗糙度数值，供参考。

表 4-7　各种加工方法可能达到的表面粗糙度数值

加工方法	表面粗糙度 $Ra/\mu m$													
	0.012	0.025	0.05	0.100	0.20	0.40	0.80	1.60	3.20	6.30	12.5	25	50	100
砂模铸造														

（续）

加工方法		表面粗糙度 Ra/μm													
		0.012	0.025	0.05	0.100	0.20	0.40	0.80	1.60	3.20	6.30	12.5	25	50	100
压力铸造							▬▬▬▬▬▬▬▬▬▬								
模锻								▬▬▬▬▬▬▬▬							
挤压									▬▬▬▬▬▬▬						
刨削	粗									▬▬▬▬▬					
	半精							▬▬▬▬▬▬							
	精						▬▬▬▬▬								
插削								▬▬▬▬▬▬							
钻孔							▬▬▬▬▬								
金刚镗孔					▬▬▬▬▬▬▬▬										
镗孔	粗								▬▬▬▬▬						
	半精							▬▬▬▬▬▬							
	精						▬▬▬▬▬								
端面铣	粗								▬▬▬▬▬						
	半精							▬▬▬▬▬▬							
	精					▬▬▬▬▬▬									
车外圆	粗								▬▬▬▬▬						
	半精							▬▬▬▬▬▬							
	精					▬▬▬▬▬▬									

4.3.3 取样长度和评定长度的选用

一般情况下，在测量 Ra、Rz 时，推荐按表 4-8 选用对应的取样长度和评定长度，此时取样长度值的标注在图样上或技术文件中可省略。当有特殊要求时，应给出相应的取样长度值，并在图样上或技术文件中注出。

表 4-8 *Ra*、*Rz* 和 *Rsm* 的标准取样长度 *lr* 和评定长度 *ln* 的数值
（摘自 GB/T 1031—2009、GB/T 6062—2009 和 GB/T 10610—2009）

Ra/μm	Rz/μm	Rsm/mm	传输带/mm		lr/mm	ln/mm （ln=5lr）
			λs−λc	lr=λc		
≥0.008~0.02	≥0.025~0.10	≥0.013~0.04	0.0025~0.08		0.08	0.4
>0.02~0.10	>0.10~0.50	>0.04~0.13	0.0025~0.25		0.25	1.25
>0.1~2	>0.50~10	>0.13~0.4	0.0025~0.8		0.8	4
>2~10	>10~50	>0.4~1.3	0.008~2.5		2.5	12.5
>10~80	>50~320	>1.3~4	0.025~8		8	40

4.4 表面粗糙度的标注

图样上所标注的表面粗糙度符号、代号，是该表面完工后的要求。表面粗糙度的标注应

符合国家标准 GB/T 131—2006 的规定要求。

4.4.1　表面粗糙度符号

在技术产品文件中对表面粗糙度的要求是应按标准规定的图形符号表示。表面粗糙度的图形符号分为基本图形符号、扩展图形符号、完整图形符号和工件轮廓各表面的图形符号。

标准规定的表面粗糙度的图形符号见表 4-9。若仅需要加工（采用去除材料的方法或不去除材料的方法）但对表面粗糙度的其他规定没有要求时，允许只标注表面粗糙度符号。

表 4-9　表面粗糙度的图形符号（摘自 GB/T 131—2006）

名称	图形符号	含义
基本图形符号		表面可用任何工艺方法获得。单独使用仅用于简化代号标注，没有补充说明不能单独使用
扩展图形符号		用去除材料的方法获得的表面。如机械加工中的车、铣、磨、抛光等
		用不去除材料的方法获得的表面，如铸、锻、冲压等，也可用于"保持原有表面状态不变"的要求
完整图形符号		分别比上面三个图形符号多一条横线，用于标注有关参数和说明，构成完整图形符号，图样上标注的是此种符号
多表面有相同表面结构要求时的图形符号		视图上构成某封闭轮廓的各相关表面有相同表面结构要求时，可在完整图形符号上加一圆圈，标注在封闭轮廓的某条线上（若会引起歧义，则应分别标注）

4.4.2　表面粗糙度标注内容和方法

1. 表面粗糙度要求标注的内容

为了表明表面粗糙度要求，除了标注表面粗糙度单一要求外，必要时还应标注补充要求。单一要求是指表面粗糙度参数及其数值；补充要求是指传输带、取样长度、加工工艺、表面纹理及方向和加工余量等。在完整的图形符号中，对上述要求应标注书写在图 4-13 所示的指定位置上。

表面粗糙度的标注示例如图 4-14 所示。

2. 表面粗糙度要求在图形中的标注

（1）位置 a 处　标注表面粗糙度的单一要求（即第一个要求），该要求是不能省略的。它包括表面粗糙度参数代号、极限值和传输带或取样长度等内容。表面粗糙度要求标注的内容详细说明如下：

1）上限或下限的标注。在完整图形符号中，表示双向极限时应标注上限符号"U"和下限符号"L"，上限在上方，下限在下方。如果同一参数具有双向极限要求，在不引起歧

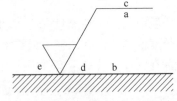

图 4-13　表面粗糙度要求标注的内容
a—注写第一个表面粗糙度要求（必须有）
b—注写第二个表面粗糙度要求（不多见）
c—注写加工方法（车、磨、镀等）
d—注写表面纹理和方向（＝、X、M）
e—注写加工余量（mm）

义时，可以省略"U"和"L"的标注；当只有单向极限要求时，若为单向上限值，则可省略"U"的标注；若为单向下限值，则必须加注"L"。

2）传输带和取样长度的标注。传输带是指两个滤波器（短波滤波器和长波滤波器）的截止波长值之间的波长范围（即评定时的波长范围，单位为 mm），如图 4-14 中的"0.0025-0.8"。长波滤波器的截止波长值也就是取样长度 lr。传输带标注时，短波滤波器的截止波长值在前，长波滤波器的截止波长值在后，并用连字号"-"隔开。在某些情况下，在传输带中只标注两个滤波器中的一个，若未标注滤波器也存在，则使用它的默认截止波长值。如果只标注一个滤波器，应保留连字号"-"，来区分是短波滤波器还是长波滤波器，如图 4-14 中的"-0.8"。

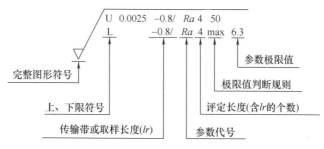

图 4-14　表面粗糙度的标注示例

3）参数代号的标注。表面粗糙度参数代号标注在传输带或取样长度后，它们之间加一个斜线"/"隔开。

4）评定长度 ln 的标注。如果采用默认的评定长度，即采用 ln = 5lr 时，则评定长度可省略标注。如果评定长度不等于 5lr，则应在相应参数代号后，标注出取样长度 lr 的个数。如图 4-14 中的 ln = 4lr。

5）极限值判断规则和极限值的标注。参数极限值的判断原则有"16% 规则"和"最大规则"两种。"16% 规则"是所有表面结构要求标注的默认规则（省略标注），其含义是同一评定长度内幅度参数所有的实测值中，大于上限值的个数少于总数的 16%，且小于下限值的个数少于总数的 16%，则认为合格。"最大规则"是指在整个被测表面上，幅度参数所有的实测值均不大于最大允许值，且不小于最小允许值，则认为合格。采用"最大规则"时，应在参数代号后增加标注一个"max"的标记。

6）为了避免误解，在参数代号和极限值之间应插入一个空格。

7）表面粗糙度的其他要求可根据零件功能需要标注。

（2）位置 b 处　注出第二个表面粗糙度要求。如果要注出第三个或更多的表面粗糙度要求时，图形符号应在垂直方向扩大，以空出足够空间。

（3）位置 c 处　注写加工方法、表面处理、涂层和其他加工工艺要求等。如车、磨、镀等加工表面。

（4）位置 d 处　注写所要求的表面纹理和纹理方向。标注规定了加工纹理及其方向。国家标准 GB/T 131—2006 规定的表面纹理和纹理方向见表 4-10。

（5）位置 e 处　注写所要求的加工余量（单位为 mm）。

根据国家标准的规定，表面粗糙度标注示例见表 4-11。

表 4-10　表面纹理和纹理方向（摘自 GB/T 131—2006）

符号	解释和示例
＝	纹理平行于视图所在的投影面
⊥	纹理垂直于视图所在的投影面
✕	纹理呈两斜向交叉且与视图所在的投影面相交

表 4-11　表面粗糙度标注示例

	符号	说明
1	$\sqrt{}$ Rz 0.4	表示不允许去除材料，单向上限值，默认传输带，轮廓的最大高度为 0.4μm，评定长度为 5 个取样长度（默认），"16%规则"（默认）
2	$\sqrt{}$ Rz max 0.2	表示去除材料，单向上限值，默认传输带，轮廓最大高度的最大值为 0.2μm，评定长度为 5 个取样长度（默认），"最大规则"
3	$\sqrt{}$ U Ra max 3.2 L Ra 0.8	表示不允许去除材料，双向极限值，两极限值均使用默认传输带，上限值：算术平均偏差为 3.2μm，评定长度为 5 个取样长度（默认），"最大规则"；下限值：算术平均偏差为 0.8μm，评定长度为 5 个取样长度（默认），"16%规则（默认）"
4	$\sqrt{}$ L Ra 1.6	表示任意加工方法，单向下限值，默认传输带，算术平均偏差为 1.6μm，评定长度为 5 个取样长度（默认），"16%规则"（默认）
5	$\sqrt{}$ 0.008-0.8/ Ra 3.2	表示去除材料，单向上限值，传输带 0.008-0.8mm，算术平均偏差为 3.2μm，评定长度为 5 个取样长度（默认），"16%规则"（默认）
6	$\sqrt{}$ -0.8/ Ra 3 3.2	表示去除材料，单向上限值，传输带：根据 GB/T 6062，取样长度 0.8mm，算术平均偏差为 3.2μm，评定长度包含 3 个取样长度（即 $ln = 0.8mm \times 3 = 2.4mm$），"16%规则"（默认）
7	铣 $\sqrt{}$ Ra 0.8 ⊥ -2.5/Rz 3.2	表示去除材料，双向极限值：上限值：默认传输带和评定长度，算术平均偏差为 0.8μm，"16%规则"（默认）；下限值：传输带为-2.5mm，默认评定长度，轮廓的最大高度为 3.2μm，"16%规则"（默认）。表面纹理垂直于视图所在的投影面。加工方法为铣削
8	3 $\sqrt{}$ 0.008-4/ Ra 50 0.008-4/ Ra 6.3	表示去除材料，双向极限值：上限值 $Ra = 50μm$，下限值 $Ra = 6.3μm$；上、下极限传输带均为 0.008-4mm；默认的评定长度均为 $ln = 4mm \times 5 = 20mm$；"16%规则"（默认）。加工余量为 3mm
9	$\sqrt{}$ $\sqrt{}$ Y $\sqrt{}$ Z	简化符号：符号及所加字母的含义由图样中的标注说明

4.4.3 表面粗糙度标注示例

表面粗糙度在图样上的标注示例见表 4-12。

表 4-12 表面粗糙度在图样上的标注示例

要求	图例	说明
表面粗糙度要求的注写方向		表面粗糙度的注写和读取方向与尺寸的注写和读取方向一致
表面粗糙度要求标注在轮廓线上或指引线上		表面粗糙度要求可标注在轮廓线上,其符号应从材料外指向并接触表面
		必要时,表面粗糙度符号也可用箭头或黑点的指引线引出标注
表面粗糙度要求在特征尺寸线上的标注		在不致引起误解的情况下,表面粗糙度要求可以标注在给定的尺寸线上
表面粗糙度要求在几何公差框格上的标注		表面粗糙度可标注在几何公差框格的上方

（续）

要求	图例	说明
表面粗糙度要求在延长线上的标注		表面粗糙度可以直接标注在延长线上，或用带箭头的指引线引出标注 圆柱和棱柱表面的表面粗糙度要求只标一次
		如果棱柱的每个表面有不同的表面粗糙度要求时，则应分别单独标注
大多数表面（包括全部）有相同表面粗糙度要求的简化标注		如果工件的多数表面有相同的表面粗糙度要求，则其要求可统一标注在标题栏附近。此时，表面粗糙度要求的符号后面要加上圆括号，并在圆括号内给出基本符号
		如果工件全部表面有相同的表面粗糙度要求，则其要求可统一标注在标题栏附近
键槽表面的表面粗糙度要求的注法		键槽宽度两侧面的表面粗糙度要求标注在键槽宽度的尺寸线上：单向上限值 $Ra = 3.2\mu m$；键槽底面的表面粗糙度要求标注在带箭头的指引线上：单向上限值 $Ra = 6.3\mu m$（其他要求：极限值的判断原则、评定长度和传输带等均为默认）

（续）

要求	图例	说明
倒角、倒圆处的表面粗糙度要求的注法	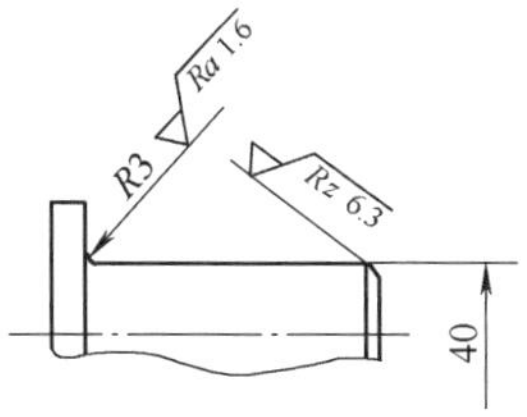 R3 ·Ra 1.6· ·Rz 6.3· 40	倒圆处的表面粗糙度要求标注在带箭头的指引线上：单向上限 $Ra = 1.6\mu m$；倒角处的表面粗糙度要求标注在其轮廓延长线上：单向上限值 $Ra = 6.3\mu m$
两种或多种工艺获得的同一表面的注法	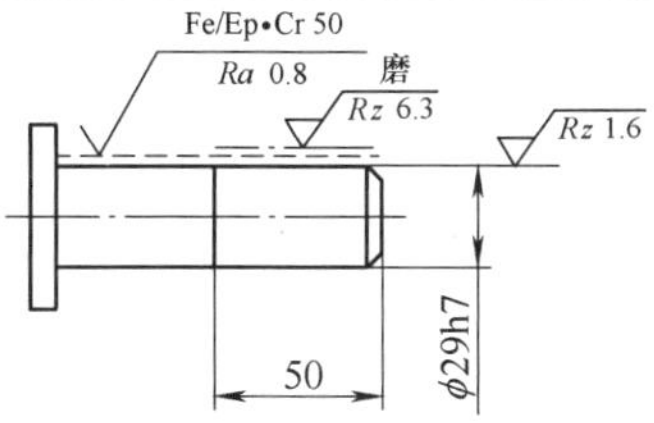 Fe/Ep·Cr 50 Ra 0.8 磨 Rz 6.3 Rz 1.6 50 $\phi 29h7$	由几种不同的工艺方法获得的同一表面，当需要明确每种工艺方法的表面粗糙度要求时，可按照左图进行标注

4.5　表面粗糙度设计实例分析

在设计零件各几何部分的尺寸公差和几何公差的基础上，还要根据类比法进行相应轮廓表面的表面粗糙度设计。

例　为了保证齿轮减速器输出轴的配合性质和使用性能，表面粗糙度评定参数通常选择轮廓算术平均偏差 Ra 的上限值，可采用类比法确定。参照零件设计手册中的相关经验表格（如表 4-5 各类配合要求的孔、轴表面粗糙度参数的推荐值、表 5-7 配合表面的表面粗糙度以及键槽配合表面和非配合表面粗糙度要求），基于类比法设计的该输出轴各轮廓表面的表面粗糙度如图 3-33 所示。

解　1）两个 $\phi 55k6$ 轴颈分别与两个相同规格的 0 级滚动轴承形成基孔制过盈配合，查阅表 4-5，对应尺寸公差等级为 IT6、公称尺寸为 $\phi 55mm$ 的轴颈的表面粗糙度 Ra 的上限值对应为 $0.8\mu m$；同时查阅表 5-7 可知，与 0 级滚动轴承相配合的轴颈为 6 级尺寸精度，并采用磨的加工工艺，因此表面粗糙度 Ra 的上限值对应为 $0.8\mu m$。综合考虑后确定两个 $\phi 55k6$ 轴颈的表面粗糙度 Ra 的上限值为 $0.8\mu m$。

2）$\phi 58r6$ 轴与齿轮孔为基孔制的过盈配合，要求保证定心及配合特性，查阅表 4-5，对应尺寸公差等级为 IT6、公称尺寸为 $\phi 58mm$ 的轴表面粗糙度 Ra 的上限值对应为 $0.8\mu m$，由此确定 $\phi 58r6$ 轴表面粗糙度 Ra 的上限值为 $0.8\mu m$。

3）$\phi 45n7$ 的轴与联轴器或传动件的孔配合，为了使传动平稳，必须保证定心和配合性质，通过查阅表 4-5，确定 $\phi 45n7$ 轴的表面粗糙度 Ra 的上限值为 $0.8\mu m$。

4）$\phi 52$ 的轴属于非配合尺寸，没有标注尺寸公差等级，其表面粗糙度参数 Ra 的上限值可以放宽要求，确定 $\phi 52$ 轴表面粗糙度 Ra 的上限值为 $1.6\mu m$。

5）$\phi 45n7$ 轴上的键槽两个侧面为工作表面，键槽宽度尺寸及公差带代号为 14N9，通过查阅键槽配合表面和非配合表面粗糙度要求，确定键槽 14N9 两个侧面为配合表面，表面粗糙度 Ra 的上限值为 $3.2\mu m$；$\phi 45n7$ 轴上的键槽深度表面为非配合表面，确定键槽 14N9 深度底面的表面粗糙度 Ra 的上限值为 $6.3\mu m$。

6）ϕ58r6 轴上的键槽两个侧面为配合表面，键槽宽度尺寸及公差带代号为 16N9，通过查阅键槽配合表面和非配合表面粗糙度要求，确定键槽 16N9 两个侧面表面粗糙度 Ra 的上限值为 3.2μm；ϕ58r6 轴上的键槽深度底面为非配合表面，确定键槽 16N9 深度底面的表面粗糙度 Ra 的上限值为 6.3μm。

7）其余表面为非工作表面和非配合表面，均取表面粗糙度 Ra 的上限值为 12.5μm。

习　题

4-1　试述表面粗糙度评定参数 Ra、Rz、Rsm、$Rmr(c)$ 的含义及其应用场合。

4-2　试述图 4-15 中标注的各表面粗糙度轮廓要求的含义。

4-3　用类比法确定，ϕ40H7 和 ϕ6H7 相比，何者应选用较小的表面粗糙度 Ra 和 Rz 值？为什么？

4-4　用类比法确定，ϕ50H7/f6 和 ϕ50H7/g6 相比，何者应选用较小的表面粗糙度 Ra 和 Rz 值？为什么？

4-5　试将下列表面粗糙度轮廓技术要求标注在零件图 4-16 上。

1）ϕD_1 孔的表面粗糙度轮廓参数 Ra 的上限值为 3.2μm，极限值判断原则采用最大规则。

2）ϕD_2 孔的表面粗糙度轮廓参数 Ra 的上限值为 6.3μm，下限值为 3.2μm。

3）零件右端面采用铣削加工，表面粗糙度轮廓参数 Rz 的上限值为 12.5μm，下限值为 6.3μm。

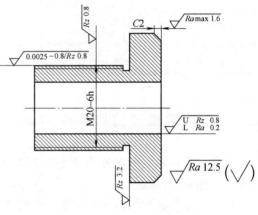

图 4-15　题 4-2 图

4）ϕd_1 和 ϕd_2 圆柱面粗糙度轮廓参数 Rz 的上限值为 25μm，极限值判断原则采用最大规则。

5）其余表面的表面粗糙度轮廓参数 Ra 的上限值为 12.5μm。

6）各加工面均采用去除材料的方法获得。

4-6　今需要切削加工一零件，试将下列技术要求标注在图 4-17 上。

1）ϕ25H7 的孔采用包容要求，表面粗糙度 Ra 的上限值为 0.8μm。

2）ϕ40P7 孔的中心线对 ϕ25H7 基准孔的中心线的同轴度公差值为 0.02mm，且该被测要素采用最大实体要求，表面粗糙度 Ra 的上限值为 1.6μm。

3）端面 A 相对于 ϕ25H7 基准孔的中心线的轴向圆跳动公差为 0.03mm；端面 A 表面粗糙度 Ra 的上限值为 3.2μm，下限值为 1.6μm。

4）圆柱面 B 的圆柱度公差为 0.01mm，表面粗糙度 Ra 的上限值为 1.6μm。

5）其余表面粗糙度 Ra 的上限值为 25μm。

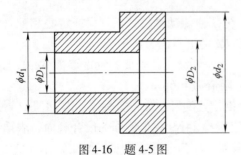

图 4-16　题 4-5 图

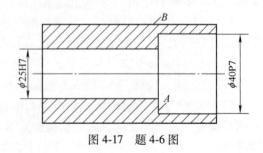

图 4-17　题 4-6 图

6）各加工面均采用去除材料的方法获得。

7）未注尺寸公差和几何公差均采用中等级。

4-7　试将下列要求标注在图 4-18 上。

1）大端圆柱面：尺寸要求为 $\phi45h7mm$，并采用包容要求，表面粗糙度 Ra 的上限值为 $0.8\mu m$。

2）小端圆柱面轴线对大端圆柱面轴线的同轴度公差为 $\phi30\mu m$。

3）小端圆柱面：尺寸要求为 $\phi(25\pm0.007)mm$，圆度公差为 $0.01mm$，Ra 的上限值为 $1.6\mu m$，其余表面 Ra 的上限值均为 $6.3\mu m$。

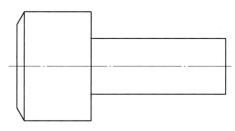

图 4-18　题 4-7 图

第**5**章

滚动轴承结合的精度设计

5.1 概述

滚动轴承是标准件，由专门的轴承厂集中生产。滚动轴承由内圈、外圈、滚动体和保持架组成，如图 5-1 所示。其中内圈内径 d 和外圈外径 D 为配合尺寸，分别与轴颈和外壳孔配合。滚动轴承工作时，滚动体承受载荷，使轴承形成滚动摩擦。保持架的作用是将滚动体均匀分隔开，使每个滚动体轮流承载并在内、外圈滚道上滚动。

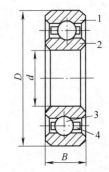

滚动轴承结合的精度设计，就是根据滚动轴承的精度等级，合理确定与轴承内、外圈相配的轴颈和外壳孔的尺寸公差、几何公差和表面粗糙度轮廓精度，以保证滚动轴承的工作性能和使用寿命。

我国制定的有关滚动轴承的公差标准有：GB/T 307.1—2017《滚动轴承　向心轴承　公差》、GB/T 307.3—2017《滚动轴承　通用技术规则》和 GB/T 275—2015《滚动轴承与轴和外壳的配合》。

图 5-1　滚动轴承结构
1—外圈　2—内圈
3—滚动体　4—保持架

5.2 滚动轴承的公差等级及其应用

5.2.1 滚动轴承的公差等级

滚动轴承的公差等级由轴承的尺寸公差和旋转精度决定。国家标准（GB/T 307.3—2017）将向心轴承的公差等级分为 0、6、5、4、2 五级；圆锥滚子轴承的公差等级分为 0、6X、5、4 四级；推力轴承的公差等级分为 0、6、5、4 四级，公差等级依次从低到高排列，0 级最低，2 级最高。

轴承的尺寸公差是指轴承内径 d 和外圈外径 D、宽度 B 等的尺寸公差；因为滚动轴承内、外圈为薄壁件，在制造和存放过程中容易发生变形呈椭圆形；当轴承内、外圈与轴颈、外壳孔装配后，这种变形会得到恢复。为了兼顾制造和使用要求，对 0 级、6 级和 5 级轴承，标准中只规定了单一平面平均内径偏差 Δd_{mp} 和单一平面平均外径偏差 ΔD_{mp}；对精度较高的 4 级和 2 级向心轴承，为了限制变形，标准中既规定了单一平面平均内径偏差 Δd_{mp} 和单一平面平均外径偏差 ΔD_{mp}，还规定了单一内径偏差 Δd_s 和单一外径偏差 ΔD_s。对于轴承宽度尺寸精度，规定了内圈单一宽度偏差 ΔB_s，外圈单一宽度偏差 ΔC_s 及外圈凸缘单一宽度偏差 ΔC_{1s}。

轴承的旋转精度是指轴承内、外圈做相对转动时跳动的程度，包括成套轴承内圈的径向

跳动 K_{ia}、内圈端面对内孔的垂直度 S_d、成套轴承内圈轴向跳动 S_{ia}；成套轴承外圈的径向跳动 K_{ea}、外圈外表面对端面的垂直度 S_D、外圈外表面对凸缘背面的垂直度 S_{D1}、成套轴承外圈轴向跳动 S_{ea}、成套轴承外圈凸缘背面的轴向跳动 S_{ea1}。对于 0 级和 6 级向心轴承，标准仅规定了成套轴承内圈和外圈的径向跳动 K_{ia} 和 K_{ea}。

各精度等级向心轴承的外形尺寸公差和旋转精度见表 5-1。

5.2.2　各公差等级的应用

根据滚动轴承的转速和旋转精度，轴承各级公差的应用如下：

（1）0 级　普通级，用于普通机床的变速箱、普通电动机、压缩机等一般旋转机构中的低、中速及旋转精度要求不高的轴承，在普通机械中应用最广。

（2）6 级、6X 级　中等级，用于普通机床的后轴承、精密机床变速箱等转速和旋转精度要求较高的旋转机构。

（3）5 级、4 级　精密级，精密机床的主轴承、精密仪器仪表中使用的主要轴承等转速和旋转精度要求高的旋转机构。

（4）2 级　超精级，用于齿轮磨床、精密坐标镗床、高精度仪器仪表等转速和旋转精度要求很高的旋转机构的主要轴承。

5.3　滚动轴承和相配件的公差带

5.3.1　滚动轴承的内、外径公差带

由于滚动轴承是标准部件，所以轴承内圈与轴颈的配合采用基孔制，外圈与外壳孔的配合采用基轴制。轴承内圈工作时，往往和轴颈一起旋转，应采用过盈配合，但内圈是薄壁件，且需经常拆卸，若采用 GB/T 1800.1—2009 中基本偏差代号为 H 的基准孔公差带位置，即下极限偏差为零，所形成的过盈配合要么偏松，要么偏紧，不能满足使用要求，故选择上极限偏差为零。GB/T 307.1—2017 规定：滚动轴承内、外径的单一平面平均直径（d_{mp}、D_{mp}）均位于零线下方，且上极限偏差为零，下极限偏差为负值。内、外径的公差值见表 5-1；各公差等级轴承的内、外径公差带如图 5-2 所示。

5.3.2　与滚动轴承配合的孔、轴公差带

由于滚动轴承内圈内径和外圈外径的公差带在生产轴承时已经确定，因此轴承在使用时，与轴颈和外壳孔的配合性质要由轴颈和外壳孔的公差带确定。为了实现各种松紧程度的配合性质要求，GB/T 275—2015 规定了 0 级和 6 级轴承与外壳孔配合的 16 种常用公差带，如图 5-3 所示，与轴颈相配合的 17 种常用公差带，如图 5-4 所示。这些公差带选自 GB/T 1801—2009 中的轴、孔常用公差带。

轴颈和外壳孔的公差等级与轴承精度等级相关，一般情况下，与 0、6 级轴承配合的轴颈取 IT6，外壳孔取 IT7；如果对转速和旋转精度要求较高，则轴颈取 IT5，外壳孔取 IT6。

表 5-1 向心轴承（圆锥滚子轴承除外）公差（摘自 GB/T 307.1—2017）

内圈技术条件

外形尺寸公差/μm（上极限偏差/下极限偏差），旋转精度/μm（max）

公称内径/mm 大于	到	Δd_mp 0	Δd_mp 6	Δd_mp 5	Δd_mp 4	Δd_mp 2	Δd_s 4	Δd_s 2	ΔB_s (0、6、5、4、2)	K_ia 0	K_ia 6	K_ia 5	K_ia 4	K_ia 2	S_d 5	S_d 4	S_d 2	S_ia 5	S_ia 4	S_ia 2
18	30	0/-10	0/-8	0/-6	0/-5	0/-2.5	0/-5	0/-2.5	0/-120	13	8	4	3	2.5	8	4	1.5	8	4	2.5
30	50	0/-12	0/-10	0/-8	0/-6	0/-2.5	0/-6	0/-2.5	0/-120	15	10	5	4	2.5	8	4	1.5	8	4	2.5
50	80	0/-15	0/-12	0/-9	0/-7	0/-4	0/-7	0/-4	0/-150	20	10	5	4	2.5	8	5	1.5	8	5	2.5
80	120	0/-20	0/-15	0/-10	0/-8	0/-5	0/-8	0/-5	0/-200	25	13	6	5	2.5	9	5	2.5	9	5	2.5
120	150	0/-25	0/-18	0/-13	0/-10	0/-7	0/-10	0/-7	0/-250	30	18	8	6	2.5	10	6	2.5	10	7	2.5
150	180	0/-25	0/-18	0/-13	0/-10	0/-7	0/-10	0/-7	0/-250	30	18	8	6	5	10	6	4	10	7	5
180	250	0/-30	0/-22	0/-15	0/-12	0/-8	0/-12	0/-8	0/-300	40	20	10	8	5	11	7	5	13	8	5

外圈技术条件

外形尺寸公差/μm（上极限偏差/下极限偏差），旋转精度/μm（max）

公称外径/mm 大于	到	ΔD_mp 0	ΔD_mp 6	ΔD_mp 5	ΔD_mp 4	ΔD_mp 2	ΔD_s 4	ΔD_s 2	ΔC_s(ΔC_{1s})	K_ea 0	K_ea 6	K_ea 5	K_ea 4	K_ea 2	S_D/S_{D1} 5	S_D/S_{D1} 4	S_D/S_{D1} 2	S_ea 5	S_ea 4	S_ea 2	S_{ea1} 5	S_{ea1} 4	S_{ea1} 2
30	50	0/-11	0/-9	0/-7	0/-6	0/-4	0/-6	0/-4	与同一轴承内圈的 ΔB_s 相同	20	10	7	5	2.5	8	4	1.5	8	5	2.5	11	7	4
50	80	0/-13	0/-11	0/-9	0/-7	0/-4	0/-7	0/-4	与同一轴承内圈的 ΔB_s 相同	25	13	8	5	4	8	4	1.5	10	5	4	14	7	6
80	120	0/-15	0/-13	0/-10	0/-8	0/-5	0/-8	0/-5	与同一轴承内圈的 ΔB_s 相同	35	18	10	6	5	9	5	2.5	11	6	5	16	8	7
120	150	0/-18	0/-15	0/-11	0/-9	0/-5	0/-9	0/-5	与同一轴承内圈的 ΔB_s 相同	40	20	11	7	5	10	5	2.5	13	7	5	18	10	7
150	180	0/-25	0/-18	0/-13	0/-10	0/-7	0/-10	0/-7	与同一轴承内圈的 ΔB_s 相同	45	23	13	7	5	10	5	2.5	14	8	5	20	11	7
180	250	0/-30	0/-20	0/-15	0/-11	0/-8	0/-11	0/-8	与同一轴承内圈的 ΔB_s 相同	50	25	15	7	7	11	7	4	15	10	7	21	14	10
250	315	0/-35	0/-25	0/-18	0/-13	0/-8	0/-13	0/-8	与同一轴承内圈的 ΔB_s 相同	60	30	18	7	7	13	8	5	18	10	7	25	14	10

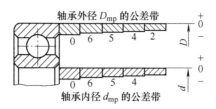

图 5-2　滚动轴承内、外径公差带

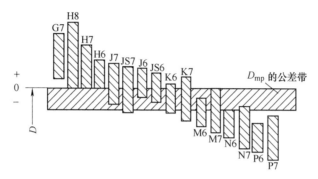

图 5-3　滚动轴承与外壳孔配合的常用公差带

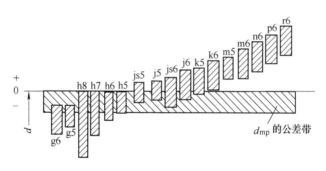

图 5-4　滚动轴承与轴颈配合的常用公差带

5.4　滚动轴承结合的精度设计

滚动轴承结合的精度设计内容包括：与滚动轴承结合的轴颈、外壳孔尺寸公差带的设计；轴颈、外壳孔的几何公差设计；轴颈、外壳孔的表面粗糙度的设计。

5.4.1　与滚动轴承配合的孔、轴公差带的选用

为保证机器正常运转，提高轴承的使用寿命，充分发挥轴承的承载能力，选择轴颈和外壳孔的公差带时，要以轴承上负荷类型、负荷大小、工作条件及材料等方面为依据。

1. 负荷类型

作用在轴承上的径向负荷，可以是定向负荷（如带轮的拉力或齿轮的作用力）或旋转

负荷（如机件的转动离心力），或者是两者的合成负荷。它的作用方向与轴承套圈（内圈或外圈）存在三种类型负荷。

（1）定向负荷　当径向负荷的作用线相对于轴承套圈不旋转，或者套圈相对于径向负荷的作用线不旋转时，该径向负荷始终作用在套圈滚道的某一局部区域上，这表示该套圈相对于负荷固定，称为定向负荷，如图5-5a所示的轴承外圈和图5-5b所示的轴承内圈都承受定向负荷。又如，减速器转轴两端滚动轴承的外圈，汽车、拖拉机车轮轮毂中滚动轴承的内圈，都是套圈相对于负荷方向固定的实例。

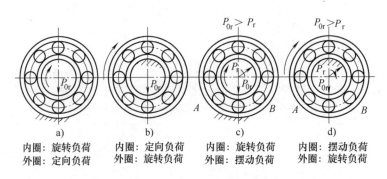

图5-5　滚动轴承内、外圈承受的负荷类型

（2）旋转负荷　当径向负荷的作用线相对于轴承套圈旋转，或者套圈相对于径向负荷的作用线旋转时，该径向负荷就依次作用在套圈整个滚道的各个部位上，这表示该套圈相对于负荷方向旋转，称为旋转负荷。如图5-5a所示的轴承内圈和图5-5b所示的轴承外圈都承受旋转负荷。又如，减速器转轴两端滚动轴承的内圈，汽车、拖拉机车轮轮毂中滚动轴承的外圈，都是套圈相对于负荷方向旋转的实例。

（3）摆动负荷　当大小和方向按一定规律变化的径向负荷依次往复地作用在套圈滚道的一段区域上时，表示该套圈相对于负荷方向摆动。如图5-5c和d所示，轴承套圈承受一个大小和方向均固定的径向负荷 P_{0r} 和一个旋转的径向负荷 P_r（方向是转动的），两者合成的径向负荷的大小将由小逐渐增大，再由大逐渐减小，周而复始地周期性变化，这样的径向负荷称为摆动负荷。如图5-6所示，按照矢量合成的平行四边形法则，P_{0r} 和 P_r 的合成负荷 P 在 AB 区域内摆动。

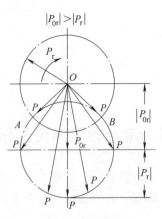

图5-6　摆动负荷

套圈承受的负荷不同，与之相配件配合的松紧程度也不同。当套圈承受定向负荷时，应选稍松些的配合（如过渡配合或极小间隙的间隙配合），目的是使套圈在振动或冲击力下被摩擦力矩带动时，能稍微转动，改变套圈的受力点，以便延长轴承的使用寿命；当套圈承受旋转负荷时，为避免轴承套圈在配合表面上打滑引起发热、磨损等现象，应选紧一些的配合，一般选用小过盈配合或紧些的过渡配合；当套圈承受摆动负荷时，配合选择方式与承受旋转负荷的情况相同或稍松些。

2. 负荷大小

滚动轴承内圈与轴颈、外圈与外壳孔配合的最小过盈取决于负荷的大小。GB/T 275—2015 规定：$P_r \leqslant 0.07C_r$ 为轻负荷；$0.07C_r < P_r \leqslant 0.15C_r$ 为正常负荷；$P_r > 0.15C_r$ 为重负荷。其中 P_r 代表滚动轴承套圈承受的当量径向负荷，C_r 为轴承的基本额定径向动负荷。

轴承在重负荷作用下，套圈容易产生变形，因而使该套圈与轴颈或外壳孔配合的实际过盈减小而可能引起松动，影响轴承的工作性能。因而轴承承受的负荷越重，轴承套圈与轴颈或外壳孔的配合应越紧。

当轴承受到冲击负荷时，一般应选择比正常、轻负荷时更紧的配合。

3. 其他因素

下列情况下套圈与轴颈或外壳孔的配合应适当选松些：

1）在高温（高于 100℃）下工作的轴承，为防止热变形使配合面间隙（或过盈）减小，选用较松配合。

2）轴承组件在运转时容易受热而使轴微量伸长。为了避免安装不可分离型轴承的轴因受热伸长而产生弯曲，应使轴能够自由地轴向游动。因此，轴承外圈与固定的外壳孔的配合应选松些，并在外圈端面与端盖端面之间留有适当的轴向间隙，以允许轴随着轴承一起做轴向游动。

下列情况下套圈与轴颈或外壳孔的配合应适当选紧些：

1）旋转速度高的轴承比旋转速度低的轴承。

2）尺寸大的轴承比尺寸小的轴承。

3）空心轴颈比实心轴颈。

4）薄壁外壳比厚壁外壳。

5）轻合金外壳比钢或铸铁外壳。

6）整体式外壳比剖分式外壳。

国家标准 GB/T 275—2015 推荐的向心轴承、推力轴承和外壳孔与轴配合时的孔、轴公差带见表 5-2~ 表 5-5。

表 5-2　向心轴承和外壳孔的配合　孔公差带代号（摘自 GB/T 275—2015）

运转状态		负荷状态	其他状况	公差带①	
说明	举例			球轴承	滚子轴承
固定的外圈负荷	一般机械、铁路机车车辆轴箱、电动机、泵、曲轴主轴承	轻、正常、重	轴向易移动，可采用部分式外壳	H7、G7②	
		冲击	轴向能移动，可采用整体或剖分式外壳	J7、JS7	
摆动负荷		轻、正常		J7、JS7	
		正常、重		K7	
		冲击		M7	
旋转的外圈负荷	张紧滑轮、轮毂轴承	轻	轴向不移动，采用整体式外壳	J7	K7
		正常		K7、M7	M7、N7
		重		—	N7、P7

① 并列公差带随尺寸的增大从左至右选择；对旋转精度有较高要求时，可相应提高一个公差等级。

② 不适用于剖分式外壳。

表 5-3　向心轴承和轴的配合　轴公差带代号（摘自 GB/T 275—2015）

圆柱孔轴承					
运转状态		负荷状态	深沟球轴承、调心球轴承和角接触球轴承	圆柱滚子轴承和圆锥滚子轴承	调心滚子轴承	公差带
说明	举例		轴承公称内径/mm			
旋转的内圈负荷及摆动负荷	一般通用机械、电动机、机床主轴、泵、内燃机、直齿轮传动装置、铁路机车车辆轴箱、破碎机等	轻负荷	≤18	—	—	h5
			>18~100	≤40	≤40	j6①
			>100~200	>40~140	>40~100	k6①
			—	>140~200	>100~200	m6①
		正常负荷	≤18	—	—	j5 js5
			>18~100	≤40	≤40	k5②
			>100~140	>40~100	>40~65	m5②
			>140~200	>100~140	>65~100	m6
			>200~280	>140~200	>100~140	n6
			—	>200~400	>140~280	p6
			—		>280~500	r6
		重负荷		>50~140	>50~100	n6
				>140~200	>100~140	p6③
				>200	>140~200	r6
				—	>200	r7
固定的内圈负荷	静止轴上的各种轮子、张紧绳轮、振动筛、惯性振动器	所有负荷	所有尺寸			f6 g6① h6 j6
仅有轴向负荷			所有尺寸			j6、js6
圆锥孔轴承					
所有负荷	铁路机车车辆轴箱	装在退卸套上的所有尺寸				h8（IT6）④⑤
	一般机械传动	装在紧定套上的所有尺寸				h9（IT7）④⑤

① 凡对精度有较高要求的场合，应用 j5、k5…代替 j6、k6…。

② 圆锥滚子轴承、角接触球轴承配合对游隙影响不大，可用 k6、m6 代替 k5、m5。

③ 重负荷下轴承游隙应选大于 0 组的游隙。

④ 凡有较高精度或转速要求的场合，应选用 h7（IT5）代替 h8（IT6）等。

⑤ IT6、IT7 表示圆柱度公差数值。

表 5-4　推力轴承和外壳孔的配合　孔公差带代号（摘自 GB/T 275—2015）

运转状态	负荷状态	轴承类型	公差带	备　注
仅有轴向负荷		推力球轴承	H8	
		推力圆柱、圆锥滚子轴承	H7	
		推力调心滚子轴承		外壳孔与座圈间间隙为 0.001D（D 为轴承公称外径）
固定的座圈负荷	径向和轴向联合负荷	推力角接触球轴承、推力调心滚子轴承、推力圆锥滚子轴承	H7	
旋转的座圈负荷或摆动负荷			K7	普通使用条件
			M7	有较大径向负荷时

表 5-5 推力轴承和轴的配合 轴公差带代号（摘自 GB/T 275—2015）

运转状态	负荷状态	推力球和推力滚子轴承	推力调心滚子轴承①	公差带
		轴承公称内径/mm		
仅有轴向负荷		所有尺寸		j6、js6
固定的轴圈负荷	径向和轴向联合负荷	—	≤250	j6
		—	>250	js6
旋转的轴圈负荷或摆动负荷		—	≤200	k6②
		—	>200~400	m6
		—	>400	n6

① 也包括推力圆锥滚子轴承和推力角接触球轴承。

② 要求较小过盈时，可分别用 j6、k6、m6 代替 k6、m6、n6。

5.4.2 孔、轴几何公差和表面粗糙度的选用

为了保证轴承正常工作，除了正确地选择轴承套圈与轴颈、外壳孔的尺寸公差带外，还应对轴颈、外壳孔的几何公差和表面粗糙度提出要求。国家标准 GB/T 275—2015 规定的轴颈、外壳孔与轴承配合表面及轴肩和外壳孔肩端面几何公差值和表面粗糙度见表 5-6 和表 5-7。

表 5-6 轴和外壳孔的几何公差值（摘自 GB/T 275—2015）

公称尺寸/mm		圆柱度 t				轴向圆跳动 t_1			
		轴颈		外壳孔		轴肩		外壳孔肩	
		轴承公差等级							
		0	6 (6X)	0	6 (6X)	0	6 (6X)	0	6 (6X)
超过	到	公差值/μm							
	6	2.5	1.5	4	2.5	5	3	8	5
6	10	2.5	1.5	4	2.5	6	4	10	6
10	18	3.0	2.0	5	3.0	8	5	12	8
18	30	4.0	2.5	6	4.0	10	6	15	10
30	50	4.0	2.5	7	4.0	12	8	20	12
50	80	5.0	3.0	8	5.0	15	10	25	15
80	120	6.0	4.0	10	6.0	15	10	25	15
120	180	8.0	5.0	12	8.0	20	12	30	20
180	250	10.0	7.0	14	10.0	20	12	30	20

表 5-7 配合面的表面粗糙度（摘自 GB/T 275—2015）

轴或轴承座直径/mm		轴或外壳配合表面直径公差等级								
		IT7			IT6			IT5		
		表面粗糙度/μm								
		Rz	Ra		Rz	Ra		Rz	Ra	
超过	到		磨	车		磨	车		磨	车
	80	10	1.6	3.2	6.3	0.8	1.6	4	0.4	0.8
80	500	16	1.6	3.2	10	1.6	3.2	6.3	0.8	1.6
端面		25	3.2	6.3	25	3.2	6.3	10	1.6	3.2

5.5 滚动轴承精度设计实例分析

例 已知某减速器的功率为5kW，输出轴转速为83r/min，其两端轴承为6211深沟球轴承（$d=55$mm，$D=100$mm）。从动斜齿轮齿数 $z=79$，法向模数 $m_n=3$mm，标准压力角 $\alpha_n=20°$，分度圆螺旋角 $\beta=8°6'34''$，当量径向动负荷 $P_r=4750$N，基本额定径向动负荷 $C_r=43.2$kN。试确定：与该轴承内、外圈配合的轴颈、外壳孔的公差带代号；画出轴承、轴颈和外壳孔的尺寸公差带图；确定轴颈、外壳孔的几何公差值和表面粗糙度值，并将设计结果标注在装配图和零件图上。

解 1）减速器属于一般机械，轴的转速不高，所以选择 0 级滚动轴承。

2）该轴承受定向负荷作用，内圈与轴一起旋转，外圈固定，安装在剖分式外壳的孔中。因此内圈相对于负荷方向旋转，与轴颈的配合应较紧；外圈相对于负荷方向固定，与外壳孔的配合应较松。

3）由 $0.07<P_r/C_r=0.11<0.15$，负荷状态属于正常负荷。此外减速器工作时，轴承有时承受冲击负荷。

4）由轴承工作条件，从表 5-2 和表 5-3 中选取外壳孔的公差带为 $\phi100$J7（基轴制配合），轴颈公差带为 $\phi55$k6（基孔制配合）。

5）查表 5-1 可得轴承内、外圈平均直径的上、下极限偏差分别为：0、-15μm 和 0、-15μm。查第 2 章的表 2-2、表 2-4 和表 2-5 得，J7 的上、下极限偏差分别为 $+22$mm、-13μm；k6 的上、下极限偏差分别为 $+21\mu$m、$+2\mu$m；滚动轴承与孔、轴配合的公差带如图 5-7 所示。

6）由表 5-6 和表 5-7 选取轴颈和外壳孔的几何公差值和表面粗糙度值，其标注如图 5-7 所示。

7）将设计好的上述各项公差标注在图 5-8 上。

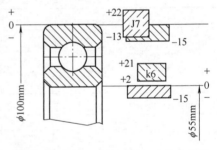

图 5-7 滚动轴承与孔、轴配合的公差带

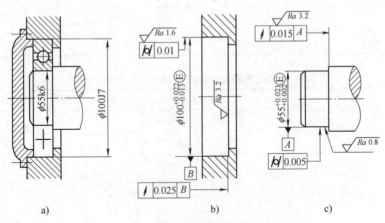

图 5-8 滚动轴承精度设计示例
a）装配图 b）外壳孔零件图 c）轴零件图

习　题

5-1　滚动轴承的精度是依据什么来划分的？共有几级？代号是什么？

5-2　滚动轴承内圈内径与轴颈的配合和外圈外径与外壳孔的配合分别采用哪种基准制？为什么？

5-3　国家标准规定的滚动轴承内圈内径及外圈外径公差带与一般基孔制的基准孔及一般基轴制的基准轴公差带有什么不同？为什么这样规定？

5-4　滚动轴承与孔、轴结合的精度设计内容有哪些？

5-5　某 6 级深沟球轴承代号为"6309/p6"，内径为 $\phi45_{-0.01}^{0}$ mm，外径为 $\phi100_{-0.013}^{0}$ mm，与之配合的轴颈公差带代号为 j5，外壳孔的公差带代号为 H6。试画出轴承内、外圈分别与轴颈、外壳孔配合的尺寸公差带图，并计算它们的极限过盈和间隙。

5-6　某 6 级深沟球轴承代号为"6305"，如图 5-9 所示，内圈直径 $\phi25$mm，外圈直径为 $\phi62$mm，工作时内圈转动，外圈不转动，精度要求较高，承受一个方向和大小均不变的径向负荷，径向当量动负荷 $P_r =$ 2kN，滚动轴承径向额定动负荷为 $C_r = 20$kN，用于普通机械减速器。试确定轴颈和外壳孔的公差带代号、几何公差和表面粗糙度参数值，并将设计结果分别标注在装配图和零件图上。

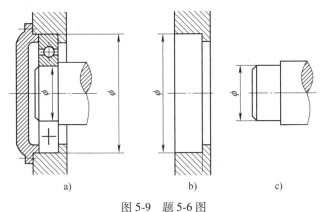

图 5-9　题 5-6 图

a）装配图　b）外壳孔零件图　c）轴零件图

第6章

键与花键结合的精度设计

　　键结合和花键结合是机械产品中普遍应用的可拆连接的方式之一，通常用于轴与轴上零件（齿轮、带轮、联轴器等）之间的连接，用以传递转矩和运动。当轴与轴上零件之间有轴向相对运动要求时，键结合和花键结合还能起导向作用，如变速箱中的齿轮可以沿着花键轴移动以达到变换速度的目的。

　　键的类型可分为单键和花键两大类。其中，单键分为平键、半圆键和楔形键等几类，而平键又可分为普通平键和导向平键；花键分为矩形花键和渐开线花键两种，其中普通平键和矩形花键应用比较广泛。

　　本章只讨论普通平键结合和矩形花键结合的精度设计。目前我国制定的有关键联结的国家标准主要有 GB/T 1095—2003《平键　键槽的剖面尺寸》、GB/T 1096—2003《普通型　平键》和 GB/T 1144—2001《矩形花键尺寸、公差和检验》。

6.1　普通平键结合的精度设计

6.1.1　普通平键结合的结构和几何参数

　　普通平键结合通过键的侧面与键槽（轴槽或轮毂槽）的侧面相互接触来传递转矩，因此键的两个侧面是工作面，上、下面是非工作面，如图 6-1 所示。在其剖面尺寸中，b 为键、轴槽或轮毂槽的宽度，t_1 和 t_2 分别为轴槽和轮毂键的深度，l 和 h 分别为键的长度和高度，d 为轴或轮毂直径。普通平键和键槽的尺寸与极限偏差见表 6-1。

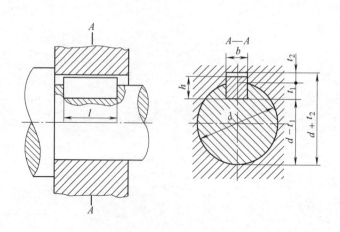

图 6-1　普通平键结合的几何参数

表 6-1　普通平键和键槽的尺寸与极限偏差（摘自 GB/T 1095—2003 和 GB/T 1096—2003）

（单位：mm）

键尺寸 $b×h$	键 宽度 极限偏差 $b:h8$	键 高度 极限偏差 $h:h11$ ($h8$)①	键槽 宽度 b 公称尺寸	正常联结 轴 N9	正常联结 毂 JS9	紧密联结 轴和毂 P9	松联结 轴 H9	松联结 毂 D10	深度 轴 t_1 公称尺寸	轴 t_1 极限偏差	毂 t_2 公称尺寸	毂 t_2 极限偏差	公称直径 d②
2×2	0 −0.014	0 −0.014	2	−0.004 −0.029	±0.0125	−0.006 −0.031	+0.025 0	+0.060 +0.020	1.2	+0.1 0	1.0	+0.1 0	自 6~8
3×3		0 −0.014	3						1.8		1.4		>8~10
4×4	0 −0.018	0 −0.018	4	0 −0.030	±0.015	−0.012 −0.042	+0.030 0	+0.078 +0.030	2.5		1.8		>10~12
5×5			5						3.0		2.3		>12~17
6×6			6						3.5		2.8		>17~22
8×7	0 −0.022		8	0 −0.036	±0.018	−0.015 −0.051	+0.036 0	+0.098 +0.040	4.0		3.3		>22~30
10×8			10						5.0		3.3		>30~38
12×8		0 −0.090	12						5.0		3.3		>38~44
14×9	0 −0.027		14	0 −0.043	±0.0215	−0.018 −0.061	+0.043 0	+0.120 +0.050	5.5		3.8		>44~50
16×10			16						6.0	+0.2 0	4.3	+0.2 0	>50~58
18×11			18						7.0		4.4		>58~65
20×12			20						7.5		4.9		>65~75
22×14		0 −0.110	22	0 −0.050	±0.026	−0.022 −0.074	+0.052 0	+0.149 +0.065	9.0		5.4		>75~85
25×14	0 −0.033		25						9.0		5.4		>85~95
28×16			28						10.0		6.4		>95~110

① 普通平键的截面形状为矩形时，高度 h 公差带为 h11，截面形状为方形时，其高度 h 公差带为 h8。

② 公称直径 d 标准中未给，此处给出供使用者参考。

6.1.2　普通平键结合的精度设计

1. 普通平键结合的极限与配合

（1）配合尺寸的公差带和配合种类　普通平键结合中，由于键和键槽是靠由键宽 b 决定的键侧来工作的，所以选用键宽和键槽宽 b 为配合尺寸，对其规定有较严格的公差。因此，普通平键结合的精度是由键宽和键槽宽的尺寸精度决定的。

键由型钢制成，是标准件，相当于极限与配合中的轴，因此键和键槽的配合采用基轴制配合。国家标准 GB/T 1095—2003《平键　键槽的剖面尺寸》和 GB/T 1096—2003《普通型　平键》均从 GB/T 1801—2009《产品几何技术规范（GPS）　极限与配合　公差带和配合的选择》中选取尺寸公差带。对键宽规定一种公差带，对轴槽宽和轮毂槽宽各规定三种公差带，构成三种配合类型，分别称为松联结、正常联结和紧密联结，以满足各种不同用途的需要。普通平键和键槽宽度的公差带如图 6-2 所示，普通平键联结的三组配合及其应用见表 6-2。

（2）非配合尺寸的公差带　普通平键高度 h 的公差带一般采用 h11；平键长度 l 的公差带采用 h14；轴槽长度 L 的公差带采用 H14。GB/T 1095—2003 对轴槽深度 t_1 和轮毂槽深度 t_2 分别做了专门的规定（见表 6-1）。为了测量方便，在图样上分别标注（$d-t_1$）和（$d+t_2$）尺寸来确定轴槽深度 t_1 和轮毂槽深度 t_2，（$d-t_1$）和（$d+t_2$）的公差分别按 t_1 和 t_2 的公差选取，但（$d-t_1$）的上极限偏差为零，而（$d+t_2$）的下极限偏差为零。

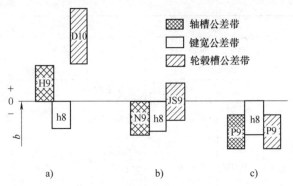

图 6-2　普通平键和键槽宽度的公差带
a）松联结　b）正常联结　c）紧密联结

2. 普通平键结合的极限与配合选用

普通平键与键槽配合的选用，主要是根据使用要求和应用场合确定。

表 6-2　普通平键联结的三组配合及其应用

配合种类	宽度 b 的公差带			配合性质及应用
	键	轴槽	轮毂槽	
松联结	h8	H9	D10	用于导向平键，轮毂在轴上移动
正常联结		N9	JS9	键在轴槽中和轮毂槽中均固定，用于载荷不大的场合
紧密联结		P9	P9	键在轴槽中和轮毂槽中均牢固地固定，用于载荷较大、有冲击和双向传递转矩的场合

对于起导向作用的普通平键结合应选用松联结，因为在这种方式中，由于几何误差的影响，使键（h8）与轴槽（H9）的配合实际上为不可动联结，而键与轮毂槽（D10）的配合间隙较大，因此轮毂可以相对于轴运动。

对于承受重载荷、冲击载荷或双向转矩的情况，应选用紧密联结，因为这时键（h8）与轴槽（P9）配合较紧，再加上几何误差的影响，使之结合更紧密、更可靠。

除上述两种情况外，对于承受一般载荷，考虑拆装方便，应选用正常联结。

3. 几何公差和表面粗糙度选用

为保证键侧与键槽侧面之间有足够的接触面积并避免装配困难，应分别规定轴槽和轮毂槽的对称度公差。对称度公差按 GB/T 1184—1996《形状和位置公差　未注公差值》确定，一般取 7~9 级。对称度公差的主参数是键宽 b。

键槽配合表面的表面粗糙度 Ra 上限允许值一般取 1.6~3.2μm，非配合表面取 6.3μm。

6.1.3　普通平键结合精度设计实例分析

例　图 6-3 所示为一级斜齿圆柱齿轮减速器。该减速器主要由齿轮轴、从动齿轮、输出轴、箱体及附件等零部件组成。减速器的主要技术参数见表 6-3。试设计用于联结输出轴与从动齿轮的普通平键及键槽，确定键槽的公称尺寸和公差，并将它们标注在图样上。

解　输出轴上从动齿轮与轴是由普通平键进行联结的，由于减速器传递的功率不大，且工作状态相对平稳，工作中主要承受单向转矩，所以从动齿轮与轴的联结采用正常普通平键联结。该轴段的轴颈为 $\phi58$mm，经计算从动齿轮齿宽 $B=60$mm，所以选用的普通平键的规格为 $b\times h\times l=16$mm$\times10$mm$\times56$mm。

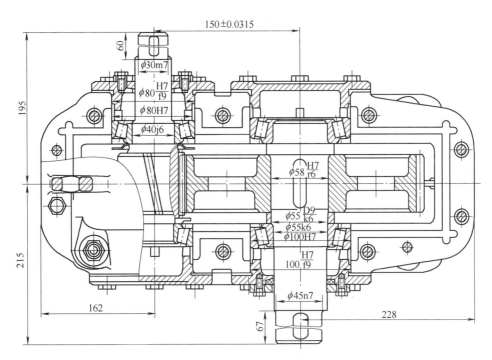

图 6-3　减速器剖面图

表 6-3　减速器的主要技术参数

输入功率 /kW	输入转速 /（r/min）	传动比 i	主动齿轮齿数 z_1	从动齿轮齿数 z_2	齿轮法向模数/mm	齿轮齿形角 α_n	齿轮螺旋角 β	齿轮变位系数 x
4.0	1450	3.95	20	79	3	20°	8°6′34″	0

1）根据平键为正常联结和 $D(d)=\phi58$mm，查表 6-1 得

轴：槽宽 $b=16$N9$=16_{-0.043}^{0}$mm；槽深 $t_1=6_{0}^{+0.2}$mm，即 $(d-t_1)_{-0.2}^{0}=52_{-0.2}^{0}$mm。

孔：槽宽 $b=16$JS9$=(16\pm0.021)$mm；槽深 $t_1=4.3_{0}^{+0.2}$mm，即 $(d+t_2)_{0}^{+0.2}=62.3_{0}^{+0.2}$mm。

2）由表 2-2、表 2-4 和表 2-5 查得，孔 $\phi58_{0}^{+0.03}$Ⓔ，轴 $58_{+0.041}^{+0.060}$Ⓔ。

3）由表 3-16 查得，键槽两侧面对其轴线的对称度公差（取 8 级）$t=0.02$mm。

4）键槽侧面（即工作表面）表面粗糙度 Ra 上限允许值为 $1.6\sim3.2\,\mu$m，取 3.2μm。键槽底面（即非工作表面）表面粗糙度 Ra 上限允许值取 6.3μm。

5）普通平键及键槽的尺寸公差带如图 6-4 所示。上述各项公差要求在图样上的标注如图 6-5 和图 6-6 所示。

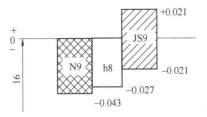

图 6-4　普通平键及键槽的尺寸公差带

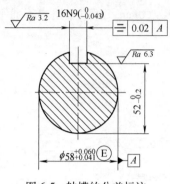

图 6-5 轴槽的公差标注

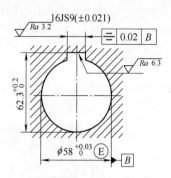

图 6-6 轮毂槽的公差标注

6.2 矩形花键结合的精度设计

与普通平键相比，矩形花键承载能力强，定心精度高，导向性好，但矩形花键加工成本高，检测难度大，所以为了便于加工和检测，矩形花键的键数 N 常为偶数，通常有 6、8、10 三种。按承载能力的不同，矩形花键可分为中、轻两个系列，中系列的键高尺寸较大，承载能力强，轻系列的键高尺寸较小，承载能力相对较低。矩形花键的公称尺寸系列见表 6-4。

表 6-4 矩形花键的公称尺寸系列（摘自 GB/T 1144—2001） （单位：mm）

小径 d	轻系列				中系列			
	规格 $N×d×D×B$	键数 N	大径 D	键宽 B	规格 $N×d×D×B$	键数 N	大径 D	键宽 B
11					6×11×14×3		14	3
13					6×13×16×3.5		16	3.5
16	—	—	—	—	6×16×20×4		20	4
18					6×18×22×5	6	22	5
21					6×21×25×5		25	
23	6×23×26×6		26		6×23×28×6		28	
26	6×26×30×6	6	30	6	6×26×32×6		32	6
28	6×28×32×7		32	7	6×28×34×7		34	7
32	8×32×36×6		36	6	8×32×38×6		38	6
36	8×36×40×7		40	7	8×36×42×7		42	7
42	8×42×46×8		46	8	8×42×48×8		48	8
46	8×46×50×9	8	50	9	8×46×54×9	8	54	9
52	8×52×58×10		58		8×52×60×10		60	
56	8×56×62×10		62	10	8×56×65×10		65	10
62	8×62×68×10		68		8×62×72×12		72	
72	10×72×78×12		78	12	10×72×82×12		82	12
82	10×82×88×12	10	88		10×82×92×12	10	92	
92	10×92×98×14		98	14	10×92×102×14		102	14

6.2.1　矩形花键的几何参数和定心方式

矩形花键结合的几何参数有大径 D、小径 d、键数 N 和键槽宽 B，如图 6-7 所示。

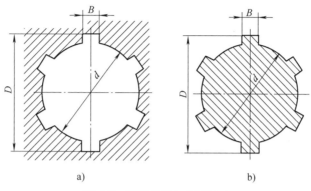

图 6-7　矩形花键的主要尺寸
a）内花键　b）外花键

矩形花键联结有三个结合面，即大径、小径和键宽，只能在这三个结合面中选取一个为主来确定内、外花键的配合性质。确定配合性质的结合面称为定心表面，理论上每个结合面都可作为定心表面。标准中规定矩形花键以小径的结合面为定心表面，即小径定心，如图 6-8 所示。对定心直径（即小径）有较高的精度要求，对非定心直径（即大径 D 和键宽 B）的配合精度要求较低，且有较大间隙。但对非定心的键和键槽侧面（即键宽 B）也要求有足够的精度，因为它们起传递转矩和导向的作用。

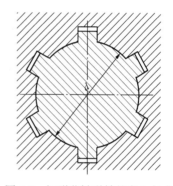

图 6-8　矩形花键联结的定心方式

矩形花键联结以小径定心有以下优点：

1）有利于提高产品性能、质量和技术水平。小径定心精度高，稳定性好，而且能用磨削的方法消除热处理变形，从而提高定心直径制造精度。

2）有利于简化加工工艺，降低生产成本。尤其是对于内花键定心表面的加工，采用磨削加工方法，可以减少成本较高的拉刀规格，也易于保证表面质量。

3）与国际标准规定完全一致，便于技术引进，有利于机械产品的进出口和技术交流。

4）有利于齿轮精度标准的贯彻与配套。

6.2.2　矩形花键结合的精度设计

1. 矩形花键结合的极限与配合

矩形花键的极限与配合分为两种精度类型：一种为一般用途的矩形花键结合；另一种为精密传动用矩形花键结合。每一种精度类型又分为固定联结、紧滑动联结和滑动联结三种装配形式，后两种联结方式用于内、外花键之间工作要求相对移动的情况；而固定联结方式用于内、外花键之间无轴向相对移动的情况。由于几何误差的影响，实际上矩形花键各结合面的配合均比预定的要紧些，内、外花键的尺寸公差带见表 6-5。

表6-5　内、外花键的尺寸公差带（摘自 GB/T 1144—2001）

内花键				外花键			装配形式
d	D	B		d	D	B	
		拉削后不热处理	拉削后热处理				
一般用							
H7	H10	H9	H11	f7	a11	d10	滑动
				g7		f9	紧滑动
				h7		h10	固定
精密传动用							
H5	H10	H7、H9		f5	a11	d8	滑动
				g5		f7	紧滑动
				h5		h8	固定
H6				f6		d8	滑动
				g6		f7	紧滑动
				h6		d8	固定

注：1. 精密传动用的内花键，当需要控制键侧配合间隙时，槽宽可选用 H7，一般情况下可选用 H9。
　　2. d 为 H6 Ⓔ 和 H7 Ⓔ 的内花键，允许与提高一级的外花键配合。

表6-5 中的公差带均取自 GB/T 1801—2009。

为了减少加工和检验内花键拉刀和花键量规的规格和数量，矩形花键联结采用基孔制配合。

一般传动用内花键拉削后再进行热处理，其键槽宽的变形不易修正，故公差要降低要求（由 H9 降为 H11）。对于精密传动用内花键，当要求键侧配合精度较高时，键槽宽公差带选用 H7，一般情况选用 H9。

定心直径 d 的公差带，一般情况下内、外花键取相同的公差等级，因为是小径定心，所以加工内、外花键小径 d 的难易程度是一样的。但在某些情况下，内花键允许与高一级的外花键配合，如公差带为 H7 的内花键可以与公差带为 f6、g6、h6 的外花键配合；公差带为 H6 的内花键可以与公差带为 f5、g5、h5 的外花键配合，这主要是考虑矩形花键常用来作为齿轮的基准孔，在贯彻齿轮标准过程中，有可能出现外花键的定心直径公差等级高于内花键定心直径公差等级的情况。

2. 矩形花键结合的极限与配合选用

矩形花键结合的极限与配合的选用主要是确定联结精度和装配形式。

联结精度的选用主要是根据定心精度要求和传递转矩大小。"精密传动用"花键联结定心精度高，传递转矩大而且平稳，多用于精密机床主轴变速箱以及各种减速器中轴与齿轮内花键的联结。"一般用"花键联结适用于定心精度要求不高但传递转矩较大的场合，如载重汽车、拖拉机的变速器中的矩形花键联结。

联结形式主要是根据内、外花键之间是否有轴向移动，来确定选用固定联结还是滑动联结。对于内、外花键之间要求有相对移动，而且移动距离长、移动频率高的情况，应选用配合间隙较大的滑动联结，以保证运动灵活性及配合面间有足够的润滑油层，如汽车、拖拉机等变速器中的齿轮与轴的联结；对于内、外花键定心精度要求高，传递转矩大或经常有反向转动的情况，则应选用配合间隙较小的紧滑动联结；对于内、外花键间无需在轴向移动，只用来传递转矩，则应选用固定联结。

3. 几何公差和表面粗糙度的选用

矩形内、外花键是具有复杂表面的结合件，并且键长与键宽的比值较大，几何误差是影响花键联结质量的重要因素，因而对其几何误差要加以控制。

为了保证内、外花键小径定心表面的配合性质，该表面的几何公差和尺寸公差的关系应遵守包容要求。

为控制内、外花键的分度误差和对称度误差，一般用位置度公差予以综合控制，并采用相关公差要求，图样标注如图 6-9 所示，其位置度公差值见表 6-6。

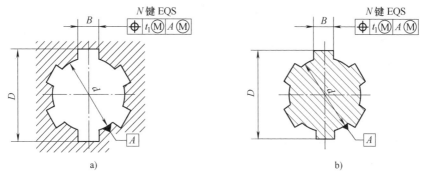

图 6-9　花键位置度公差标注

表 6-6　矩形花键位置度、对称度公差　（单位：mm）

键槽宽或键宽 B			3	3.5~6	7~10	12~18
位置度公差 t_1	键槽宽		0.010	0.015	0.020	0.025
	键宽	滑动、固定	0.010	0.015	0.020	0.025
		紧滑动	0.006	0.010	0.013	0.016
对称度公差 t_2	一般用		0.010	0.012	0.015	0.018
	精密传动用		0.006	0.008	0.009	0.011

在单件小批生产时，一般规定键或键槽两侧面的中心平面对定心表面轴线的对称度公差和花键的等分度公差，并遵守独立原则，如图 6-10 所示，对称度公差值见表 6-6。各花键（键槽）沿圆周应均匀分布，允许不均匀分布的最大值为等分度公差值，其值等于对称度公差值，所以花键等分度公差在图样上不必标注。

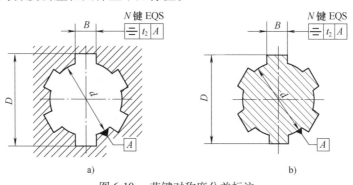

图 6-10　花键对称度公差标注

对于较长的花键，应规定内花键各键槽侧面和外花键各键槽侧面对定心表面轴线的平行度公差，其公差值根据产品性能确定。

矩形花键各结合表面的表面粗糙度推荐值见表 6-7。

表 6-7　矩形花键表面粗糙度推荐值　　　　　　　　（单位：μm）

加工表面	内 花 键	外 花 键
	Ra 不 大 于	
大径	6.3	3.2
小径	0.8	0.8
键侧	3.2	0.8

4. 矩形花键的图样标注

矩形花键在图样上标注内容为键数 N、小径 d、大径 D、键（槽）宽 B 的公差带或配合代号，并注明矩形花键标准号 GB/T 1144—2001。

6.2.3　矩形花键结合精度设计实例分析

大型饮料灌装生产线 PET 瓶旋盖机送瓶螺旋和主传动轴是由万向联轴器进行联结的，为了适应主传动轴和送瓶螺旋之间较大的轴向和径向位移，万向联轴器的两个叉形接头用矩形花键联结。由于传递的功率不大，且工作中只传递单向转矩，所以联结万向联轴器两个叉形接头的矩形花键采用一般传动用滑动形式的联结。根据传递的功率，并且为了保证强度和刚度，选用矩形花键的规格为 6×28×32×7。矩形花键各尺寸精度见表 6-8。

表 6-8　矩形花键各尺寸精度

内花键			外花键		
d	D	B	d	D	B
H7	H10	H11	f7	a11	d10

该矩形花键结合的装配图尺寸精度标注如图 6-11 所示。

该矩形花键结合的内、外花键零件图尺寸精度标注如图 6-12 所示。

该矩形花键结合的内、外花键的几何精度和表面粗糙度标注如图 6-13 所示。

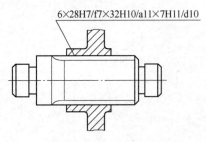

图 6-11　矩形花键装配图尺寸精度标注

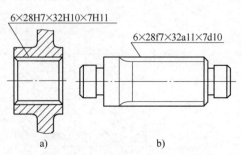

图 6-12　内、外矩形花键尺寸精度标注
a）内花键　b）外花键

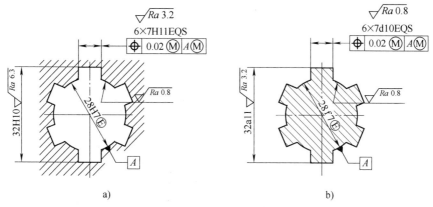

图 6-13　内、外矩形花键几何精度和表面粗糙度标注
a）内花键　b）外花键

习　题

6-1　普通平键与轴槽和轮毂槽的配合为何采用基轴制？普通平键与键槽的配合类型有哪几种？各适用于何种场合？

6-2　矩形花键的定心尺寸是什么？矩形花键结合采用何种配合制？

6-3　有一齿轮与轴的联结用平键传递扭矩。平键尺寸 $b=10$mm，$L=28$mm。齿轮与轴的配合为 $\phi35H7/$ h6，平键采用正常联结。试设计轴槽和轮毂槽的极限偏差、几何公差、表面粗糙度、应遵循的公差原则，并将它们分别标注在图 6-14a 和 b 上。

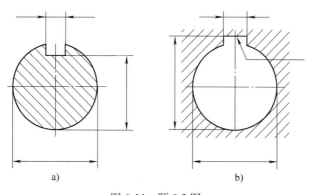

图 6-14　题 6-3 图

6-4　矩形花键副配合代号为 $8 \times 28 \dfrac{H7}{h7} \times 34 \dfrac{H10}{a11} \times 7 \dfrac{H11}{d10}$，试述代号中 H7，a11 和 d10 的含义。

6-5　某矩形花键联结的规格和尺寸为 $N×d×D×B=6×26×30×6$，它是一般用途的紧滑动联结，试写出该花键结合的配合代号，并将内、外花键的各尺寸公差带、位置度公差和表面粗糙度参数 Ra 的上限值标注在图样上。

第**7**章

螺纹结合的精度设计

螺纹结合在工程上应用非常广泛，按结合性质和使用要求不同，一般分为以下三类。

1. 普通螺纹

普通螺纹也称紧固螺纹，在工程中主要用于可拆联接，分为粗牙和细牙两种，如螺栓与螺母的结合，螺钉与机体的联接。对这类螺纹要求一是具有良好的可旋入性，以便于装配与拆卸；二是要保证有一定的联接强度，使其不过早地损坏和不自动松脱。这类螺纹的结合，其牙侧间的最小间隙等于或接近于零，相当于圆柱体配合中的几种小间隙配合。

2. 紧密螺纹

这类螺纹的结合要求是在起联接作用的同时还要保证足够的紧密性，即不漏水、不漏气。如用于管道联接的螺纹，显然，这类螺纹结合必须有一定的过盈，它们的结合相当于圆柱体配合中的过盈配合。

3. 传动螺纹

传动螺纹主要用于螺旋传动，是由螺杆和螺母组成的螺旋副来实现传动要求的，它是将回转运动转变为直线运动。因此对它的主要要求是：要有足够的位移精度，即保证传动比的准确性、运动的灵活性、稳定性和较小的空行程；要求这类螺纹的螺距误差要小，而且应有足够的最小间隙。

本章主要讨论普通螺纹的机械精度设计问题，对其他类型螺纹结合的精度设计可参考有关资料和标准。为满足普通螺纹的使用要求，保证其互换性，目前我国制定的普通螺纹的国家标准有 GB/T 14791—2013《螺纹术语》、GB/T 192—2003《普通螺纹　基本牙型》、GB/T 193—2003《普通螺纹　直径与螺距系列》、GB/T 197—2018《普通螺纹　公差》和 GB/T 3934—2003《普通螺纹量规 技术条件》。

7.1　普通螺纹的几何参数

1. 普通螺纹的基本牙型

普通螺纹的基本牙型是指螺纹轴向剖面内、截去原始三角形的顶部和底部所形成的螺纹牙型，该牙型具有螺纹的公称尺寸。图 7-1 中的粗实线就是基本牙型。

2. 普通螺纹的主要几何参数

（1）基本大径（D、d）　基本大径是指与外螺纹牙顶或内螺纹牙底相切的假想圆柱的直径。螺纹大径（D、d）为内、外螺纹的公称

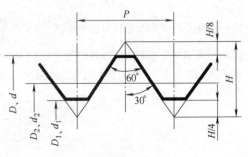

图 7-1　普通螺纹的基本牙型

直径（代表螺纹规格的直径），其尺寸系列与螺距见表 7-1。

表 7-1　直径与螺距标准组合系列（摘自 GB/T 193—2003）　（单位：mm）

公称直径 D、d			螺距 P						
第 1 系列	第 2 系列	第 3 系列	粗牙	细牙					
				3	2	1.5	1.25	1	0.75
	7		1						0.75
8			1.25					1	0.75
		9	1.25					1	0.75
10			1.5				1.25		0.75
		11	1.5			1.5		1	0.75
12			1.75				1.25	1	
	14		2			1.5	1.25*	1	
		15				1.5		1	
16			2			1.5		1	
		17				1.5		1	
	18		2.5		2	1.5		1	
20			2.5		2	1.5		1	
	22		2.5		2	1.5		1	
24			3		2	1.5		1	
		25			2	1.5		1	
		26				1.5			
	27		3		2	1.5		1	
		28			2	1.5		1	
30			3.5	(3)	2	1.5		1	
	32				2	1.5			
		33	3.5	(3)	2	1.5			

注：1.　* 仅用于发动机的火花塞。
　　2.　在表内，应选择与直径处于同一行内的螺距。
　　3.　优先选用第 1 系列直径，其次选用第 2 系列直径，最后选用第 3 系列直径。
　　4.　尽可能避免选用括号内的螺距。

（2）基本小径（D_1、d_1）　基本小径是指与内螺纹牙顶或外螺纹牙底相切的假想圆柱的直径。

内螺纹小径（D_1）和外螺纹大径（d）又称为顶径，内螺纹大径（D）和外螺纹小径（d_1）又称为底径。

（3）基本中径（D_2、d_2）　基本中径是一个假想圆柱的直径，该圆柱的母线通过牙型上沟槽宽度和凸起宽度相等的地方。中径圆柱的母线称为中径线（见图 7-2）。

（4）螺距（P）与导程（Ph）　螺距是指相邻两牙在中径线上对应两点间的轴向距离。导程是指同一条螺旋线上的相邻两牙在中径线上对应两点的轴向距离。对单线螺纹，导程等于螺距；对多线螺纹，导程等于螺距与螺纹线数的乘积。

（5）单一中径（D_{2a}、d_{2a}）　对于实际的

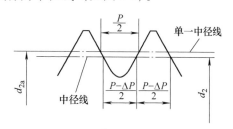

图 7-2　普通螺纹基本中径与单一中径

螺纹，用单一中径来表示该螺纹的实际中径。单一中径是指一个假想圆柱的直径，该圆柱的母线通过实际螺纹牙型上沟槽宽度等于螺距公称尺寸一半的地方（见图 7-2）。

（6）牙型角（α）和牙侧角（α_1、α_2） 如图 7-3 所示，牙型角是指在螺纹牙型上，两相邻牙侧间的夹角，普通螺纹理论牙型角为 60°。牙侧角是指某一牙侧与螺纹轴线的垂线之间的夹角，左、右牙侧角分别用符号 α_1 和 α_2 表示。这里要注意的是实际螺纹的牙型角正确并不一定说明牙侧角正确。

（7）螺纹旋合长度 螺纹旋合长度是指两个相互配合的螺纹，沿螺纹轴线方向相互旋合部分的长度，如图 7-4 所示。

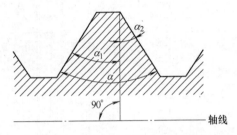

图 7-3 普通螺纹牙型角及牙侧角

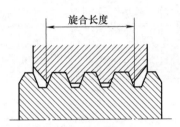

图 7-4 普通螺纹旋合长度

为应用方便，表 7-2 给出了螺纹的公称尺寸。

表 7-2 普通螺纹的公称尺寸（摘自 GB/T 196—2003）   （单位：mm）

公称直径（大径）	螺距	中径	小径
D、d	P	D_2、d_2	D_1、d_1
8	1.25	7.188	6.647
	1	7.350	6.917
	0.75	7.513	7.188
9	1.25	8.188	7.647
	1	8.350	7.917
	0.75	8.513	8.188
10	1.5	9.026	8.376
	1.25	9.188	8.647
	1	9.350	8.917
	0.75	9.513	9.188
11	1.5	10.026	9.376
	1	10.350	9.917
	0.75	10.513	10.188
12	1.75	10.863	10.106
	1.5	11.026	10.376
	1.25	11.188	10.647
	1	11.350	10.917
14	2	12.701	11.835
	1.5	13.026	12.376
	1.25	13.188	12.647
	1	13.350	12.917

（续）

公称直径（大径）	螺距	中径	小径
D、d	P	D_2、d_2	D_1、d_1
15	1.5	14.026	13.376
	1	14.350	13.917
16	2	14.701	13.835
	1.5	15.026	14.376
	1	15.350	14.917
17	1.5	16.026	15.376
	1	16.350	15.917
18	2.5	16.370	15.294
	2	16.701	15.835
	1.5	17.026	16.376
	1	17.350	16.917
20	2.5	18.376	17.294
	2	18.701	17.835
	1.5	19.026	18.376
	1	19.350	18.917
22	2.5	20.376	19.294
	2	20.701	19.835
	1.5	21.026	20.376
	1	21.350	20.917
24	3	22.051	20.752
	2	22.701	21.835
	1.5	23.026	22.376
	1	23.350	22.917
25	2	23.701	22.835
	1.5	24.026	23.376
	1	24.350	23.917
26	1.5	25.026	24.376
27	3	25.051	23.752
	2	25.701	24.835
	1.5	26.026	25.376
	1	26.350	25.917
28	2	26.701	25.835
	1.5	27.026	26.376
	1	27.350	26.917

7.2 影响螺纹结合精度的因素

在螺纹加工过程中，加工误差是难免的，螺纹几何参数的加工误差对螺纹的可旋合性和联接强度具有不利的影响。影响螺纹可旋合性和联接强度的主要因素有中径偏差、螺距偏差和牙侧角偏差。同时为保证有足够的连接强度，对顶径也提出一定的精度要求。

7.2.1 中径偏差的影响

中径偏差是指螺纹加工后的中径的实际尺寸（单一中径）与其公称尺寸之差。

由于螺纹是靠牙型侧面进行工作的，所以内外螺纹实际中径大小直接影响螺纹配合的松紧程度。若外螺纹的实际中径比内螺纹大，必然影响旋合性；若外螺纹实际中径比内螺纹小，会使内、外螺纹接触高度减小，则配合松动，影响连接强度和密封性。因此，对内外螺纹的中径必须进行尺寸精度设计，以保证螺纹结合的可靠性。

7.2.2　螺距偏差的影响

螺距偏差包括螺距局部偏差（ΔP）和螺距累积偏差（ΔP_Σ）。

ΔP 是指螺距的实际值与公称值之差；ΔP_Σ 是指在规定的螺纹长度内，任意两同名牙侧的实际轴向距离与其公称值之差中的最大绝对值。前者与旋合长度无关，后者与旋合长度有关，而且后者对螺纹的旋合性影响最大，因此必须加以控制。

假设仅有螺距累积偏差 ΔP_Σ 的一个外螺纹与一个没有任何偏差的理想内螺纹结合，那么在内外螺纹中径线重合的情况下，在牙侧就会发生干涉，如图 7-5 阴影所示的部分。为消除这种干涉，可将有螺距误差的外螺纹的中径减小一个数值 f_p（如果内螺纹有螺距误差，那么就将这个有螺距误差的内螺纹的中径增大一个数值 f_p），使得发生干涉最大的牙侧刚好不发生干涉，从而使有螺距误差的螺纹还能自由旋合，将有螺距误差的螺纹中径的增加量（对内螺纹）或减小量（对外螺纹）称为螺距偏差的中径当量 f_p。由图 7-6 中的几何关系可得，螺距偏差的中径当量为

$$f_p = |\Delta P_\Sigma| \cot 30° = 1.732 |\Delta P_\Sigma|$$

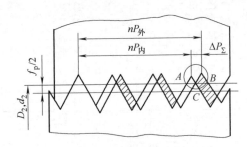

图 7-5　螺距累积偏差

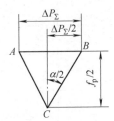

图 7-6　螺距累积偏差的中径当量

7.2.3　牙侧角偏差的影响

牙侧角偏差是指牙侧角的实际值与其公称值之差，它包括螺纹牙侧的形状误差和牙侧相对于螺纹轴线的垂线的方向误差，如图 7-7 所示。牙侧角偏差直接影响螺纹的旋合性和牙侧接触面积，因此必须加以控制。

如图 7-7 所示，相互结合的内、外螺纹的牙侧角的公称值为 30°，假设内螺纹 1（粗实线）为理想螺纹，而外螺纹 2（细实线）仅存在牙侧角偏差（左牙侧角偏差 $\Delta\alpha_1 < 0$，右牙侧角偏差 $\Delta\alpha_2 > 0$），使

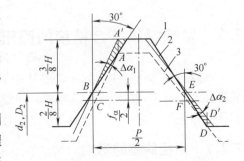

图 7-7　牙侧角偏差对旋合性的影响

内、外螺纹牙侧产生干涉（图中阴影部分）而不能旋合。

为了使上述具有牙侧角偏差的外螺纹能够旋入理想的内螺纹，保证旋合性，应消除由于外螺纹牙侧角偏差而产生的干涉部分。将外螺纹径向移至虚线 3 处，使外螺纹轮廓刚好能被内螺纹轮廓包容。也就是说，将外螺纹的中径减小一个数值 f_α。同理，当内螺纹存在牙侧角偏差时，为了保证旋合性，应将内螺纹中径增大一个数值 f_α，f_α 称为牙侧角偏差的中径当量。

由图 7-7 可以看出，由于牙侧角偏差 $\Delta\alpha_1$ 和 $\Delta\alpha_2$ 的大小和符号各不相同，因此左、右牙侧干涉区的最大径向干涉量（$AA' > DD'$），通常取它们的平均值 $f_\alpha/2$。经计算，整理后得

$$f_\alpha = 0.073P(k_1|\Delta\alpha_1| + k_2|\Delta\alpha_2|)$$

其中，P 的单位是 mm，$\Delta\alpha_1$、$\Delta\alpha_2$ 的单位是（′），f_α 的单位是 μm。

对外螺纹：$\Delta\alpha_1$、$\Delta\alpha_2$ 为正值时，k_1、$k_2 = 2$；为负值时，k_1、$k_2 = 3$。

对内螺纹：$\Delta\alpha_1$、$\Delta\alpha_2$ 为正值时，k_1、$k_2 = 3$；为负值时，k_1、$k_2 = 2$。

7.2.4　螺纹作用中径和中径的合格条件

1. 作用中径与中径（综合）公差

实际生产中，螺纹的中径偏差、螺距偏差、牙侧角偏差是同时存在的。按理应对它们分别进行单项检验，但测量起来很困难，也很费时。如前面所述，当外螺纹存在螺距偏差和牙侧角偏差时，其中径相当于增大 f_p 和 f_α 值，在规定长度内，这个正好包容了变大的实际外螺纹的一个假想的具有基本牙型的内螺纹的中径，就称为外螺纹的作用中径，代号为 d_{2fe}，如图 7-8a 所示。同理，实际内螺纹存在螺距偏差和牙侧角偏差时，也相当于实际内螺纹的中径减小了 f_p 和 f_α 值。在规定的旋合长度内，具有基本牙型，包容实际内螺纹的假想外螺纹的中径，就称为内螺纹的作用中径，代号为 D_{2fe}，如图 7-8b 所示。

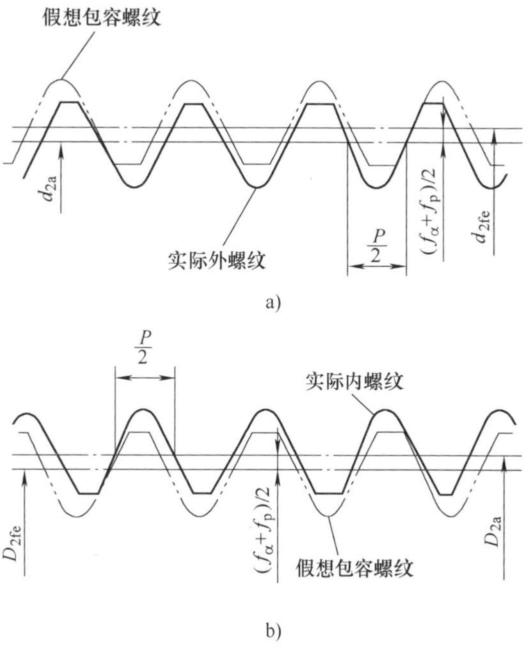

作用中径可按下式计算

对外螺纹：　$d_{2fe} = d_{2a} + (f_p + f_\alpha)$

对内螺纹：　$D_{2fe} = D_{2a} - (f_p + f_\alpha)$

图 7-8　螺纹的作用中径
a) 外螺纹的作用中径 d_{2fe}　b) 内螺纹的作用中径 D_{2fe}

式中　d_{2a}、D_{2a}——外螺纹和内螺纹的单一中径。

在普通螺纹标准中只规定了一个中径（综合）公差，用这个中径（综合）公差同时控制中径、螺距及牙侧角三项参数的偏差。即

对内螺纹：　　　　　　　　　　　$T_{D_2} \geq f_{D_2} + (f_p + f_\alpha)$

对外螺纹：
$$T_{d_2} \geq f_{d_2} + (f_p + f_\alpha)$$

式中 f_{D_2}、f_{d_2}——内、外螺纹中径偏差；

f_p、f_α——ΔP_Σ、$\Delta\alpha$ 的中径当量。

2. 中径的合格条件

中径为螺纹的配合直径，如果把螺纹看成光滑的圆柱体，那么螺纹的中径就相当于这个圆柱体的直径，为保证内外螺纹的可旋入性和螺纹零件本身的强度及螺纹联接的可靠性，实际螺纹的作用中径应不超过螺纹的最大实体中径，实际螺纹的单一中径不超过螺纹的最小实体中径，用公式表示普通螺纹中径合格条件为

内螺纹：
$$\begin{cases} D_{2fe} = D_{2a} - (f_p + f_\alpha) \geq D_{2M} = D_{2min} \\ D_{2a} \leq D_{2L} = D_{2max} \end{cases}$$

外螺纹：
$$\begin{cases} d_{2fe} = d_{2a} + (f_p + f_\alpha) \leq d_{2M} = d_{2max} \\ d_{2a} \geq d_{2L} = d_{2min} \end{cases}$$

7.3 普通螺纹的公差及其选用

7.3.1 螺纹公差标准的基本结构

在 GB/T 197—2018《普通螺纹 公差》标准中，只对中径和顶径规定了公差，而对底径（内螺纹大径和外螺纹小径）未给公差要求，由加工的刀具控制。图 7-9 所示为普通螺纹公差标准的基本结构。普通螺纹分粗、中、精三种精度，由公差带和旋合长度构成。

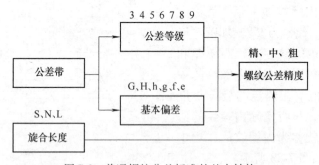

图 7-9 普通螺纹公差标准的基本结构

7.3.2 螺纹公差带

1. 普通螺纹的公差

普通螺纹公差带大小由公差值确定，而公差值大小取决于公差等级和公称直径。内、外螺纹的中径和顶径的公差等级见表 7-3，其中 6 级为基本级。各级中径公差和顶径公差的数值见表 7-4 和表 7-5。

表 7-3　螺纹公差等级（6 级为基本级）（摘自 GB/T 197—2018）

螺纹直径			公差等级
内螺纹	中径	D_2	4、5、6、7、8
	小径（顶径）	D_1	
外螺纹	中径	d_2	3、4、5、6、7、8、9
	大径（顶径）	d	4、6、8

表 7-4　内、外螺纹中径公差（摘自 GB/T 197—2018）　（单位：μm）

公称直径/mm		螺距	内螺纹中径公差 T_{D_2}				外螺纹中径公差 T_{d_2}			
>	≤	P/mm	公差等级							
			5	6	7	8	5	6	7	8
5.6	11.2	1	118	150	190	236	90	112	140	180
		1.25	125	160	200	250	95	118	150	190
		1.5	140	180	224	280	106	132	170	212
11.2	22.4	1	125	160	200	250	95	118	150	190
		1.25	140	180	224	280	106	132	170	212
		1.5	150	190	236	300	112	140	180	224
		1.75	160	200	250	315	118	150	190	236
		2	170	212	265	335	125	160	200	250
		2.5	180	224	280	355	132	170	212	265
22.4	45	1	132	170	212	—	100	125	160	200
		1.5	160	200	250	315	118	150	190	236
		2	180	224	280	355	132	170	212	265
		3	212	265	335	425	160	200	250	315
		3.5	224	280	355	450	170	212	265	335

表 7-5　内、外螺纹顶径公差（摘自 GB/T 197—2018）　（单位：μm）

公差项目 / 公差等级 / 螺距 P/mm	内螺纹顶径（小径）公差 T_{D_1}				外螺纹顶径（大径）公差 T_d		
	5	6	7	8	4	6	8
0.75	150	190	236	—	90	140	—
0.8	160	200	250	315	95	150	236
1	190	236	300	375	112	180	280
1.25	212	265	335	425	132	212	335
1.5	236	300	375	475	150	236	375
1.75	265	335	425	530	170	265	425
2	300	375	475	600	180	280	450
2.5	355	450	560	710	212	335	530
3	400	500	630	800	236	375	600

2. 螺纹的基本偏差

普通螺纹公差带的位置由其基本偏差确定。标准对内螺纹只规定有 H、G 两种基本偏差，如图 7-10 所示；而对外螺纹规定有 h、g、f、e 四种基本偏差，如图 7-11 所示。内、外螺纹的中径、顶径和底径基本偏差数值相同，见表7-6。普通螺纹公差带是沿基本牙型的牙侧、牙顶和牙底分布的，由公差（公差带大小）和基本偏差（公差带的位置）两个要素构成，在垂直于螺纹轴线方向上计量其基本大、中、小径的极限偏差和公差。

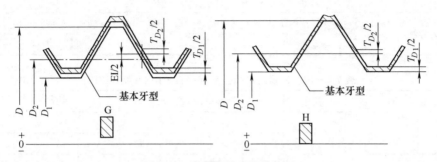

图 7-10　内螺纹的公差带位置

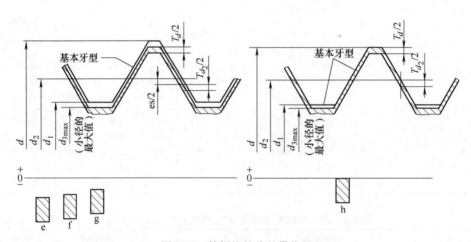

图 7-11　外螺纹的公差带位置

表 7-6　内、外螺纹的基本偏差（摘自 GB/T 197—2018）　　　　（单位：μm）

螺纹 基本偏差 螺距 P/mm	内螺纹		外螺纹			
	G	H	e	f	g	h
	EI		es			
0.75	+22	0	−56	−38	−22	0
0.8	+24	0	−60	−38	−24	0
1	+26	0	−60	−40	−26	0
1.25	+28	0	−63	−42	−28	0
1.5	+32	0	−67	−45	−32	0
1.75	+34	0	−71	−48	−34	0
2	+38	0	−71	−52	−38	0
2.5	+42	0	−80	−58	−42	0
3	+48	0	−85	−63	−48	0

7.3.3　螺纹的旋合长度与公差精度等级

国家标准中对螺纹旋合长度规定了短旋合长度（S）、中等旋合长度（N）和长旋合长度（L）三组。

按螺纹公差带和旋合长度形成了三种公差精度等级，从高到低分别为精密级、中等级和粗糙级。普通螺纹的公差带选用见表 7-7，表 7-8 所列为从标准中摘出的仅三个尺寸段的旋合长度值。

表 7-7　内、外螺纹的推荐公差带（摘自 GB/T 197—2018）

	公差精度	G			H		
		S	N	L	S	N	L
内螺纹	精密	—	—	—	4H	5H	6H
	中等	(5G)	**6G**	(7G)	**5H**	6H	7H
	粗糙	—	(7G)	(8G)	—	7H	8H

	公差精度	e			f			g			h		
		S	N	L	S	N	L	S	N	L	S	N	L
外螺纹	精密	—	—	—	—	—	—	(4g)	(5g4g)	(3h4h)	**4h**	(5h4h)
	中等	—	**6e**	(7e6e)	—	**6f**	—	(5g6g)	6g	(7g6g)	(5h6h)	6h	(7h6h)
	粗糙	—	(8e)	(9e8e)				—	8g	(9g8g)	—	—	—

注：1. 优先选用粗字体公差带，其次选用一般字体公差带，最后选用括号内公差带。

　　2. 带方框的粗字体公差带用于大量生产的紧固件螺纹。

表 7-8　螺纹的旋合长度（摘自 GB/T 197—2018）　　　（单位：mm）

公称直径 D、d		螺距 P	旋合长度			
			S	N		L
>	≤		≤	>	≤	>
5.6	11.2	0.75	2.4	2.4	7.1	7.1
		1	3	3	9	9
		1.25	4	4	12	12
		1.5	5	5	15	15
11.2	22.4	1	3.8	3.8	11	11
		1.25	4.5	4.5	13	13
		1.5	5.6	5.6	16	16
		1.75	6	6	18	18
		2	8	8	24	24
		2.5	10	10	30	30
22.4	45	1	4	4	12	12
		1.5	6.3	6.3	19	19
		2	8.5	8.5	25	25
		3	12	12	36	36
		3.5	15	15	45	45

7.3.4 保证配合性质的其他技术要求

对于普通螺纹一般不规定几何公差，其几何误差不得超出螺纹轮廓公差带所限定的极限区域。仅对高精度螺纹规定了在旋合长度内的圆柱度、同轴度和垂直度等公差。它们的公差值一般不大于中径公差的50%，并按包容要求控制。

螺纹牙侧表面粗糙度，主要按用途和公差等级来确定，可参考表7-9。

表7-9　普通螺纹牙侧面的表面粗糙度 *Ra* 值

工件	螺纹中径公差等级		
	4、5	6、7	8、9
	$Ra/\ \mu m$		
螺栓、螺钉、螺母	≤1.6	≤3.2	3.2～6.3
轴及套筒上的螺纹	0.8～1.6	≤1.6	≤3.2

7.3.5 螺纹公差与配合的选用

1. 螺纹公差精度与旋合长度的选用

螺纹公差精度的选择主要取决于螺纹的用途。精密级，用于精密联接螺纹，即要求配合性质稳定，配合间隙小，需保证一定的定心精度的螺纹联接。中等级，用于一般用途的螺纹联接。粗糙级，用于不重要的螺纹联接，以及制造比较困难（如长不通孔的攻螺纹）或热轧棒上和深不通孔加工的螺纹。

旋合长度的选择，通常选用中等旋合长度（N），对于调整用的螺纹，可根据调整行程的长短选取旋合长度；对于铝合金等强度较低零件上的螺纹，为了保证螺牙的强度，可选用长旋合长度（L）；对于受力不大且受空间位置限制的螺纹，如锁紧用的特薄螺母的螺纹，可选用短旋合长度（S）。

2. 螺纹公差带与配合的选用

在设计螺纹零件时，为了减少螺纹刀具和螺纹量规的品种、规格，提高技术经济效益，应从表7-7中选取螺纹公差带。对于大量生产的精制紧固螺纹推荐采用带方框的粗字体公差带，如内螺纹选用6H，外螺纹选用6g。表中粗字体公差带应优先选用，其次选用一般字体公差带，加括号的公差带尽量不用。表中只有一个公差带代号的（如6H）表示中径和顶径公差带相同；有两个公差带代号的（如5H6H）表示中径公差带（前者）和顶径公差带（后者）不相同。

配合的选择，从保证足够的接触高度出发，完工后的螺纹最好组成配合 H/g、H/h、G/h。对于公称直径小于或等于1.4mm的螺纹，应选用5H/6h、4H/6h或更精密的配合。对于需要涂镀的外螺纹，当镀层厚度为10μm时，可选用g；当镀层厚度为20μm时，可选用f；当镀层厚度为30μm时，可选用e。当内、外螺纹均需涂镀时，可选用G/e或G/f配合。

7.3.6 螺纹的标记

普通螺纹的完整标记由螺纹特征代号、尺寸代号、公差带代号、旋合长度代号和旋向代号组成。例如：

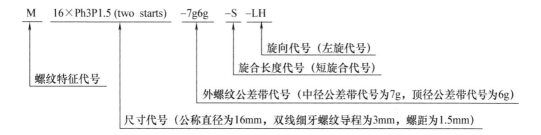

1. 特征代号

普通螺纹特征代号用字母"M"表示。

2. 尺寸代号

尺寸代号包括公称直径、导程和螺距的代号，对粗牙螺纹可省略标注其螺距项，其数值单位均为 mm。

1）单线螺纹的尺寸代号为"公称直径×螺距"。

2）多线螺纹的尺寸代号为"公称直径×Ph 导程 P 螺距"。如需要说明螺纹线数时，可在螺距 P 的数值后加括号用英语说明，如双线为 two starts，三线为 three starts，四线为 four starts。

3. 公差带代号

公差带代号是指中径和顶径公差带代号。中径公差带代号在前，顶径公差带代号在后。如果中径和顶径公差带代号相同，只标一个公差带代号。螺纹尺寸代号与公差带代号间用半字线"−"分开。

1）标准规定，在下列情况下，最常用的中等公差精度的螺纹不标注公差带代号：公称直径 $D \leqslant 1.4$mm 的 5H，$D \geqslant 1.6$mm 的 6H 和螺距 $P = 0.2$mm、其公差精度等级为 4 级的内螺纹；$d \leqslant 1.4$mm 的 6h 和 $d \geqslant 1.6$mm 的 6g 的外螺纹。

2）内、外螺纹配合时，它们的公差带中间用斜线分开，左边为内螺纹公差带，右边为外螺纹公差带。如 M20-6H/5g6g，其表示内螺纹的中径和顶径公差带相同均为 6H，外螺纹的中径公差带为 5g，顶径公差带为 6g。

4. 旋合长度代号

对短旋合长度组和长旋合长度组的螺纹，要求在公差带代号后分别标注"S"和"L"，与公差带代号用半字线"−"分开，中等旋合长度不标注"N"。

5. 旋向代号

对于左旋螺纹，要在旋合长度代号后标注"LH"，与旋合长度代号用半字线"−"分开。右旋螺纹省略旋向代号。

6. 完整的螺纹标注示例

1）M10×1.25-5h6h-S-LH 表示公称直径为 10mm，螺距为 1.25mm，中径公差带为 5h，顶径公差带为 6h，短旋合长度，左旋单线细牙普通外螺纹。

2）M16×Ph3P1.5-7H-L-LH 表示公称直为 16mm，导程为 3mm，螺距为 1.5mm，中径和顶径公差带均为 7H，长旋合长度，左旋双线细牙普通内螺纹。

7.4　螺纹精度设计实例分析

图6-3所示的一级斜齿圆柱齿轮减速器的轴承座旁有6个联接螺栓，这6个螺栓不仅起联接减速器机盖和机座的作用，更主要的是保证机盖和机座形成的轴承座的刚度。根据螺栓的选用原则和减速器有关经验设计，选用该6个螺栓为A级粗牙全螺纹六角头螺栓，规格为M12×100，中径和顶径的公差带为6g，相应的螺母为A级粗牙六角螺母，规格为M12，中径和顶径的公差带为6H，形成中等精度的普通螺纹联接。

螺栓的标记：螺栓　GB/T 5785　M12×100

螺母的标记：螺母　GB/T 6170　M12

习　题

7-1　螺纹作用中径的含义是什么？

7-2　为什么说普通螺纹的中径公差是一种综合公差？

7-3　为满足普通螺纹的使用要求，螺纹中径的合格条件是什么？螺纹顶径的合格条件是什么？

7-4　GB/T 197—2018规定对普通螺纹的旋合长度分为几组？如何表示？

7-5　试说明下列螺纹标注中各代号的含义。

1) M20-5H

2) M16-5H6H-L

3) M30×1-6H/5g6g

4) M20-5h6h-S-LH

7-6　试查表确定 M24×2-6H/5g6g 的内螺纹中径、小径和外螺纹中径、大径的极限偏差。

7-7　有一螺纹 M20-5h6h，加工后测得实际大径 $d_a = 19.980$mm，实际中径 $d_{2a} = 18.255$mm，螺距累积偏差 $\Delta P_\Sigma = +0.04$mm，牙侧角偏差分别为 $\Delta\alpha_1 = -35'$、$\Delta\alpha_2 = -40'$，试判断该螺纹是否合格？

第8章

渐开线圆柱齿轮的精度设计

8.1 概述

圆柱齿轮传动在各类机械装置中应用非常广泛，它可以传递运动或动力。齿轮传动的精度不仅与齿轮本身的制造精度有关，而且受相结合零部件的精度影响也很大。其使用要求因用途不同而异，归纳起来主要有以下四个方面：

1）传递运动的准确性。即要求齿轮在一转范围内，平均传动比的变化不大，以保证从动齿轮与主动齿轮运动协调一致。

2）传动的平稳性。即要求齿轮在一个齿距范围内，其瞬时传动比变化不大，以避免产生冲击、振动和噪声。如对高速传递动力齿轮，侧重工作平稳性要求。

3）载荷分布的均匀性。即要求齿轮啮合时，齿轮齿面接触良好，以免引起轮齿上应力集中，造成局部损伤和断齿，影响齿轮的使用寿命。

4）传动侧隙的合理性。不论哪类齿轮传动都要求齿轮副啮合时，在非工作齿面间应具有适当的侧隙，以用来储存润滑油、补偿热变形和弹性变形等，保证运动的灵活性。

对于齿轮的上述四项要求，因齿轮的用途和工作条件不同而有所侧重。

1）对于精密机床的分度机构、测量仪器上的读数分度齿轮，由于其分度要求准确，负荷不大，转速低，所以对传递运动的准确性要求高，且要求侧隙小。

2）用于传递动力的齿轮，如起重机械、矿山机械中的低速动力齿轮，工作载荷大，模数和齿宽均较大，转速一般较低，强度是主要的，对载荷分布均匀性和侧隙要求较高。

3）用于高速传动的齿轮，如汽轮机、高速发动机、减速器及高速机床变速箱中的齿轮传动，传递功率大，圆周速度高，要求工作时振动、冲击和噪声要小，所以这类高速齿轮对传动平稳性、载荷分布均匀性和侧隙要求均较高。

齿轮传动精度与齿轮精度及其安装情况等密切相关，因此为保证齿轮传动的互换性，不仅规定了单个齿轮的精度，还规定了齿轮副的制造及安装精度。

目前，我国推荐使用的圆柱齿轮标准为GB/T 10095.1~2—2008《圆柱齿轮 精度制》、GB/Z 18620.1~4—2008《圆柱齿轮 检验实施规范》、GB/T 13924—2008《渐开线圆柱齿轮精度 检验细则》。

8.2 渐开线圆柱齿轮精度的评定参数

在齿轮标准中，齿轮误差、偏差统称为偏差，将偏差与公差（允许值）共用一个符号表示。

8.2.1 轮齿同侧齿面偏差

圆柱齿轮同侧齿面的精度适用于通用机械和重型机械所用的单个渐开线齿轮，包括外齿轮、内齿轮、直齿轮和斜齿轮等。

通常齿轮精度主要从齿距、齿形和齿向三个方面加以检测，必检的基本参数有单个齿距偏差 f_{pt}、齿距累积总偏差 F_p、齿廓总偏差 F_α 和螺旋线总偏差 F_β。可检参数有切向综合总偏差 F_i'、一齿切向综合偏差 f_i'、径向综合总偏差 F_i''、一齿径向综合偏差 f_i'' 和径向跳动 F_r。

1. 齿距偏差

（1）单个齿距偏差（f_{pt}） 在齿轮端平面上接近齿高中部的一个与齿轮轴线同心的圆上，实际齿距与理论齿距的代数差，如图8-1所示。单个齿距偏差反映的是齿轮在转过一个齿距角（$360°/z$）内的角度变化误差，影响齿轮传动的平稳性。

（2）齿距累积偏差（F_{pk}） 任意 k 个齿距的实际弧长与理论弧长的代数差，如图8-1所示。理论上它等于这 k 个齿距的各单个齿距偏差的代数和，如图8-1和图8-2所示。如果在较少的齿距数上的齿距累积偏差过大时，在实际工作中将产生很大的加速度力，形成很大的动载荷。这在高速齿轮传动中更应重视。一般 F_{pk} 的允许值适用于齿距数 k 为 $2\sim z/8$ 范围（z 为齿数），通常取 $k=z/8$。

（3）齿距累积总偏差（F_p） 齿轮同侧齿面任意弧段（$k=1\sim z$）内的最大齿距累积偏差。它表现为齿距累积偏差曲线的总幅值，如图8-2所示。齿距累积总偏差反映的是齿轮在转一周时的角度变化误差，影响齿轮传递运动的准确性。

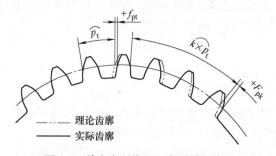

图 8-1 单个齿距偏差和齿距累积偏差

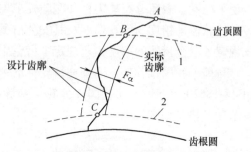

图 8-2 齿距累积总偏差 F_p

2. 齿廓总偏差（F_α）

齿廓总偏差 F_α 是指在计值范围 L_α 内，包容实际齿廓迹线工作部分且距离为最小的两条设计齿廓迹线间的法向距离，如图8-3所示，它是在齿轮端平面内且垂直于渐开线齿廓的方向上测量的。齿廓总偏差主要影响齿轮传递运动的平稳性。

在测量齿廓偏差时得到的记录图上的齿廓偏差曲线称为齿廓迹线，如图8-4所示。设计齿廓是指符合设计规定的渐开线齿廓。考虑制造误差和轮齿受载后的弹性变形，为了降低噪

图 8-3 齿廓总偏差 F_α

1—齿顶计值范围起始圆 2—齿根有效齿廓起始圆
AC—齿廓有效长度 AB—倒棱部分
BC—工作部分（齿廓计值范围）

声和减小动载荷的影响，采用以理论渐开线齿廓为基础的修正齿廓，如修缘齿廓、凸齿廓等。所以设计齿廓既可以是未修形的渐开线，也可以是修形的渐开线（图 8-4a 和 b），图中，$B'E'$ 代表工作部分，L_α 代表齿廓计值范围，$L_{A'E'}$ 代表齿廓有效长度。

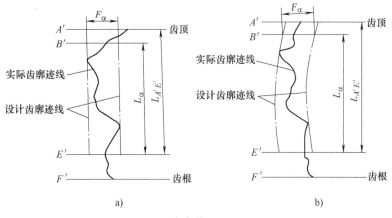

图 8-4　齿廓偏差测量记录
a）未修形的渐开线　b）修形的渐开线

3. 螺旋线总偏差（F_β）

螺旋线总偏差是指在计值范围 L_β 内，端面基圆切线方向上包容实际螺旋线迹线的两条设计螺旋线迹线间的距离。该项偏差主要影响齿面接触精度，影响齿轮载荷分布的均匀性。

在螺旋线检查仪上测量非修形螺旋线的斜齿轮偏差，原理是将产品齿轮的实际螺旋线与标准的理论

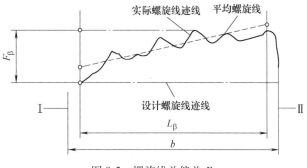

图 8-5　螺旋线总偏差 F_β

螺旋线逐点进行比较，并将所得的差值在记录纸上画出偏差曲线图，如图 8-5 所示。没有螺旋线偏差的螺旋线展开后应该是一条直线，即设计螺旋线迹线。如果无 F_β 偏差，仪器的记录笔应该走出一条与设计螺旋线迹线重合的直线；当存在 F_β 偏差时，则走出一条实际螺旋线迹线。齿轮从基准面 I 到非基准面 II 的轴向距离为齿宽 b。齿宽 b 两端各减去 5% 的齿宽或减去一个模数长度后得到的两者中最小值是螺旋线计值范围 L_β，过实际螺旋线迹线最高点和最低点做与设计螺旋线平行的两条直线的距离即为 F_β。

4. 切向综合偏差

（1）切向综合总偏差（F_i'）　是指产品齿轮与测量齿轮单面啮合检验时，产品齿轮一转内，齿轮分度圆上实际圆周位移与理论圆周位移的最大差值，如图 8-6 所示。F_i' 影响齿轮传递运动的准确性。

（2）一齿切向综合偏差（f_i'）　如图 8-6 所示，是指在一个齿距内的切向综合偏差值（取所有齿的最大值）。f_i' 影响齿轮传递运动的平稳性。

切向综合偏差是在单面啮合综合检查仪（简称单啮仪）上进行测量的。

8.2.2　齿轮径向综合偏差

齿轮在加工时存在齿坯在机床上的定位误差、刀具的径向圆跳动以及齿坯轴与刀具轴位置做周期性变化，必将产生轮齿的径向加工误差。齿轮径向综合偏差的精度指标有径向综合总偏差 F_i''、一齿径向综合偏差 f_i'' 和径向跳动 F_r。

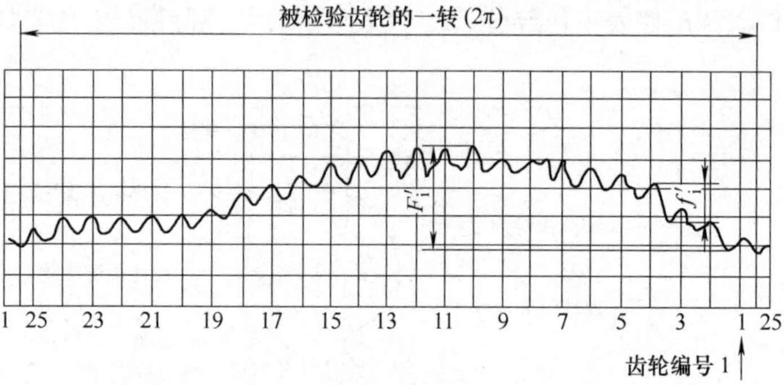

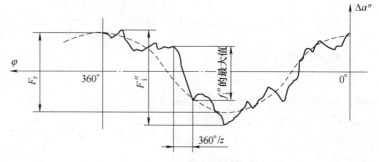

图 8-6　切向综合偏差

1. 径向综合总偏差（F_i''）

径向综合总偏差 F_i'' 是在径向（双面）综合检验时，产品齿轮的左右齿面同时与测量齿轮接触，并转过一整圈时出现的中心距最大值和最小值之差。图 8-7 所示为在双啮仪上测量画出的 F_i'' 偏差曲线，横坐标表示齿轮转角，纵坐标表示偏差，过曲线最高点、最低点做平行于横坐标轴的两条直线，两平行线间距离即为 F_i'' 值。F_i'' 影响齿轮传递运动的准确性。

图 8-7　径向综合偏差

2. 一齿径向综合偏差（f_i''）

一齿径向综合偏差 f_i'' 是产品齿轮与测量齿轮啮合一整圈（径向综合检验）时，对应一个齿距（$360°/z$）的径向综合偏差值，如图 8-7 所示。产品齿轮所有轮齿的 f_i'' 的最大值不应超过规定的允许值。f_i'' 影响齿轮传递运动的平稳性。

径向偏差包括径向综合总偏差 F_i'' 和一齿径向综合偏差 f_i''，一般是在齿轮双啮仪上测得的。

3. 径向跳动（F_r）

齿轮径向跳动为测头（球形、圆柱形、砧形）相继置于每个齿槽内时，从它到齿轮轴线的最大和最小径向距离之差，如图 8-8a 所示。检查时，测头在近似齿高中部与左右齿面接触，根据测量数值可画出如图 8-8b 所示的偏差折线图。

径向跳动 F_r 与径向综合总偏差 F_i'' 间的关系如图 8-7 所示。F_r 主要反映齿轮的径向偏差，影响齿轮传递运动的准确性。

4. 公法线长度变动（F_w）

公法线长度变动 F_w 是指在齿轮一周内，跨 k 个齿的公法线长度的最大值与最小值之差（k 参见附录实验 6.2），反映齿轮的切向误差，可作为齿轮运动准确性的评定指标。在齿轮新标准中没有该项参数，但从我国的齿轮实际生产情况上看，经常用 F_w 和 F_r 组合来代替

F_p 或 F_i'，检验成本不高，故在此提出仅供参考。

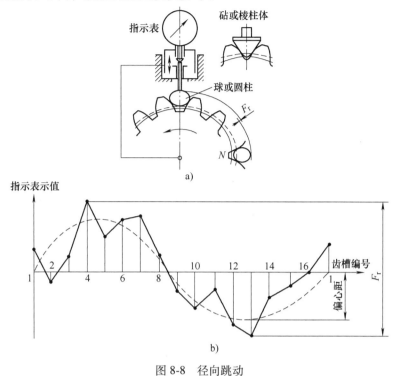

图 8-8　径向跳动

8.2.3　渐开线圆柱齿轮精度等级及其图样标注

1. 渐开线圆柱齿轮精度等级

GB/T 10095.1~2—2008 对单个齿距偏差 f_{pt}、齿距累积偏差 F_{pk}、齿距累积总偏差 F_p、齿廓总偏差 F_α、螺旋线总偏差 F_β、切向综合总偏差 F_i'、一齿切向综合偏差 f_i' 和径向跳动 F_r 分别规定了 13 个精度等级，从高到低分别用阿拉伯数字 0，1，2，…，12 表示。对径向综合总偏差 F_i'' 和一齿径向综合偏差 f_i'' 分别规定了 9 个精度等级（4，5，6，…，12），其中 4 级最高，12 级最低。

0~2 级齿轮要求非常高，目前几乎没有能够制造和测量的手段，因此属于有待发展的展望级；3~5 级为高精度等级；6~8 级为中等精度等级（常用级）；9 级为较低精度等级；10~12 级为低精度等级。

2. 图样标注

（1）齿轮精度等级的标注　当齿轮的检验项目同为某一精度等级时，可标注精度等级和标准号。如齿轮检验项目同为 8 级，则标注为

8 GB/T 10095.1~2 或 8 GB/T 10095.1 或 8 GB/T 10095.2

若齿轮检验项目的精度等级不同时，图样上可按齿轮传递运动准确性、平稳性和载荷分布均匀性的顺序分别标注它们的精度等级及带括号的对应偏差符号和标准号。例如，当齿距累积总偏差 F_p 和单个齿距偏差 f_{pt}、齿廓总偏差 F_α 都为 8 级，螺旋线总偏差 F_β 为 7 级时，则标注为

$8(F_p、f_{pt}、F_\alpha)$、$7(F_\beta)$　GB/T 10095.1

（2）齿厚偏差的标注　齿厚偏差（或公法线长度偏差）应在图样右上角的参数表中注出其上、下偏差数值。当齿轮的公称齿厚为 S_n，齿厚上偏差为 E_{sns}，齿厚下偏差为 E_{sni} 时，可标注为 $S_n {}_{E_{sni}}^{E_{sns}}$。

当齿轮的公称公法线长度为 W_k，公法线长度上偏差为 E_{bns}，公法线长度下偏差为 E_{bni} 时，可标注为 $W_k {}_{E_{bni}}^{E_{bns}}$。

8.2.4　齿轮各项偏差允许值（公差）及其计算公式

令 m_n、d、b 和 k 分别表示齿轮的法向模数、分度圆直径、齿宽（单位为 mm）和测量 F_{pk} 时的齿距数。5级精度齿轮的各项偏差允许值按照表8-1所列的公式计算确定。

表8-1　5级精度齿轮的各项偏差允许值计算公式（摘自 GB/T 10095.1～2—2008）

公差项目名称和符号	计算公式（μm）	精度等级
齿距累积总偏差允许值 F_p	$F_p = 0.3m_n + 1.25\sqrt{d} + 7$	0, 1, 2, …, 12级
齿距累积偏差允许值 $\pm F_{pk}$	$F_{pk} = f_{pt} + 1.6\sqrt{(k-1)m_n}$	
单个齿距偏差允许值 $\pm f_{pt}$	$f_{pt} = 0.3(m_n + 0.4\sqrt{d}) + 4$	
齿廓总偏差允许值 F_α	$F_\alpha = 3.2\sqrt{m_n} + 0.22\sqrt{d} + 0.7$	
螺旋线总偏差允许值 F_β	$F_\beta = 0.1\sqrt{d} + 0.63\sqrt{b} + 4.2$	
一齿切向综合偏差允许值 f_i'	$f_i' = K(4.3 + f_{pt} + F_\alpha) = K(9 + 0.3m_n + 3.2\sqrt{m_n} + 0.34\sqrt{d})$ 当总重合度 $\varepsilon_\gamma < 4$ 时，$K = 0.2(\varepsilon_\gamma + 4)/\varepsilon_\gamma$ 当 $\varepsilon_\gamma \geqslant 4$ 时，$K = 0.4$	
切向综合总偏差允许值 F_i'	$F_i' = F_p + f_i'$	
径向跳动允许值 F_r	$F_r = 0.8F_p = 0.24m_n + 1.0\sqrt{d} + 5.6$	
径向综合总偏差允许值 F_i''	$F_i'' = 3.2m_n + 1.01\sqrt{d} + 6.4$	4, 5, 6, …, 12级
一齿径向综合偏差允许值 f_i''	$f_i'' = 2.96m_n + 0.01\sqrt{d} + 0.8$	

齿轮的5级精度为基本等级，它是计算其他等级偏差允许值的基础。两相邻精度等级的级间公比等于 $\sqrt{2}$，本级数值乘以（或除以）$\sqrt{2}$ 即可得到相邻较低（或较高）等级的数值。

齿轮任一精度等级的偏差允许值可以按5级精度未圆整的计算值确定，计算公式为

$$T_Q = T_5 \cdot 2^{0.5(Q-5)} \tag{8-1}$$

式中　T_Q——Q级精度的偏差计算值；

T_5——5级精度的偏差计算值；

Q——表示 Q 级精度的阿拉伯数字。

各计算式中法向模数 m_n、分度圆直径 d、齿宽 b 均应取该参数分段界限值的几何平均值（单位为 mm）。计算值中小数点后的数值应圆整，圆整规则如下：如果计算值大于10μm，圆整到最接近的整数；如果计算值小于10μm，圆整到最接近的尾数为 0.5μm 的小数或整数；如果计算值小于5μm，圆整到最接近的尾数为 0.1μm 的倍数的小数或整数。

表8-2、表8-3和表8-4分别给出了以上各项偏差的允许值。

表 8-2　$\pm f_{pt}$、F_p、$\pm F_{pk}$、F_α、F_r、f'_i 的 F'_i 偏差允许值（摘自 GB/T 10095.1~2—2008）　（单位：μm）

分度圆直径 d/mm	模数 m_n/mm	单个齿距极限偏差 $\pm f_{pt}$ 精度等级 5	6	7	8	齿距累积总偏差 F_p 5	6	7	8	齿廓总偏差 F_α 5	6	7	8	径向跳动公差 F_r 5	6	7	8	f'_i/K 值 5	6	7	8	公法线长度变动公差 F_w 5	6	7	8
5≤d≤20	≥0.5~2	4.7	6.5	9.5	13	11	16	23	32	4.6	6.5	9.0	13	9.0	13	18	25	14	19	27	38	10	14	20	29
	>2~3.5	5.0	7.5	10	15	12	17	23	33	6.5	9.5	13	19	9.5	13	19	27	16	23	32	45				
20<d≤50	≥0.5~2	5.0	7.0	10	14	14	20	29	41	5.0	7.5	10	15	11	16	23	32	14	20	29	41	12	16	23	32
	>2~3.5	5.5	7.5	11	15	15	21	30	42	7.0	10	14	20	12	17	24	34	17	24	34	48				
	>3.5~6	6.0	8.5	12	17	15	22	31	44	9.0	12	18	25	12	17	25	35	19	27	38	54				
50<d≤125	≥0.5~2	5.5	7.5	11	15	18	26	37	52	6.0	8.5	12	17	15	21	29	42	16	22	31	44	14	19	28	37
	>2~3.5	6.0	8.5	12	17	19	27	38	53	8.0	11	16	22	15	21	30	43	18	25	36	51				
	>3.5~6	6.5	9.0	13	18	19	28	39	55	9.5	13	19	27	16	22	31	44	20	29	40	57				
125<d≤280	≥0.5~2	6.0	8.5	12	17	24	35	49	69	7.0	10	14	20	20	28	39	55	17	24	34	49	16	22	31	44
	>2~3.5	6.5	9.0	13	18	25	35	50	70	9.0	13	18	25	20	28	40	56	20	28	39	56				
	>3.5~6	7.0	10	14	20	25	36	51	72	11	15	21	30	20	29	41	58	22	31	44	62				
280<d≤560	≥0.5~2	6.5	9.5	13	19	32	46	64	91	8.5	12	17	23	26	36	51	73	19	27	39	54	19	26	37	53
	>2~3.5	7.0	10	14	20	33	46	65	92	10	15	21	29	26	37	52	74	22	31	44	62				
	>3.5~6	8.0	11	16	22	33	47	66	94	12	17	24	34	27	38	53	75	24	34	48	68				

注：1. 本表中 F_w 为根据我国的生产实践提出的，供参考。

2. 将 f'_i/K 乘以 K 即得到 f'_i。当 $\varepsilon_\gamma<4$ 时，$K=0.2\left(\dfrac{\varepsilon_\gamma+4}{\varepsilon_\gamma}\right)$；当 $\varepsilon_\gamma\geq4$ 时，$K=0.4$。ε_γ 为总重合度。

3. $F'_i=F_p+f'_i$。

4. $\pm F_{pk}=f_{pt}+1.6\sqrt{(k-1)}\,m_n$ （5级精度），通常取 $k=z/8$；按相邻两级的公比为 $\sqrt{2}$，可求得其他级 $\pm F_{pk}$ 值。

表 8-3　螺旋线总偏差 F_β（摘自 GB/T 10095.1—2008）　　　（单位：μm）

分度圆直径 d/mm	齿宽 b/mm	螺旋线总偏差 F_β			
		精度等级			
		5	6	7	8
5≤d≤20	≥4~10	6.0	8.5	12	17
	>10~20	7.0	9.5	14	19
20<d≤50	≥4~10	6.5	9.0	13	18
	>10~20	7.0	10	14	20
	>20~40	8.0	11	16	23
50<d≤125	≥4~10	6.5	9.5	13	19
	>10~20	7.5	11	15	21
	>20~40	8.5	12	17	24
	>40~80	10	14	20	28
125<d≤280	≥4~10	7.0	10	14	20
	>10~20	8.0	11	16	22
	>20~40	9.0	13	18	25
	>40~80	10	15	21	29
	>80~160	12	17	25	35
280<d≤560	≥10~20	8.5	12	17	24
	>20~40	9.5	13	19	27
	>40~80	11	15	22	31
	>80~160	13	18	26	36
	>160~250	15	21	30	43

表 8-4　径向综合总偏差 F_i'' 和一齿径向综合偏差 f_i''（摘自 GB/T 10095.2—2008）　（单位：μm）

分度圆直径 d/mm	模数 m_n/mm	径向综合总偏差 F_i''				一齿径向综合偏差 f_i''			
		精度等级							
		5	6	7	8	5	6	7	8
5≤d≤20	≥0.2~0.5	11	15	21	30	2.0	2.5	3.5	5.0
	>0.5~0.8	12	16	23	33	2.5	4.0	5.5	7.5
	>0.8~1.0	12	18	25	35	3.5	5.0	7.0	10
	>1.0~1.5	14	19	27	38	4.5	6.5	9.0	13
20<d≤50	≥0.2~0.5	13	19	26	37	2.0	2.5	3.5	5.0
	>0.5~0.8	14	20	28	40	2.5	4.0	5.5	7.5
	>0.8~1.0	15	21	30	42	3.5	5.0	7.0	10
	>1.0~1.5	16	23	32	45	4.5	6.5	9.0	13
	>1.5~2.5	18	26	37	52	6.5	9.5	13	19

（续）

分度圆直径 d/mm	模数 m_n/mm	径向综合总偏差 F''_i				一齿径向综合偏差 f''_i			
		精　度　等　级							
		5	6	7	8	5	6	7	8
50<d≤125	≥1.0~1.5	19	27	39	55	4.5	6.5	9.0	13
	>1.5~2.5	22	31	43	61	6.5	9.5	13	19
	>2.5~4.0	25	36	51	72	10	14	20	29
	>4.0~6.0	31	44	62	88	15	22	31	44
	>6.0~10	40	57	80	114	24	34	48	67
125<d≤280	≥1.0~1.5	24	34	48	68	4.5	6.5	9.0	13
	>1.5~2.5	26	37	53	75	6.5	9.5	13	19
	>2.5~4.0	30	43	61	86	10	15	21	29
	>4.0~6.0	36	51	72	102	15	22	31	44
	>6.0~10	45	64	90	127	24	34	48	67
280<d≤560	≥1.0~1.5	30	43	61	86	4.5	6.5	9.0	13
	>15~2.5	33	46	65	92	6.5	9.5	13	19
	>2.5~4.0	37	52	73	104	10	15	21	29
	>4.0~6.0	42	60	84	119	15	22	31	44
	>6.0~10	51	73	103	145	24	34	48	68

8.3　渐开线圆柱齿轮精度设计

8.3.1　精度等级的选用

齿轮精度等级的选用应根据齿轮的用途、使用要求、传递功率、圆周速度、工作持续时间及其他技术要求决定。选择的方法主要有计算法和经验法（类比法）两种。

计算法主要用于精密传动链设计，可按传动链精度要求和传动链误差的传动规律，分配各级齿轮副的传动精度要求来确定齿轮精度等级。经验法是参考经过实践验证的齿轮精度所适用的产品性能、工作条件等经验资料，进行精度等级的选择。目前常用的选择方法是经验法，表 8-5 所列为各种机械采用的齿轮精度等级应用范围。

表 8-5　齿轮精度等级的应用范围

产品类型	精度等级	产品类型	精度等级	产品类型	精度等级
测量齿轮	3~5	重型汽车	6~9	一般用途减速器	6~9
蜗轮减速器	3~6	航空发动机	4~7	矿用绞车	8~10
金属切削机床	3~8	轻型汽车	5~8	起重机械	7~10
内燃机车与电气机车	6~7	拖拉机、轧钢机	6~10	农业机械	8~11

在机械传动中应用得最多的是既传递运动又传递动力的齿轮，其精度等级与圆周速度相关，可参考表8-6确定齿轮平稳性精度等级。

表8-6　齿轮平稳性精度等级的选用

精度等级	圆周速度/(m/s)		应 用 范 围
	直齿轮	斜齿轮	
3级 （极精密）	≤40	≤75	特别精密或在最平稳且无噪声的特别高速下工作的齿轮传动 特别精密机构中的齿轮，特别高速传动（透平齿轮） 检测5~6级齿轮用的测量齿轮
4级 （特别精密）	≤35	≤70	特精密分度机构或在最平稳、无噪声的极高速下工作的传动齿轮 高速透平传动齿轮 检测7级齿轮用的测量齿轮
5级 （高精密）	≤20	≤40	精密分度机构或在极平稳、无噪声的高速下工作的传动齿轮 精密机构用齿轮，透平齿轮 检测8~9级齿轮用的测量齿轮
6级 （高精密）	≤16	≤30	最高效率、无噪声的高速下平稳工作的齿轮传动 特别重要的航空、汽车齿轮 读数装置用的特别精密传动齿轮
7级 （精密）	≤10	≤15	增速和减速用齿轮传动，金属切削机床进给机构用齿轮 高速减速器齿轮，航空、汽车用齿轮，读数装置用齿轮
8级 （中等精密）	≤6	≤10	一般机械制造用齿轮，分度链之外的机床传动齿轮 航空、汽车用的不重要齿轮，通用减速器齿轮 起重机构用齿轮，农业机械中的重要齿轮
9级（较低精度）	≤2	≤4	用于精度要求低的粗糙工作齿轮

8.3.2　齿轮检验项目的选择

在检验中，没有必要测量全部轮齿要素的偏差。一般精度的单个齿轮应采用检测齿距累积总偏差 F_p、单个齿距偏差 f_{pt}、齿廓总偏差 F_α、螺旋线总偏差 F_β 来保证齿轮的精度；齿轮侧隙检测选用齿厚偏差或公法线长度偏差；高速齿轮和齿数多的大齿轮应检测齿距累积偏差 F_{pk}。其他参数不是必检项目，是否进行检验由需方要求而确定。

按照我国的生产实践及现有生产和检测水平，推荐5个检测组（见表8-7），以便设计人员根据齿轮的使用要求、生产批量和检验设备选取其中一组来评定齿轮的精度等级。

表8-7　齿轮的推荐检测组

检验组	检验项目	精度等级	测 量 仪 器	备注
1	F_p、F_α、F_β、F_r、E_{sn}	3~9	齿距仪、齿形仪、齿向仪、摆差测定仪、齿厚卡尺或公法线千分尺	单件小批量
2	F_p、F_{pk}、F_α、F_β、F_r、E_{sn}	3~9	齿距仪、齿形仪、齿向仪、摆差测定仪、齿厚卡尺或公法线千分尺	单件小批量
3	F_i''、f_i''、E_{sn}	6~9	双面啮合测量仪、齿厚卡尺或公法线千分尺	大批量
4	f_{pt}、F_r、E_{sn}	10~12	齿距仪、摆差测定仪、齿厚卡尺或公法线千分尺	—
5	f_i'、F_i'、F_β、E_{sn}	3~6	单啮仪、齿向仪、齿厚卡尺或公法线千分尺	大批量

8.3.3 齿轮副的精度设计

1. 齿轮副中心距偏差 ±f_a

如图 8-9 所示,齿轮副中心距偏差 f_a 是指在箱体两侧轴承跨距 L 的范围内,齿轮副两条轴线之间的实际中心距(a_a)与公称中心距(a)之差,其大小不但影响齿轮侧隙,而且对齿轮的重合度也有影响,必须加以控制。该评定指标由 GB/Z 18620.3—2008 推荐。图样上标注公称中心距及其极限偏差($±f_a$):$a ± f_a$。f_a 的数值按照齿轮精度等级可从表 8-8 中选用。

表 8-8 齿轮副中心距极限偏差推荐值 ±f_a （单位：μm）

齿轮精度等级		5~6	7~8	9~10
f_a		$\frac{1}{2}$IT7	$\frac{1}{2}$IT8	$\frac{1}{2}$IT9
齿轮副中心距/mm	>50~80	15	23	37
	>80~120	17.5	27	43.5
	>120~180	20	31.5	50
	>180~250	23	36	57.5
	>250~315	26	40.5	65
	>315~400	28.5	44.5	70

2. 齿轮副轴线平行度偏差 $f_{\Sigma\delta}$ 和 $f_{\Sigma\beta}$

GB/Z 18620.3—2008 规定了轴线平面内的平行度偏差 $f_{\Sigma\delta}$ 和垂直平面内的平行度偏差 $f_{\Sigma\beta}$,如图 8-9 所示。测量齿轮副两条轴线之间的平行度偏差时,应根据两对轴承的跨距 L 选取跨距较大的那条轴线作为基准轴线;如果两对轴承的跨距相同,则可取其中任何一条轴线作为基准轴线。被测轴线对基准轴线的平行度偏差应在相互垂直的轴线平面和垂直平面上测量。

轴线平行度偏差影响螺旋线啮合偏差。垂直平面内的平行度偏差 $f_{\Sigma\beta}$ 和轴线平面内的平行度偏差 $f_{\Sigma\delta}$ 最大推荐值分别为

$$f_{\Sigma\beta} = 0.5(L/b)F_\beta \qquad (8-2)$$

$$f_{\Sigma\delta} = (L/b)F_\beta \qquad (8-3)$$

式中　L——齿轮副轴承跨距;

　　　　b——齿轮齿宽;

　　　　F_β——齿轮螺旋线总偏差。

3. 齿轮副的接触斑点

齿轮副的接触斑点是指安装好的齿轮副,在轻微制动下运转后齿面上分布的接触擦亮痕迹。如图 8-10 所示,接触痕迹的大小在齿面展开图上用百分比计算。沿齿长方向的接触斑点主要影响齿轮副的承载能力,沿齿高方向的接触斑点主要影响齿轮工作平稳性。齿轮副的接触斑点综合反映了齿轮副的加工误差和安装误差,是一个特殊的非几何量的检验项目。GB/Z 18620.4—2008 给出了装配后齿轮副接触斑点的推荐值,见表 8-9。

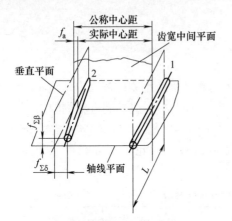

图 8-9　轴线平行度偏差
1—基准轴线　2—被测轴线

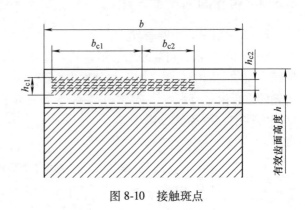

图 8-10　接触斑点

表 8-9　齿轮装配后的接触斑点

精度等级	$(b_{c1}/b) \times 100\%$		$(h_{c1}/h) \times 100\%$		$(b_{c2}/b) \times 100\%$		$(h_{c2}/h) \times 100\%$	
	直齿轮	斜齿轮	直齿轮	斜齿轮	直齿轮	斜齿轮	直齿轮	斜齿轮
≤4	50	50	70	50	40	40	50	30
5、6	45	45	50	40	35	35	30	20
7、8	35	35	50	40	35	35	30	20
9~12	25	25	50	40	25	25	30	20

注：b_{c1} 为接触斑点的较大长度；b_{c2} 为接触斑点的较小长度；h_{c1} 为接触带的较大高度；h_{c2} 为接触带的较小高度。

8.3.4　齿轮侧隙的确定

相互啮合齿轮的相邻非工作齿面间的侧隙是齿轮副装配后自然形成的。适当的侧隙可以通过改变齿轮副中心距的大小或（和）减小齿轮轮齿厚度来获得。当齿轮副中心距不能调整时，就必须在加工齿轮时按规定的齿厚极限偏差将轮齿切薄。

1. 最小法向侧隙 j_{bnmin}

侧隙通常在相互啮合齿轮齿面的法向平面上或沿啮合线测量，如图 8-11 所示，称为法向侧隙 j_{bn}，可用塞尺测量。为了保证齿轮转动的灵活性，根据润滑和补偿热变形的需要，齿轮副必须具有一定的最小侧隙。

最小法向侧隙 j_{bnmin} 可以根据传动时允许的工作温度、润滑方法及齿轮的圆周速度等工作条件确定，由下列两部分组成。

1）补偿传动时温度升高使齿轮和箱体产生的热变形所需的法向侧隙 j_{bn1}，其计算公式为

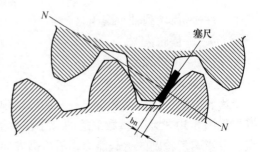

图 8-11　用塞尺测量法向侧隙
NN—啮合线　j_{bn}—法向侧隙

$$j_{bn1} = a(\alpha_1 \Delta t_1 - \alpha_2 \Delta t_2) \times 2\sin\alpha_n \tag{8-4}$$

式中　　a——齿轮副的公称中心距；

α_1、α_2——齿轮和箱体材料的线胀系数（$1/℃$）；

Δt_1、Δt_2——齿轮温度 t_1 和箱体温度 t_2 分别对 $20℃$ 的偏差；

α_n——齿轮的法向压力角。

2）保证正常润滑条件所需的法向侧隙 j_{bn2}。其值取决于润滑方法和齿轮的圆周速度，可参考表 8-10 选取。

表 8-10　保证正常润滑条件所需的法向侧隙 j_{bn2}

润滑方式	齿轮的圆周速度/（m/s）			
	$\leqslant 10$	$>10\sim25$	$>25\sim60$	>60
喷油润滑	$0.01m_n$	$0.02m_n$	$0.03m_n$	$(0.03\sim0.05)\ m_n$
油池润滑	$(0.005\sim0.01)\ m_n$			

注：m_n 为齿轮法向模数（mm）。

齿轮副的最小法向侧隙为

$$j_{bnmin} = j_{bn1} + j_{bn2}$$

或　　　　　　$$j_{bnmin} = \frac{2}{3}\ (0.06 + 0.0005\ |a| + 0.03m_n)$$

2. 齿厚上偏差的确定

对于直齿轮，齿厚偏差 E_{sn} 是指分度圆柱面上，实际齿厚与公称齿厚之差，如图 8-12 所示。对于斜齿轮，则是指法向实际齿厚与公称齿厚之差。确定齿厚上偏差 E_{sns} 即齿厚最小减薄量，它除了要保证齿轮副所需的最小法向侧隙 j_{bnmin} 外，还要补偿齿轮和齿轮副加工和安装误差所引起的侧隙减小量 j_{bn}。它包括两个互相啮合齿轮的基圆齿距偏差 f_{pb}、螺旋线总偏差 F_β、轴线平行度偏差 $f_{\Sigma\delta}$ 和 $f_{\Sigma\beta}$。计算 j_{bn} 时应考虑到将偏差都转化到法向侧隙的方向上，并用偏差允许值（公差）代替其偏差，再按独立随机量合成的方法合成，可得

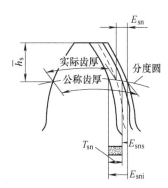

图 8-12　齿厚偏差

$$j_{bn} = \sqrt{f_{pb1}^2 + f_{pb2}^2 + 2(F_\beta\cos\alpha_n)^2 + (f_{\Sigma\delta}\sin\alpha_n)^2 + (f_{\Sigma\beta}\cos\alpha_n)^2} \tag{8-5}$$

其中，$f_{pb1} = f_{pt1}\cos\alpha_n$，$f_{pb2} = f_{pt2}\cos\alpha_n$（$f_{pt1}$、$f_{pt2}$ 分别为大、小齿轮的单个齿距偏差），$f_{\Sigma\delta}$、$f_{\Sigma\beta}$ 见式（8-2）和式（8-3），$\alpha_n = 20°$，将它们代入式（8-5）可得

$$j_{bn} = \sqrt{0.88(f_{pt1}^2 + f_{pt2}^2) + [1.77 + 0.34(L/b)^2]F_\beta^2} \tag{8-6}$$

考虑到实际中心距为下极限尺寸，即中心距实际偏差为下极限偏差 $-f_a$ 时，会使法向侧隙减少 $2f_a\sin\alpha_n$，同时将齿厚偏差换算到法向（乘以 $\cos\alpha_n$），则可得到齿厚上偏差 E_{sns1}、E_{sns2} 与 j_{bnmin}、j_{bn} 和中心距下极限偏差 $-f_a$ 的关系为

$$(E_{sns1} + E_{sns2})\cos\alpha_n = -(j_{bnmin} + j_{bn} + 2f_a\sin\alpha_n) \tag{8-7}$$

通常为了方便设计与计算，令 $E_{sns1} = E_{sns2} = E_{sns}$，于是可得齿厚上偏差为

$$E_{sns} = -\left(\frac{j_{bnmin} + j_{bn}}{2\cos\alpha_n} + |f_a|\tan\alpha_n\right) \tag{8-8}$$

3. 齿厚下偏差的确定

齿厚下偏差 E_{sni} 由齿厚上偏差 E_{sns} 和齿厚公差 T_{sn} 求得，即

$$E_{sni} = E_{sns} - T_{sn}$$

为了获得齿轮副最小侧隙，必须削薄齿厚，一般情况下，E_{sns} 和 E_{sni} 均为负值。

齿厚公差 T_{sn} 的大小主要取决于切齿时的径向进刀公差 b_r 和齿轮径向跳动公差 F_r。b_r 和 F_r 按照独立随机变量合成，并换算到齿厚偏差方向得到

$$T_{sn} = 2\tan\alpha_n\sqrt{b_r^2 + F_r^2} \tag{8-9}$$

其中，b_r 的数值可按表 8-11 选取，F_r 的数值查表 8-2。

表 8-11　切齿时的径向进刀公差 b_r 值

齿轮传递运动准确性的精度等级	4 级	5 级	6 级	7 级	8 级	9 级
b_r 值	1.26IT7	IT8	1.26IT8	IT9	1.26IT9	IT10

注：标准公差值 IT 按齿轮分度圆直径从表 2-2 中查取。

4. 公法线长度偏差的确定

公法线长度偏差是指齿轮一周内，实际公法线长度与公称公法线长度之差。公法线长度上、下偏差（E_{bns}、E_{bni}）分别由齿厚上、下偏差（E_{sns}、E_{sni}）换算得到。外齿轮的换算公式为

$$E_{bns} = E_{sns}\cos\alpha_n - 0.72F_r\sin\alpha_n \tag{8-10}$$

$$E_{bni} = E_{sni}\cos\alpha_n + 0.72F_r\sin\alpha_n \tag{8-11}$$

公法线长度公称值 W_k 根据附录实验 6.2 确定。

8.3.5　齿轮坯精度的确定

齿轮坯的内孔、端面、顶圆等常作为齿轮加工、装配的基准，其精度对齿轮的加工精度和安装精度的影响很大。通过控制齿轮坯精度来保证和提高齿轮的加工精度是一项有效的技术措施。因此在齿轮零件图上，除了表示齿轮的基准轴线和标注齿轮公差外，还必须标注齿轮坯公差。

1. 盘形齿轮的齿轮坯公差

如图 8-13 所示，盘形齿轮的基准表面是：齿轮安装在轴上的基准孔（ϕD）、切齿时的定位端面（S_i）、径向基准面（S_r）、齿顶圆柱面（ϕd_a）。

基准孔的尺寸公差（采用包容要求）、齿顶圆的尺寸公差、基准孔的圆柱度公差、基准端面 S_i 对基准孔轴线的轴向圆跳动公差 t_i、径向基准面 S_r 对基准孔轴线的径向圆跳动公差 t_r 参照表 8-12 选取。

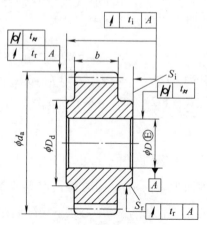

图 8-13　盘形齿轮的齿轮坯公差

如果齿顶圆柱面作为加工和测量基准面时，除了上述规定的尺寸公差外，还需规定其圆柱度公差和对基准孔轴线的径向圆跳动公差，公差值参照表 8-12 选取。此时不必给出径向基准面 S_r 对基准孔轴线的径向圆跳动公差 t_r。

表 8-12　齿轮坯公差

齿轮精度等级	3	4	5	6	7	8	9	10
盘形齿轮基准孔尺寸公差		IT4	IT5	IT6		IT7		IT8
齿轮轴轴颈尺寸公差		IT4		IT5		IT6		IT7
齿顶圆直径公差			IT7			IT8		IT9
盘形齿轮基准孔（或齿轮轴轴颈）的圆柱度公差	0.04 (L/b) F_β 或 0.1 F_p，取两者中小值							
基准端面对齿轮基准孔轴线的轴向圆跳动公差 t_i	0.2 (D_d/b) F_β							
基准圆柱面对齿轮基准孔轴线的径向圆跳动公差 t_r	0.3 F_p							

注：1. 表中 L、b、F_β、F_p、D_d 分别代表齿轮副轴承跨距、齿轮齿宽、齿轮螺旋线总偏差、齿距累积总偏差、基准端面直径。
　　2. 齿轮的三项精度等级不同时，齿轮基准孔的尺寸公差按照最高的精度等级确定。
　　3. 齿顶圆柱面不作为测量齿厚的基准面时，齿顶圆直径公差按 IT11 给定，但不得大于 $0.1m_n$。
　　4. 齿顶圆柱面不作为基准面时，图样上不必给出 t_r。

2. 齿轮轴的齿轮坯公差

如图 8-14 所示，齿轮轴的基准表面是：安装滚动轴承的两个轴颈（$2\times\phi d$）、轴向基准端面（$2\times S_i$）和齿顶圆柱面（ϕd_a）。

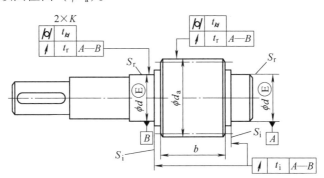

图 8-14　齿轮轴的齿轮坯公差

两个轴颈的尺寸公差（采用包容要求）、齿顶圆的尺寸公差、两轴颈的圆柱度公差、两轴颈分别对它们的公共基准轴线的径向圆跳动公差 t_r 和基准端面（$2\times S_i$）对两轴颈的公共轴线的轴向圆跳动公差 t_i 参照表 8-12 选取。

两个轴颈的尺寸公差和几何公差也可按照滚动轴承的公差等级确定。

如果齿顶圆柱面作为测量基准时，除了上述规定的尺寸公差外，还需规定其圆柱度公差和对基准轴线的径向圆跳动公差，公差值参照表 8-12 选取。

3. 齿轮齿面和基准面的表面粗糙度轮廓要求

齿轮齿面和基准面的表面粗糙度值参照表 8-13 和表 8-14 选取。

表 8-13 齿轮齿面表面粗糙度幅度参数 *Ra* 值（摘自 GB/Z 18620.4—2008）

（单位：μm）

模数 *m*/mm	齿轮精度等级							
	3	4	5	6	7	8	9	10
m<6	—	—	0.5	0.8	1.25	2.0	3.2	5.0
6≤*m*≤25	0.16	0.32	0.63	1.00	1.6	2.5	4.0	6.3
m>25	—	—	0.8	1.25	2.0	3.2	5.0	8.0

表 8-14 齿轮坯基准面表面粗糙度幅度参数 *Ra* 推荐值 （单位：μm）

齿轮的精度等级	5	6	7	8	9
齿轮基准孔	0.32~0.63	1.25	1.25~2.5		5
齿轮轴基准轴颈	0.32	0.63	1.25	2.5	
齿轮基准端面	2.5~1.25	2.5~5		3.2~5	
齿顶圆	1.25~2.5	3.2~5			

8.4 圆柱齿轮精度设计实例分析

例 已知某机床主轴箱传动轴上的一对标准渐开线直齿圆柱齿轮，大、小齿轮齿数分别为 $z_1=26$，$z_2=56$，模数 $m=2.75$mm，齿宽分别为 $b_1=28$mm，$b_2=24$mm。小齿轮基准端面直径 $D_d=\phi65$mm，小齿轮基准孔的公称尺寸 $D=\phi30$mm，小齿轮圆周速度 $v=6.2$m/s，箱体上两对轴承孔的跨距 $L=90$mm，齿轮、箱体材料为钢铁材料，单件小批生产。要求设计小齿轮精度，并将设计的各项技术要求标注在齿轮工作图上。

解 1）确定齿轮的精度等级。根据表 8-5 和表 8-6 选择精度等级为 7 级。

2）确定检验项目及其允许值。检验项目根据供需双方商定（本例查表 8-7，参考第 1 检验组评定齿轮精度，并增加单个齿距偏差项目），查表 8-2 和表 8-3 得单个齿距偏差 $\pm f_{pt1}=\pm0.012$mm、$\pm f_{pt2}=\pm0.013$mm、齿距累积偏差 $F_p=0.038$mm、齿廓总偏差 $F_\alpha=0.016$mm、螺旋线总偏差 $F_\beta=0.017$mm、齿轮径向跳动 $F_r=0.030$mm。

3）确定最小法向侧隙和齿厚偏差。

中心距 $\qquad a=\dfrac{m}{2}(z_1+z_2)=\dfrac{2.75}{2}(26+56)\text{mm}=112.75\text{mm}$

最小法向侧隙由公式得

$$j_{bnmin}=\frac{2}{3}(0.06+0.0005a+0.03m_n)=\frac{2}{3}(0.06+0.0005\times112.75+0.03\times2.75)\text{mm}=0.133\text{mm}$$

确定齿厚偏差时，由式（8-6）可得（已知 f_{pt1}，f_{pt2}，F_β，L、b）

$$j_{bn}=\sqrt{0.88(f_{pt1}^2+f_{pt2}^2)+[1.77+0.34(L/b)^2]F_\beta^2}=0.0425\text{mm}$$

由表 8-8，查得 $\pm f_a=\pm0.027$mm，代入式（8-8）得齿厚上偏差 E_{sns} 为

$$E_{sns}=-\left(\frac{j_{bnmin}+j_{bn}}{2\cos\alpha_n}+|f_a|\tan\alpha_n\right)=-0.107\text{mm}$$

查表 8-11 得 $b_r=0.074$mm，代入式（8-9）得齿厚公差为

$$T_{sn} = \sqrt{F_r^2 + b_r^2} \times 2\tan\alpha_n = 0.058mm$$

所以小齿轮齿厚下偏差 E_{sni} 为

$$E_{sni} = E_{sns} - T_{sn} = -0.107mm - 0.058mm = -0.165mm$$

通常对于中等模数齿轮，可用公法线长度偏差来代替齿厚偏差，由式（8-10）和式（8-11），可得公法线长度上、下偏差为

$$E_{bns} = E_{sns}\cos\alpha_n - 0.72F_r\sin\alpha_n = -0.108mm$$

$$E_{bni} = E_{sni}\cos\alpha_n + 0.72F_r\sin\alpha_n = -0.148mm$$

$$W_k = m\cos\alpha[\pi(k-0.5) + zinv\alpha] = 21.235mm$$

4）确定齿轮坯的精度。

① 基准孔的尺寸公差和几何公差：

查表 8-12，基准孔尺寸公差为 IT7，并采用包容要求。

由表 8-12 计算基准孔的圆柱度公差值为 0.002mm[取 $0.04(L/b)F_\beta$ 和 $0.1F_p$ 计算值较小者]。

② 齿顶圆的尺寸公差和几何公差：

查表 8-12，齿顶圆尺寸公差为 IT8。

由表 8-12 计算齿顶圆的圆柱度公差值为 0.002mm[取 $0.04(L/b)F_\beta$ 和 $0.1F_p$ 计算值较小者]。

由表 8-12 计算齿顶圆对基准孔轴线的径向圆跳动公差，$t_r = 0.3F_p = 0.011mm$。如果齿顶圆柱面不作基准时，图样上不必给出圆柱度和径向圆跳动公差。

③ 基准端面的圆跳动公差：

由表 8-12，确定基准端面对基准孔的轴向圆跳动公差 $t_i = 0.2(D_d/b)F_\beta = 0.008mm$。

④ 径向基准面的圆跳动公差：

由于齿顶圆柱面作为测量和加工基准，因此不必另选基准面。

⑤ 轮齿齿面和齿坯的表面粗糙度：

由表 8-13 查得齿面表面粗糙度 Ra 的最大值为 1.25μm，其他基准面表面粗糙度的选取参见表 8-14。

5）确定齿轮副精度。

① 齿轮副中心距极限偏差 $\pm f_a$：

查表 8-8，查得 $\pm f_a = \pm 0.027mm$，则在图样上标注 $a = 112.75 \pm 0.027$。

② 轴线平行度偏差最大推荐值 $f_{\Sigma\delta}$ 和 $f_{\Sigma\beta}$：

由式（8-2）和式（8-3）可得

轴线平面内偏差的最大推荐值为 $f_{\Sigma\delta} = (L/b)F_\beta = 0.055mm$

垂直平面内偏差的最大推荐值为 $f_{\Sigma\beta} = 0.5(L/b)F_\beta = 0.028mm$

③ 轮齿接触斑点：

由表 8-9 查得轮齿接触斑点要求：在齿长方向的 $b_{c1}/b \geq 35\%$ 和 $b_{c2}/b \geq 35\%$；在齿高方向的 $h_{c1}/h \geq 50\%$ 和 $h_{c2}/h \geq 30\%$。

齿轮副中心距极限偏差 $\pm f_a$ 和轴线平行度偏差最大推荐值 $f_{\Sigma\delta}$ 和 $f_{\Sigma\beta}$ 应在箱体图上标注。

6）图 8-15 所示为小齿轮的零件图。

法向模数	m_n		2.75
齿　数	z_1		26
齿形角	α		20°
螺旋方向			
螺旋角	β		0°
变位系数	x		0
精度等级	7 GB/T 10095.1		
配偶	件号		
齿轮	齿数	z_2	56
齿轮径向跳动	F_r		0.030
齿距累积总偏差	F_p		0.038
单个齿距偏差	$\pm f_{pt}$		±0.012
齿廓总偏差	F_α		0.016
螺旋线总偏差	F_β		0.017
公法线长度及其极限偏差	W_k E_{bns} E_{bni}		$21.235^{-0.108}_{-0.148}$ E_{bns} E_{bni}

齿轮		材料	40	比例	
		数量		图号	03
制图					
审核					

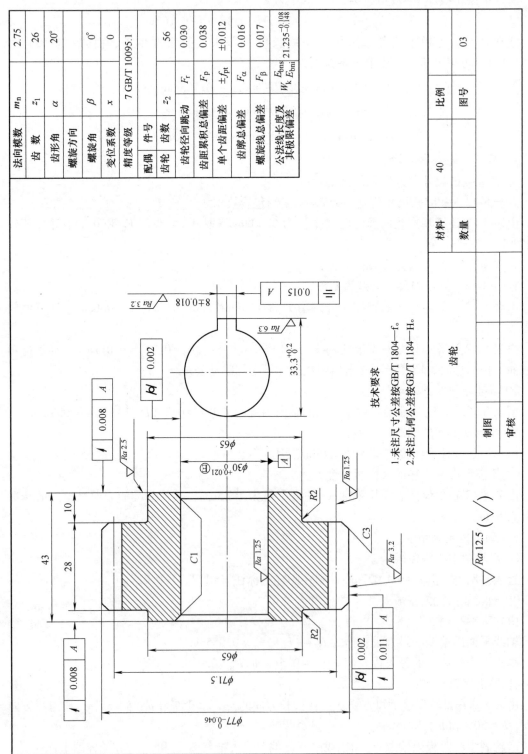

技术要求

1. 未注尺寸公差按GB/T 1804—f。
2. 未注几何公差按GB/T 1184—H。

$\sqrt{Ra\ 12.5}\ (\sqrt{\ })$

图8-15　小齿轮零件图

习　题

8-1　对齿轮传动有哪些使用要求？

8-2　齿轮副精度评定指标有哪些？

8-3　简述评定齿轮侧隙时评定指标的名称、符号和定义？

8-4　某齿轮精度标注代号为 8 (F_P)，7 (f_{pt}，F_α，F_β) GB/T 10095.1～2—2008，试解释代号中各符号的含义，并说明精度等级。

8-5　某减速器中一对标准渐开线直齿圆柱齿轮，模数 $m = 2.75$mm，大、小齿轮齿数分别为 $z_1 = 23$，$z_2 = 54$，压力角 $\alpha = 20°$，齿轮的齿宽 $b_1 = 26$mm，$b_2 = 22$mm，小齿轮为主动轮，转速 $n_1 = 1700$r/min。试确定小齿轮的精度等级。

第9章

尺寸链的计算

在设计各种机器和零部件时，除了需要进行运动、结构、强度、刚度的分析与计算外，还要进行几何精度的设计。零件的精度是由整机及部件的精度要求决定的，而整机、部件的精度是由零件的精度来保证的。尺寸链原理是分析整机、部件与零件间精度关系所运用的基本理论。在充分考虑整机、部件的装配精度与零件加工精度的前提下，利用尺寸链计算方法，可以合理地确定零件的尺寸公差与几何公差，从而使产品获得尽可能高的性价比，创造更好的技术经济效益。相关的国家标准 GB/T 5847—2004《尺寸链 计算方法》可供设计时参考使用。

9.1 基本概念

9.1.1 尺寸链的定义及其特征

在机器装配或零件加工过程中，由相互连接的尺寸形成封闭的尺寸组称为尺寸链。

如图 9-1a 所示，车床尾座顶尖轴线与主轴轴线的高度差 A_0 是车床的主要指标之一，影响该项精度的尺寸有车床主轴轴线高度 A_1，尾座轴线高度 A_2 和垫板厚度 A_3。图 9-1b 所示为以上 4 个尺寸形成的封闭尺寸组，即为尺寸链。A_1、A_2、A_3 是车床装配时不同零件的设计尺寸，该尺寸链为装配尺寸链。

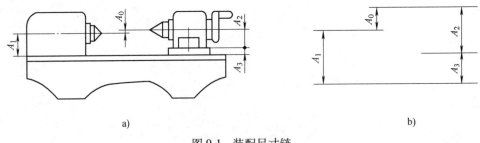

a)   b)

图 9-1 装配尺寸链
a) 车床装配示意图 b) 尺寸链

图 9-2a 所示为阶梯轴零件图，轴向尺寸 A_1、A_2、A_3、A_4 为零件设计尺寸。依次加工尺寸 A_1、A_2、A_3、A_4 和完成加工后的尺寸 A_0 构成封闭尺寸组，形成尺寸链，如图 9-2b 所示。A_1、A_2、A_3、A_4 是阶梯轴的设计尺寸，该尺寸链为零件尺寸链。

如图 9-3a 所示，轴外圆需要镀铬使用。镀铬前按工序尺寸（直径）A_1 加工轴，轴壁镀铬厚度为 A_2、$A_3(A_2=A_3)$，镀铬后得到轴径 A_0。A_0 的大小取决于 A_1、A_2 和 A_3 的大小。A_0 和 A_1、A_2、A_3 形成尺寸链，如图 9-3b 所示。A_1、A_2 和 A_3 都为同一零件的工艺尺寸，该尺寸链为工艺尺寸链。

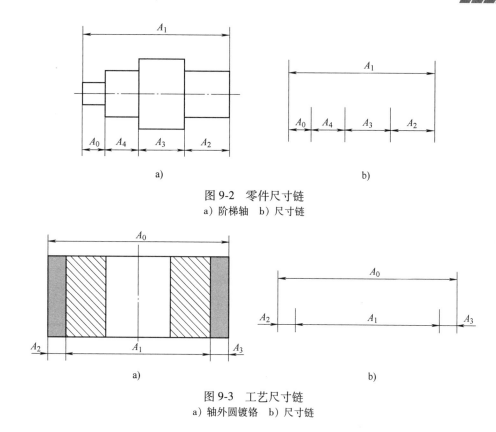

图 9-2 零件尺寸链

a) 阶梯轴 b) 尺寸链

图 9-3 工艺尺寸链

a) 轴外圆镀铬 b) 尺寸链

综合上述，尺寸链有以下两个基本特征：

（1）封闭性 即尺寸链必须由一系列相互关联的尺寸排列成封闭的形式。

（2）函数性 即某一尺寸变化，必将引起其他尺寸的变化，彼此之间具有某一函数关系。

9.1.2 尺寸链的组成和分类

1. 尺寸链的组成

尺寸链中的每一个尺寸称为环，如图 9-3 中的 A_0、A_1、A_2 和 A_3 都是尺寸链的环。环可分为封闭环和组成环。

（1）封闭环 尺寸链中，在装配或加工过程最后自然形成的那个环称为封闭环。每一尺寸链中有且只有一个封闭环，封闭环以符号 A_0 表示。在装配尺寸链中，封闭环是各个零件组装在一起之后形成的，其表现形式可能是间隙、过盈、相关要素的相对位置或距离等，这些通常是设计人员提出的技术装配要求，需要严格保证，如图 9-1 中的尺寸 A_0。对于零件尺寸链，封闭环一般是零件设计图样上未标注的尺寸，即最不重要的尺寸，如图 9-2 中的尺寸 A_0。在工艺尺寸链中，封闭环是相对加工顺序而言的，加工顺序不同，封闭环也可能不同，因此需要在加工顺序确定之后获得封闭环。

（2）组成环 尺寸链中，对封闭环有影响的每个环称为组成环，即尺寸链中除封闭环外的其他环均为组成环。每一个组成环的尺寸变化都将引起封闭环的尺寸变化。组成环符号用 A_1、A_2、…、A_{n-1}（其中 n 为尺寸链的总环数）表示。组成环又分为增环和减环两类。

1）增环。在其他组成环不变的情况下，某一组成环的尺寸增大，封闭环的尺寸随之增大；该组成环尺寸减小，封闭环的尺寸也随之减小，则该组成环称为增环。如图 9-1 中的尺寸 A_2、A_3。增环以符号 $A_{(+)}$ 表示。

2）减环。在其他组成环不变的情况下，某一组成环的尺寸增大，封闭环的尺寸随之减小；该组成环尺寸减小，封闭环的尺寸随之增大，则该组成环称为减环。如图 9-1 中的尺寸 A_1。减环以符号 $A_{(-)}$ 表示。

2. 尺寸链的分类

（1）按应用场合分类

1）装配尺寸链。全部组成环为不同零件设计尺寸所形成的尺寸链，如图 9-1 所示。

2）零件尺寸链。全部组成环为同一零件设计尺寸所形成的尺寸链，如图 9-2 所示。

3）工艺尺寸链。全部组成环为同一零件工艺尺寸所形成的尺寸链，如图 9-3 所示。

（2）按各环的相互位置分类

1）直线尺寸链。全部组成环平行于封闭环的尺寸链，如图 9-1 所示。

2）平面尺寸链。尺寸链各环位于一个或几个平行平面内，但其中有些环彼此不平行。

3）空间尺寸链。尺寸链各环位于不平行的平面内。

（3）按几何特征分类

1）长度尺寸链。尺寸链各环均为直线尺寸，如图 9-1 所示。

2）角度尺寸链。尺寸链各环均为角度尺寸。如图 9-4 所示，角度 α_0、α_1、α_2 及 α_3 形成封闭的多边形，这时称之为构成一个角度尺寸链。

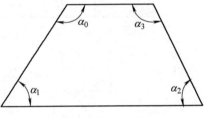

图 9-4 角度尺寸链

9.1.3 尺寸链的建立与分析

尺寸链中的封闭环与组成环是一个误差彼此制约的尺寸系统。通过分析装配图上零部件之间的尺寸位置关系，或分析零件加工过程中形成的各个尺寸，来建立尺寸链。正确建立尺寸链是进行尺寸链综合精度分析计算的基础。尺寸链的建立应按照如下步骤进行。

1. 确定封闭环

装配尺寸链中的封闭环，是产品装配图上注明的装配精度要求所限定的尺寸。如某一部件的各个零件之间相互位置要求的尺寸，或保证相互配合的间隙、过盈量等。它是装配后自然形成的尺寸，通常每一项装配精度要求应建立一个尺寸链。

零件尺寸链的封闭环是公差等级要求最低的环，一般在零件图上不进行标注，避免在加工时误导加工过程。

工艺尺寸链的封闭环是在加工过程最后自然形成的。加工顺序不同，封闭环也不同，只有加工顺序确定后才能给出封闭环。

2. 查找组成环

查找对封闭环有影响的各个组成环，使之与封闭环形成一个封闭的尺寸回路。对于装配尺寸链，从封闭环两端中的任一端开始，依次找出影响封闭环的有关零件尺寸，一环接一环，直到与封闭环的另一端相连接为止，其中每一个尺寸就是一个组成环。对于零件尺寸链和工艺尺寸链，从封闭环一端开始，按加工先后顺序，依次找出对封闭环有直接影响的尺寸，一直到封闭环的另一端为止。

3. 画尺寸链图

为了描述尺寸链的组成，将尺寸链中的封闭环和组成环依次画出，形成封闭的回路图，称为尺寸链图。

画尺寸链时，通常先选择加工或装配基准，按加工或装配顺序，依次画出各环，最后形成封闭回路。尺寸链图不需要按照严格的比例关系，常用带箭头的线段表示各环，如图9-2b所示。需要注意的是，当某一环具有轴、孔等对称尺寸时，该环应尺寸取半。

4. 判断增环与减环

判断尺寸链图中各组成环是增环或减环，可采用两种方法。

（1）根据定义判断　保持其他组成环尺寸不变，增加或减少待判断的组成环尺寸，分析对封闭环尺寸的影响，从而根据增环与减环的定义，判断该组成环的增减性。

（2）按箭头方向判断　从尺寸链上的封闭环开始，在该环上画一个箭头，按顺序依次在其他组成环上画箭头，使所画箭头彼此首尾相连。组成环中，与封闭环箭头指向一致的为减环，指向相反则为增环。

例 9-1　对于图9-2所示的阶梯轴，轴向加工顺序为：截取总长度 A_1，再依次加工 A_2、A_3 和 A_4，A_0 为加工后自然形成的尺寸。试确定尺寸链的封闭环、增环和减环。

解　1）确定封闭环。由于 A_0 是加工后自然形成的尺寸，因此，A_0 是封闭环。

2）确定增环和减环。按图9-5所示箭头方向，可以看出，与 A_0 方向相反的 A_1 为增环，与 A_0 方向相同的 A_2、A_3、A_4 为减环。

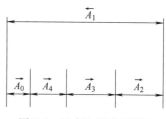

图9-5　尺寸链增减环判断

例 9-2　如图9-6a所示的轴横截面图，其加工顺序为：先加工出直径为 A_1 的外圆，然后按尺寸 A_2 调整刀具位置加工平面，最后加工直径 A_3。试画出其尺寸链图，并确定出封闭环、增环和减环。

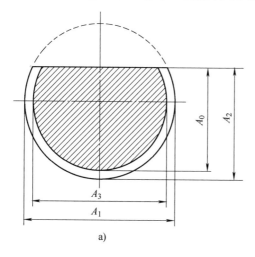

a)

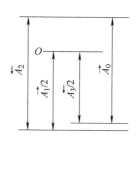

b)

图9-6　轴横截面的尺寸链

解　1）画尺寸链。确定外圆的圆心为基准 O，按加工顺序分别画出 $A_1/2$、A_2 和 $A_3/2$，并用 A_0 把它们连接成封闭回路，如图 9-6b 所示。

2）确定封闭环。尺寸 A_0 是加工后自然形成的尺寸，因此 A_0 为封闭环。

3）确定增环和减环。按图 9-6b 所示箭头方向，可以看出，与 A_0 方向相反的 A_2、$A_3/2$ 为增环，与 A_0 方向相同的 $A_1/2$ 为减环。

9.1.4　尺寸链计算的任务和方法

1. 尺寸链计算的任务

尺寸链计算的基本任务是正确、合理地确定各环的公称尺寸、公差及极限偏差。根据不同要求，尺寸链的计算包括三种形式。

（1）正计算　正计算也称校核计算，即已知组成环的公称尺寸和极限偏差，求封闭环的公称尺寸和极限偏差。通常由设计者在审图时或者工艺人员在产品加工前进行计算，目的是验证设计的正确性。

（2）中间计算　中间计算是指已知封闭环和部分组成环的公称尺寸和极限偏差，求某一组成环的公称尺寸和极限偏差。中间计算常用于零件尺寸链的工艺设计，如基准面的换算和工序尺寸的确定等。

（3）反计算　反计算也称设计计算，即已知封闭环的公称尺寸和极限偏差及各组成环的公称尺寸，求各组成环的公差及极限偏差，即合理分配各组成环公差问题。

2. 计算方法

（1）极值法（完全互换法）　不考虑尺寸链中各环尺寸的分布情况，以极限尺寸进行计算，能实现完全互换性。各相关零件装配时，不经任何选择、调整，安装后即能达到封闭环装配精度要求。

（2）概率法（大数互换法）　考虑尺寸链中各环的分布情况，以统计公差进行计算，能保证尺寸链中的绝大多数组成环具有互换性。装配时，少数不合格零件需要适当处理。

9.2　用极值法计算尺寸链

极值法也称完全互换法，该方法是按照误差综合后最不利的情况进行分析，即若组成环中的增环都是上极限尺寸，减环都是下极限尺寸，则封闭环的尺寸必然是上极限尺寸；若增环都是下极限尺寸，而减环都是上极限尺寸，则封闭环的尺寸必然是下极限尺寸。该方法是尺寸链计算的一种基本方法，但当组成环数目较多而封闭环公差又较小时不宜采用。

9.2.1　极值法计算公式

1. 封闭环的公称尺寸

封闭环的公称尺寸等于所有增环的公称尺寸之和减去所有减环的公称尺寸之和，可表示为

$$A_0 = \sum_{i=1}^{r} A_{(+)i} - \sum_{i=r+1}^{n-1} A_{(-)i} \tag{9-1}$$

式中　A_0——封闭环公称尺寸；

$n-1$——组成环个数；

r——增环个数；

$A_{(+)i}$——第 i 个增环公称尺寸；

$A_{(-)i}$——第 i 个减环公称尺寸。

2. 封闭环的极限尺寸

封闭环的上极限尺寸等于所有增环的上极限尺寸之和减去所有减环的下极限尺寸之和；封闭环的下极限尺寸等于所有增环的下极限尺寸之和减去所有减环的上极限尺寸之和。可以表示为如下两式

$$A_{0\max} = \sum_{i=1}^{r} A_{(+)i\max} - \sum_{i=r+1}^{n-1} A_{(-)i\min} \tag{9-2}$$

$$A_{0\min} = \sum_{i=1}^{r} A_{(+)i\min} - \sum_{i=r+1}^{n-1} A_{(-)i\max} \tag{9-3}$$

式中　$A_{0\max}$、$A_{0\min}$——封闭环上、下极限尺寸；

$A_{(+)i\max}$、$A_{(+)i\min}$——第 i 个增环上、下极限尺寸；

$A_{(-)i\max}$、$A_{(-)i\min}$——第 i 个减环上、下极限尺寸。

3. 封闭环的极限偏差

封闭环的上极限偏差等于所有增环的上极限偏差之和减去所有减环的下极限偏差之和；封闭环的下极限偏差等于所有增环的下极限偏差之和减去所有减环的上极限偏差之和。可以表示为如下两式

$$\mathrm{ES}_0 = A_{0\max} - A_0 = \sum_{i=1}^{r} \mathrm{ES}_{(+)i} - \sum_{i=r+1}^{n-1} \mathrm{EI}_{(-)i} \tag{9-4}$$

$$\mathrm{EI}_0 = A_{0\min} - A_0 = \sum_{i=1}^{r} \mathrm{EI}_{(+)i} - \sum_{i=r+1}^{n-1} \mathrm{ES}_{(-)i} \tag{9-5}$$

式中　ES_0、EI_0——封闭环的上、下极限偏差；

$\mathrm{ES}_{(+)i}$、$\mathrm{EI}_{(+)i}$——第 i 个增环的上、下极限偏差；

$\mathrm{ES}_{(-)i}$、$\mathrm{EI}_{(-)i}$——第 i 个减环的上、下极限偏差。

4. 封闭环的公差

封闭环的公差等于所有组成环的公差之和。可以表示为

$$T_0 = \sum_{i=1}^{n-1} T_{A_i} \tag{9-6}$$

式中　T_0——封闭环的公差；

T_{A_i}——第 i 个组成环的公差。

式（9-6）表明，尺寸链中封闭环的公差最大，它是尺寸链中精度最低的环。因此，在零件设计时，应尽量选择不重要的尺寸作为封闭环。对于装配尺寸链和工艺尺寸链，封闭环是装配的最终要求或者是加工中最后自然形成的，不能任意选择。当封闭环公差要求一定的条件下，组成环的个数越多，每个环的精度要求越高。所以，为了保证封闭环的公差，应尽量减少尺寸链中组成环的个数，这被称为"最短尺寸链原则"。

9.2.2 极值法计算尺寸链步骤

利用极值法实现尺寸链的计算时，一般按如下步骤进行：

1）画尺寸链图。

2）确定封闭环、增环和减环。

3）利用极值法计算公式进行相关计算。

4）校核计算结果。

9.2.3 正计算

例 9-3 加工如图 9-7a 所示的零件，其加工过程为：车端面 A；车台阶面 B，保证尺寸 $A_1 = 49.5_{0}^{+0.3}$ mm；车端面 C，保证总长度 $A_2 = 80_{-0.2}^{0}$ mm；热处理，钻顶尖孔；磨台阶面 B，保证尺寸 $A_3 = 30_{-0.14}^{0}$ mm。要求：1）画尺寸链图；2）判断封闭环、增环和减环；3）按极值法校核台阶面 B 的加工余量 A_0；4）校核结果的正确性。

解 1）画尺寸链图。按照加工顺序，从 A_1 左端开始，依次画出 A_1、A_2 和 A_3，并用 A_0 把它们连接成封闭回路，如图 9-7b 所示。

2）判断封闭环、增环和减环。由题意知，台阶面 B 的加工余量 A_0 为加工后自然形成的尺寸，故 A_0 为封闭环。画出各环箭头方向，如图 9-7b 所示，可以判断，A_2 为增环，A_1、A_3 为减环。

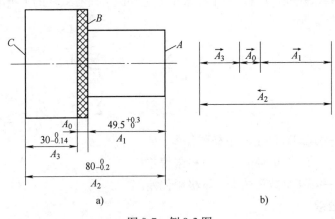

图 9-7 例 9-3 图

3）按极值法计算台阶面 B 的加工余量 A_0。

封闭环的公称尺寸 A_0，由式（9-1）可得

$$A_0 = A_2 - (A_1 + A_3) = 80\text{mm} - (49.5 + 30)\text{mm} = 0.5\text{mm}$$

封闭环的上极限偏差 ES_0，由式（9-4）可得

$$ES_0 = ES_{A_2} - (EI_{A_1} + EI_{A_3}) = 0\text{mm} - [0 + (-0.14)]\text{mm} = +0.14\text{mm}$$

封闭环的下极限偏差 EI_0，由式（9-5）可得

$$EI_0 = EI_{A_2} - (ES_{A_1} + ES_{A_3}) = -0.2\text{mm} - (0.3 + 0)\text{mm} = -0.5\text{mm}$$

4）校核计算结果。

由公差与上、下极限偏差的关系可得

$$T_0 = |ES_0 - EI_0| = |0.14 - (-0.5)| mm = 0.64mm$$

由式（9-6）可得

$$\begin{aligned}T_0 &= T_{A_1} + T_{A_2} + T_{A_3}\\&= |ES_{A_1} - EI_{A_1}| + |ES_{A_2} - EI_{A_2}| + |ES_{A_3} - EI_{A_3}|\\&= |(+0.3) - 0| mm + |0 - (-0.2)| mm + |0 - (-0.14)| mm\\&= 0.64mm\end{aligned}$$

校核结果表明计算正确，所以台阶面 B 的加工余量为

$$A_0 = 0.5^{+0.14}_{-0.50} mm$$

例 9-4　某套筒零件的尺寸标注如图 9-8a 所示，已知加工顺序为：先车外圆 A_1 至 $\phi 30^{\ 0}_{-0.04} mm$，接着钻内孔 A_2 至 $\phi 20^{+0.06}_{\ 0} mm$，内孔对外圆的同轴度 A_3 公差为 $\phi 0.02mm$。试按极值法计算壁厚尺寸。

解　1）画尺寸链图。取外圆圆心为加工基准 O，由于 A_1、A_2 尺寸相对于加工基准具有对称性，应取一半画尺寸链图，同轴度 A_3 可作一个线性尺寸处理，根据同轴度公差带对实际被测要素的限定情况，可定为（0 ± 0.01）mm。按照加工顺序，依次画出 $A_1/2$、A_3 和 $A_2/2$，并用 A_0 把它们连接成封闭回路，如图 9-8b 所示。

2）判断封闭环、增环和减环。由题意知，壁厚 A_0 为加工后自然形成的尺寸，故 A_0 为封闭环。画出各环箭头方向，如图 9-8b 所示，可以判断，$A_1/2$、A_3 为增环，$A_2/2$ 为减环。

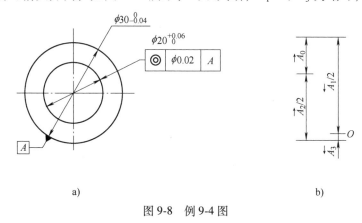

a)　　　　　　　　　　　　b)

图 9-8　例 9-4 图

3）按极值法计算壁厚 A_0。

封闭环的公称尺寸 A_0，由式（9-1）可得

$$A_0 = (A_1/2 + A_3) - A_2/2 = (15 + 0) mm - 10mm = 5mm$$

封闭环的上极限偏差 ES_0，由式（9-4）可得

$$ES_0 = (ES_{A_1/2} + ES_{A_3}) - EI_{A_2/2} = (0 + 0.01) mm - 0mm = +0.01mm$$

封闭环的下极限偏差 EI_0，式（9-5）可得

$$EI_0 = (EI_{A_1/2} + EI_{A_3}) - ES_{A_2/2} = [-0.02 + (-0.01)] \text{mm} - (+0.03) \text{mm} = -0.06 \text{mm}$$

4）校核计算结果。

由公差与上、下极限偏差的关系可得

$$T_0 = |ES_0 - EI_0| = |(+0.01) - (-0.06)| \text{mm} = 0.07 \text{mm}$$

由式（9-6）可得

$$
\begin{aligned}
T_0 &= T_{A_1/2} + T_{A_2/2} + T_{A_3} \\
&= |ES_{A_1/2} - EI_{A_1/2}| + |ES_{A_2/2} - EI_{A_2/2}| + |ES_{A_3} - EI_{A_3}| \\
&= |0 - (-0.02)| \text{mm} + |(+0.03) - 0)| \text{mm} + |+0.01 - (-0.01)| \text{mm} \\
&= 0.07 \text{mm}
\end{aligned}
$$

校核结果表明计算正确，所以壁厚为

$$A_0 = 5^{+0.01}_{-0.06} \text{mm}$$

需要指出的是，当将同轴度 A_3 作为减环处理时，计算结果仍不变。

9.2.4　中间计算

例9-5　图9-9a所示为一轴套，其加工顺序是：首先按工序尺寸 $A_1 = \phi 57.8^{+0.074}_{0} \text{mm}$ 镗孔；然后插键槽 A_2，淬火；最后，按尺寸 $A_3 = \phi 58^{+0.03}_{0} \text{mm}$ 磨孔。要求键槽尺寸实现 $A_4 = 62.3^{+0.2}_{0} \text{mm}$。试用极值法计算尺寸链，确定插键槽尺寸 A_2。

解　1）画尺寸链图。确定镗内孔和磨内孔的基准为圆心。按加工顺序依次画出 $A_1/2$、A_2 和 $A_3/2$，并用 A_4 把它们连接成封闭回路，如图9-9b所示。

2）判断封闭环、增环和减环。由题意知，A_4 为最后自然形成的尺寸，即封闭环 $A_0 = A_4$。画出各环箭头方向，如图9-9b所示，可以判断，A_2、$A_3/2$ 为增环，$A_1/2$ 为减环。

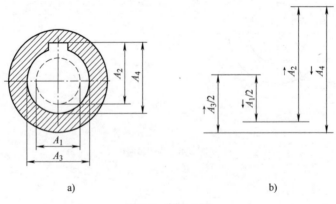

a)　　　　　　　　　　　b)

图9-9　例9-5图

3）按极值法计算插键槽 A_2 的公称尺寸和极限偏差。

A_2 的公称尺寸，由式（9-1）可得

$$A_0 = A_4 = (A_2 + A_3/2) - A_1/2$$

$$\Rightarrow A_2 = A_4 + A_1/2 - A_3/2 = (62.3 + 57.8/2 - 58/2)\text{mm} = 62.2\text{mm}$$

A_2 的上极限偏差 ES_{A_2}，由式（9-4）可得

$$\text{ES}_0 = \text{ES}_{A_4} = (\text{ES}_{A_2} + \text{ES}_{A_3/2}) - \text{EI}_{A_1/2}$$

$$\Rightarrow \text{ES}_{A_2} = \text{ES}_{A_4} + \text{EI}_{A_1/2} - \text{ES}_{A_3/2} = (+0.2)\text{mm} + 0\text{mm} - (+0.015)\text{mm} = +0.185\text{mm}$$

A_2 的下极限偏差 EI_{A_2}，由式（9-5）可得

$$\text{EI}_0 = \text{EI}_{A_4} = (\text{EI}_{A_2} + \text{EI}_{A_3/2}) - \text{ES}_{A_1/2}$$

$$\Rightarrow \text{EI}_{A_2} = \text{EI}_{A_4} + \text{ES}_{A_1/2} - \text{EI}_{A_3/2} = 0\text{mm} + (+0.037)\text{mm} - 0\text{mm} = +0.037\text{mm}$$

4）校核计算结果。

由公差与上、下极限偏差的关系可得

$$T_{A_2} = \left| \text{ES}_{A_2} - \text{EI}_{A_2} \right| = \left| (+0.185) - (+0.037) \right|\text{mm} = 0.148\text{mm}$$

由式（9-6）可得

$$T_0 = T_{A_4} = T_{A_1/2} + T_{A_2} + T_{A_3/2}$$

$$\Rightarrow T_{A_2} = \left| \text{ES}_{A_4} - \text{EI}_{A_4} \right| - \left| \text{ES}_{A_1/2} - \text{EI}_{A_1/2} \right| - \left| \text{ES}_{A_3/2} - \text{EI}_{A_3/2} \right|$$

$$= \left| (+0.2) - 0 \right|\text{mm} - \left| (+0.037) - 0) \right|\text{mm} - \left| (+0.015) - 0) \right|\text{mm}$$

$$= 0.148\text{mm}$$

校核结果表明计算正确，所以插键槽尺寸 A_2 为

$$A_2 = 62.2^{+0.185}_{+0.037}\text{mm}$$

例 9-6 图 9-10a 所示为一个零件的图样，在图样上的标注尺寸为 $A_1 = 70^{-0.02}_{-0.07}\text{mm}$，$A_2 = 60^{\ 0}_{-0.04}\text{mm}$，$A_3 = 20^{+0.19}_{0}\text{mm}$。因为 A_3 不便测量，试给出测量尺寸 A_4 的公称尺寸和极限偏差。要求：1）画出尺寸链图；2）判断封闭环、增环和减环；3）按极值法计算测量尺寸 A_4 的公称尺寸和极限偏差；4）校核设计结果的正确性。

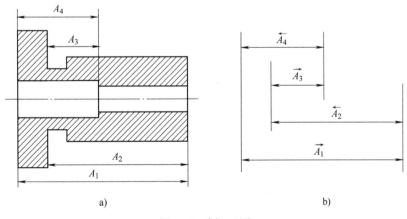

a)　　　　　　　　　　　　b)

图 9-10　例 9-6 图

解 1）画尺寸链图。可以从 A_1 的左端开始，依次画出 A_1、A_2、A_3 和 A_4，连接成封闭

回路，如图 9-10b 所示。

2）判断封闭环、增环和减环。由题意知，A_3 不便测量，所以，将其作为最后自然形成的尺寸，即封闭环 $A_0 = A_3$。画出各环箭头方向，如图 9-10b 所示，可以判断，A_2、A_4 为增环，A_1 为减环。

3）按极值法计算测量尺寸 A_4 的公称尺寸和极限偏差。

A_4 的公称尺寸，由式（9-1）可得

$$A_0 = A_3 = (A_2 + A_4) - A_1$$

$$\Rightarrow A_4 = A_3 + A_1 - A_2 = 20\text{mm} + 70\text{mm} - 60\text{mm} = 30\text{mm}$$

A_4 的上极限偏差 ES_{A_4}，由式（9-4）可得

$$\text{ES}_0 = \text{ES}_{A_3} = (\text{ES}_{A_2} + \text{ES}_{A_4}) - \text{EI}_{A_1}$$

$$\Rightarrow \text{ES}_{A_4} = \text{ES}_{A_3} + \text{EI}_{A_1} - \text{ES}_{A_2} = (+0.19)\text{mm} + (-0.07)\text{mm} - 0\text{mm} = +0.12\text{mm}$$

A_4 的下极限偏差 EI_{A_4}，由式（9-5）可得

$$\text{EI}_0 = \text{EI}_{A_3} = (\text{EI}_{A_2} + \text{EI}_{A_4}) - \text{ES}_{A_1}$$

$$\Rightarrow \text{EI}_{A_4} = \text{EI}_{A_3} + \text{ES}_{A_1} - \text{EI}_{A_2} = 0\text{mm} + (-0.02)\text{mm} - (-0.04)\text{mm} = +0.02\text{mm}$$

4）校核计算结果。

由公差与上、下极限偏差的关系可得

$$T_{A_4} = |\text{ES}_{A_4} - \text{EI}_{A_4}| = |0.12 - 0.02|\text{mm} = 0.1\text{mm}$$

由式（9-6）可得

$$T_0 = T_{A_3} = T_{A_1} + T_{A_2} + T_{A_4}$$

$$\Rightarrow T_{A_4} = |\text{ES}_{A_3} - \text{EI}_{A_3}| - |\text{ES}_{A_1} - \text{EI}_{A_1}| - |\text{ES}_{A_2} - \text{EI}_{A_2}|$$

$$= |(+0.19) - 0|\text{mm} - |(-0.02) - (-0.07)|\text{mm} - |0 - (-0.04)|\text{mm}$$

$$= 0.1\text{mm}$$

校核结果表明计算正确，所以测量尺寸 A_4 为

$$A_4 = 30^{+0.12}_{+0.02}\text{mm}$$

9.2.5 反计算

反计算通过求解尺寸链，将封闭环的公差合理分配到各组成环。公差的分配方法有两种：相等公差法和相同公差等级法。

1. 相等公差法

设定各组成环的公差相等，即将封闭环的公差平均分配给各组成环，可表示为

$$T_{\text{av}} = \frac{T_0}{n-1} \tag{9-7}$$

式中 T_{av}——各组成环的公差。

相等公差法适合尺寸链中各组成环的公称尺寸和加工难易程度相差不大的情况。

2. 相同公差等级法

当各组成环公称尺寸差别较大时，所有组成环常采用相同的公差等级。在封闭环公差确定的情况下，各组成环的公差大小取决于其公称尺寸。

由第 2 章可知，当公称尺寸 $D \leqslant 500\text{mm}$ 时，公差值 T 可按下式计算

$$T = ai = a(0.45\sqrt[3]{D} + 0.001D)$$

当组成环的公差等级相等时，其公差等级系数相同，这里用 a_{av} 表示，则由式（9-6）可得

$$T_0 = \sum_{i=1}^{n-1} a_{av} i_i = a_{av} \sum_{i=1}^{n-1} i_i \tag{9-8}$$

根据式（9-8）可得

$$a_{av} = \frac{T_0}{\sum\limits_{i=1}^{n-1} i_i} = \frac{T_0}{\sum\limits_{i=1}^{n-1} (0.45\sqrt[3]{D_i} + 0.001D_i)} \tag{9-9}$$

为了计算方便，将常用尺寸段的公差因子 i_i 列于表 9-1 中。

表 9-1　公差因子 i_i

尺寸分段/mm	1~3	>3 ~6	>6 ~10	>10 ~18	>18 ~30	>30 ~50	>50 ~80	>80 ~120	>120 ~180	>180 ~250	>250 ~315	>315 ~400	>400 ~500
$i_i/\mu m$	0.54	0.73	0.90	1.08	1.31	1.56	1.86	2.17	2.52	2.90	3.23	3.54	3.86

按式（9-9）计算获得 a_{av} 后，查表 2-1，取与之相近的公差等级，将 $n-2$ 个组成环的公差等级确定为该等级值。对于未确定公差等级的那个组成环，这里称之为"协调环"，该组成环的公差值根据式（9-6）进行计算，从而保证封闭环的公差。

对于协调环以外的组成环的极限偏差的确定采用"入体原则"，即如果组成环具有包容面尺寸时，则取基本偏差 H（下极限偏差为零）；如果组成环具有被包容面尺寸时，则取基本偏差 h（上极限偏差为零）。对于组成环不具有包容面和被包容面尺寸时，如中心距尺寸，则取基本偏差 JS，此时上极限偏差为 $+\frac{1}{2}T_{A_i}$，下极限偏差为 $-\frac{1}{2}T_{A_i}$。

例 9-7　如图 9-11a 所示的齿轮箱中，已知 $A_1 = 300\text{mm}$，$A_2 = 52\text{mm}$，$A_3 = 90\text{mm}$，$A_4 = 20\text{mm}$，$A_5 = 86\text{mm}$，$A_6 = A_2$。要求间隙 A_0 的变动范围为 1.0~1.35mm，试按极值法计算各组成环的公差和极限偏差。

解　1）画尺寸链图。按图 9-11a 中各零件位置顺序，依次画出 A_1、A_2、A_3、A_4、A_5 和 A_6，最后用 A_0 将其连接成封闭回路，如图 9-11b 所示。

2）确定封闭环、增环和减环。间隙 A_0 尺寸为装配后自然形成的尺寸，故 A_0 为封闭环。画出各环箭头方向，如图 9-11b 所示，可以判断，A_1 为增环，A_2、A_3、A_4、A_5 和 A_6 为减环。

3）采用相同公差等级法计算各组成环的极限偏差。

① 选择 A_4 为"协调环"。

② 确定封闭环的公称尺寸、极限偏差和公差。

由式（9-1），封闭环的公称尺寸 A_0 为

$$A_0 = A_1 - (A_2 + A_3 + A_4 + A_5 + A_6)$$

$$= 300mm-(52+90+20+86+52)mm = 0mm$$

A_0 的上、下极限偏差为

$$ES_0 = A_{0max} - A_0 = 1.35mm - 0mm = +1.35mm$$

$$EI_0 = A_{0min} - A_0 = 1mm - 0mm = +1.0mm$$

A_0 的公差为

$$T_0 = A_{0max} - A_{0min} = 0.35mm$$

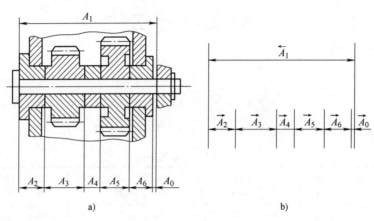

a)   b)

图 9-11 例 9-7 图

③ 确定各组成环公差。

由式（9-9）及通过表 9-1 获得对应的公差因子 i_i，可得各组成环公差等级系数 a_{av} 为

$$a_{av} = \frac{T_0}{\sum_{i=1}^{n-1} i_i} = \frac{0.35 \times 1000}{3.23 + 1.86 + 2.17 + 1.31 + 2.17 + 1.86} \approx 28$$

查表 2-1 确定各组成环（"协调环"除外）的公差等级为 IT8。查表 2-2，可得

$T_{A_1} = 0.081mm$，$T_{A_2} = 0.046mm$，$T_{A_3} = 0.054mm$，$T_{A_5} = 0.054mm$，$T_{A_6} = 0.046mm$

由式（9-6）计算"协调环"A_4 的公差

$$T_{A_4} = T_0 - (T_{A_1} + T_{A_2} + T_{A_3} + T_{A_5} + T_{A_6})$$

$$= 0.35mm - (0.081 + 0.046 + 0.054 + 0.054 + 0.046)mm = 0.069mm$$

④ 确定各组成环上、下极限偏差。

除"协调环"外，按"入体原则"确定各组成环的极限偏差。从图 9-11a 可以看出，A_1 为包容面尺寸，取基本偏差为 H，A_2、A_3、A_5 和 A_6 为被包容面尺寸，取基本偏差为 h，则各组成环的极限偏差如下

$A_1 = 300_{0}^{+0.081}mm$，$A_2 = 52_{-0.046}^{0}mm$，$A_3 = 90_{-0.054}^{0}mm$，$A_5 = 86_{-0.054}^{0}mm$，$A_6 = 52_{-0.046}^{0}mm$

由式（9-4）计算"协调环"下极限偏差

$$EI_{A_4} = ES_{A_1} - (EI_{A_2} + EI_{A_3} + EI_{A_5} + EI_{A_6}) - ES_0$$

$$= [0.081-(-0.046)-(-0.054)-(-0.054)-(-0.046)-1.35]\,\text{mm}$$

$$= -1.069\text{mm}$$

由式（9-5）计算"协调环"上极限偏差

$$ES_{A_4} = EI_{A_1}-(ES_{A_2}+ES_{A_3}+ES_{A_5}+ES_{A_6})-EI_0$$

$$= (0-0-0-0-0-1)\,\text{mm} = -1\text{mm}$$

则有

$$A_4 = 20^{-1.000}_{-1.069}\text{mm}$$

⑤ 校核计算结果。

由计算结果，根据式（9-6），可得

$$T_0 = T_{A_1}+T_{A_2}+T_{A_3}+T_{A_4}+T_{A_5}+T_{A_6}$$

$$= T_{A_1}+T_{A_2}+T_{A_3}+(ES_{A_4}-EI_{A_4})+T_{A_5}+T_{A_6}$$

$$= 0.081\text{mm}+0.046\text{mm}+0.054\text{mm}+[-1-(-1.069)]\,\text{mm}+0.054\text{mm}+0.046\text{mm}$$

$$= 0.35\text{mm}$$

可以看出，此处求取的封闭环公差与前述已知条件获得的相同，这表明计算无误。所以，最终的尺寸结果为

$A_1 = 300^{+0.081}_{0}\text{mm}$，$A_2 = 52^{0}_{-0.046}\text{mm}$，$A_3 = 90^{0}_{-0.054}\text{mm}$，$A_4 = 20^{-1.000}_{-1.069}\text{mm}$，$A_5 = 86^{0}_{-0.054}\text{mm}$，$A_6 = 52^{0}_{-0.046}\text{mm}$

9.3　用概率法计算尺寸链

由概率理论可知，加工一批零件，其实际尺寸趋近于极限尺寸的概率很小，所以，采用极值法计算尺寸链，会对零件尺寸要求过严，增加了加工难度。考虑到尺寸链中各组成环之间的相互独立性，可以把形成尺寸链的组成环作为一系列独立的随机变量，在此基础上，利用概率法计算尺寸链。在封闭环公差一定的情况下，概率法求解尺寸链能放大组成环公差，从而提高经济效益。

9.3.1　概率法计算公式

采用概率法时，假设各组成环实际尺寸的分布规律服从正态分布，则封闭环的实际尺寸也将满足正态分布。根据正态分布规律，各组成环的标准偏差与封闭环的标准偏差应满足下式

$$\sigma_0 = \sqrt{\sum_{i=1}^{n-1}\sigma_{A_i}^2} \tag{9-10}$$

式中　σ_0——封闭环的标准偏差；

　　σ_{A_i}——第 i 个组成环的标准偏差。

进一步假定各组成环实际尺寸分布中心与公差带中心重合，当各环均具有相同的置信概率99.73%时，其分布范围与公差带范围重合，则封闭环和各组成环的公差与各自标准差关

系如下

$$T_0 = 6\sigma_0, T_{A_i} = 6\sigma_{A_i} \tag{9-11}$$

根据式（9-10）和式（9-11），可得

$$T_0 = \sqrt{\sum_{i=1}^{n-1} T_{A_i}^2} \tag{9-12}$$

式（9-12）表明，尺寸链中封闭环的公差等于所有组成环公差的平方和的平方根。

尺寸链中各环的上极限偏差与下极限偏差的平均值称为中间偏差，用符号 Δ 表示。尺寸链中任何一环的公称尺寸 A、上极限尺寸 A_{max}、下极限尺寸 A_{min}、上极限偏差 ES、下极限偏差 EI、公差 T 以及中间偏差 Δ 的关系可用图 9-12 描述。

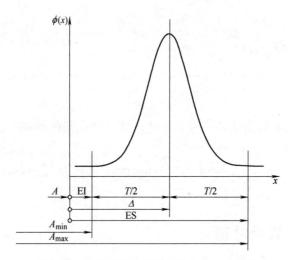

图 9-12　极限偏差与中间偏差、公差的关系

x—尺寸　$\phi(x)$—概率密度

对于封闭环的中间偏差 Δ_0 可表示为

$$\Delta_0 = \frac{1}{2}(ES_0 + EI_0) \tag{9-13}$$

对于组成环的中间偏差 Δ_i 可表示为

$$\Delta_i = \frac{1}{2}(ES_{A_i} + EI_{A_i}) \tag{9-14}$$

封闭环上、下极限偏差、中间偏差及公差之间的关系，可表示为

$$\begin{cases} ES_0 = \Delta_0 + \dfrac{1}{2}T_0 \\[2mm] EI_0 = \Delta_0 - \dfrac{1}{2}T_0 \end{cases} \tag{9-15}$$

封闭环的极限尺寸、公称尺寸、中间偏差及公差之间应满足下式

$$\begin{cases} A_{0\max} = A_0 + \Delta_0 + \dfrac{1}{2} T_0 \\[3mm] A_{0\min} = A_0 + \Delta_0 - \dfrac{1}{2} T_0 \end{cases} \tag{9-16}$$

各组成环的极限尺寸、公称尺寸、中间偏差及公差之间应满足下式

$$\begin{cases} A_{i\max} = A_i + \Delta_i + \dfrac{1}{2} T_{A_i} \\[3mm] A_{i\min} = A_i + \Delta_i - \dfrac{1}{2} T_{A_i} \end{cases} \tag{9-17}$$

将式（9-2）与式（9-3）等式两端相加，并结合式（9-16）及式（9-17），可得

$$A_0 + \Delta_0 = \sum_{i=1}^{r} \left[A_{(+)i} + \Delta_{(+)i} \right] - \sum_{i=r+1}^{n-1} \left[A_{(-)i} + \Delta_{(-)i} \right] \tag{9-18}$$

式中　$\Delta_{(+)i}$——第 i 个增环的中间偏差；

$\Delta_{(-)i}$——第 i 个减环的中间偏差。

将式（9-1）代入式（9-18），可得

$$\Delta_0 = \sum_{i=1}^{r} \Delta_{(+)i} - \sum_{i=r+1}^{n-1} \Delta_{(-)i} \tag{9-19}$$

式（9-19）表明，封闭环的中间偏差等于尺寸链中所有增环中间偏差之和减去所有减环中间偏差之和。

利用概率法计算尺寸链的步骤与极值法基本相同，并且同样包括正计算、中间计算和反计算三种形式。

9.3.2　正计算

例 9-8　试用概率法解例 9-3 题。

解　1）画尺寸链图。解法与例 9-3 相同。

2）判断封闭环、增环和减环。解法与例 9-3 相同。

3）按概率法校核台阶面 B 的加工余量 A_0。

计算中间偏差，由于各组成环分布中心与公差带中心重合，可将组成环改写为对称偏差形式，即

增环：$A_2 = \left[80 + (-0.1) \pm \dfrac{0.2}{2} \right]$ mm，则有

$$\Delta_2 = -0.1\text{mm}, \quad T_{A_2} = 0.2\text{mm}$$

减环：$A_1 = \left[49.5 + (+0.15) \pm \dfrac{0.3}{2} \right]$ mm，则有

$$\Delta_1 = +0.15\text{mm}, \quad T_{A_1} = 0.3\text{mm}$$

减环：$A_3 = \left[30 + (-0.07) \pm \dfrac{0.14}{2} \right]$ mm，则有

$$\Delta_3 = -0.07\text{mm}, \quad T_{A_3} = 0.14\text{mm}$$

计算封闭环的公称尺寸，由式(9-1)，可得

$$A_0 = A_2 - (A_1 + A_3) = 80\text{mm} - (49.5 + 30)\text{mm} = 0.5\text{mm}$$

计算封闭环的中间偏差，由式(9-19)，可得

$$\Delta_0 = \Delta_2 - (\Delta_1 + \Delta_3)$$
$$= (-0.1)\text{mm} - [(+0.15) + (-0.07)]\text{mm} = -0.18\text{mm}$$

计算封闭环的公差，由式(9-12)，可得

$$T_0 = \sqrt{T_{A_1}^2 + T_{A_2}^2 + T_{A_3}^2} = \sqrt{0.3^2 + 0.2^2 + 0.14^2}\text{mm} = 0.39\text{mm}$$

将封闭环尺寸整理成用极限偏差表达的形式

$$A_0 = \left[0.5 + (-0.18) \pm \frac{0.39}{2}\right]\text{mm} = (0.32 \pm 0.195)\text{mm} = 0.5^{+0.015}_{-0.375}\text{mm}$$

4）校核计算结果。

$$T_0 = |ES_0 - EI_0| = |(+0.015) - (-0.375)|\text{mm} = 0.39\text{mm}$$

由式(9-12)，可得

$$T_0 = \sqrt{T_{A_1}^2 + T_{A_2}^2 + T_{A_3}^2}$$
$$= \sqrt{(ES_{A_1} - EI_{A_1})^2 + (ES_{A_2} - EI_{A_2})^2 + (ES_{A_3} - EI_{A_3})^2}$$
$$= \sqrt{(0.3 - 0)^2 + [0 - (-0.2)]^2 + [0 - (-0.14)]^2}\text{mm} = 0.39\text{mm}$$

校核结果说明计算无误，所以台阶面 B 的加工余量为

$$A_0 = 0.5^{+0.015}_{-0.375}\text{mm}$$

将例9-8与例9-3的计算结果相比较，可以看出，在组成环公差不变的情况下，概率法解尺寸链使封闭环的公差缩小了，即提高了使用性能。

9.3.3 中间计算

例 9-9 试用概率法解例9-6题。

解 1）画尺寸链图。解法与例9-6相同。

2）判断封闭环、增环和减环。解法与例9-6相同。

3）按概率法计算测量尺寸 A_4 的公称尺寸和极限偏差。

将已知环写成对称偏差形式，并确定其中间偏差和公差。

封闭环：$A_0 = A_3 = 20^{+0.19}_{0}\text{mm} = \left[20 + (+0.095) \pm \frac{0.19}{2}\right]\text{mm}$，则有

$$\Delta_0 = +0.095\text{mm}, \quad T_0 = 0.19\text{mm}$$

增环：$A_2 = 60^{0}_{-0.04}\text{mm} = \left[60 + (-0.02) \pm \frac{0.04}{2}\right]\text{mm}$，则有

$$\Delta_2 = -0.02\text{mm}, \quad T_{A_2} = 0.04\text{mm}$$

减环：$A_1 = 70_{-0.07}^{-0.02}\text{mm} = \left[70 + (-0.045) \pm \dfrac{0.05}{2}\right]\text{mm}$，则有

$$\Delta_1 = -0.045\text{mm}, \quad T_{A_1} = 0.05\text{mm}$$

计算 A_4 的公称尺寸，由式（9-1），可得

$$A_0 = A_3 = (A_2 + A_4) - A_1$$

$$\Rightarrow A_4 = A_3 + A_1 - A_2 = 20\text{mm} + 70\text{mm} - 60\text{mm} = 30\text{mm}$$

计算 A_4 的中间偏差，由式（9-19），可得

$$\Delta_0 = (\Delta_2 + \Delta_4) - \Delta_1$$

$$\Rightarrow \Delta_4 = \Delta_0 + \Delta_1 - \Delta_2 = (+0.095)\text{mm} + (-0.045)\text{mm} - (-0.02)\text{mm} = +0.07\text{mm}$$

计算 A_4 的公差，由式（9-12），可得

$$T_0 = \sqrt{T_{A_1}^2 + T_{A_2}^2 + T_{A_4}^2}$$

$$\Rightarrow T_{A_4} = \sqrt{T_0^2 - T_{A_1}^2 - T_{A_2}^2} = \sqrt{0.19^2 - 0.05^2 - 0.04^2}\,\text{mm} = 0.18\text{mm}$$

将 A_4 整理成用极限偏差表达的形式

$$A_4 = \left[30 + (+0.07) \pm \dfrac{0.18}{2}\right]\text{mm} = (30.07 \pm 0.09)\text{mm} = 30_{-0.02}^{+0.16}\text{mm}$$

4）校核计算结果。

由题中已知条件可得

$$T_0 = \left|\text{ES}_0 - \text{EI}_0\right| = \left|(+0.19) - 0\right|\text{mm} = 0.19\text{mm}$$

将计算结果代入式（9-12），可得

$$T_0 = \sqrt{T_{A_1}^2 + T_{A_2}^2 + T_{A_4}^2}$$

$$= \sqrt{(\text{ES}_{A_1} - \text{EI}_{A_1})^2 + (\text{ES}_{A_2} - \text{EI}_{A_2})^2 + (\text{ES}_{A_4} - \text{EI}_{A_4})^2}$$

$$= \sqrt{[(-0.02) - (-0.07)]^2 + [0 - (-0.04)]^2 + [(+0.16) - (-0.02)]^2}\,\text{mm} = 0.19\text{mm}$$

校核结果说明计算无误，所以测量尺寸 A_4 为 $30_{-0.02}^{+0.16}\text{mm}$。

与例 9-6 的计算结果相比较，可以看出，在封闭环公差相同的情况下，概率法解尺寸链时组成环的公差扩大了，使其加工更容易，从而降低加工成本。

9.3.4　反计算

例 9-10　试用概率法解例 9-7 题。

解　1）画尺寸链图。解法与例 9-7 相同。

2）判断封闭环、增环和减环。解法与例 9-7 相同。

3）按概率法计算各组成环的公差和极限偏差。

① 选择 A_4 为"协调环"。

② 确定封闭环的公称尺寸、极限偏差和公差。

由式（9-1），封闭环的公称尺寸 A_0 为

$$A_0 = A_1 - (A_2 + A_3 + A_4 + A_5 + A_6)$$

$$= 300\text{mm} - (52 + 90 + 20 + 86 + 52)\text{mm} = 0\text{mm}$$

A_0 的上、下极限偏差为

$$\text{ES}_0 = A_{0\text{max}} - A_0 = 1.35\text{mm} - 0\text{mm} = +1.35\text{mm}$$

$$\text{EI}_0 = A_{0\text{min}} - A_0 = 1\text{mm} - 0\text{mm} = +1.0\text{mm}$$

A_0 的公差为

$$T_0 = A_{0\text{max}} - A_{0\text{min}} = 0.35\text{mm}$$

③ 确定各组成环公差。

设各组成环的公差相等且等于平均公差值 T_{av}。根据式（9-12），计算此时各组成环的平均公差值为

$$T_{\text{av}} = \frac{T_0}{\sqrt{n-1}} = \frac{0.4\text{mm}}{\sqrt{7-1}} \approx 0.143\text{mm}$$

以 T_{av} 为参考，按各组成环加工的难易程度，调整各环公差，并从标准公差数值表 2-2 按 IT10 查取各组成环公差如下

$$T_{A_1} = 0.21\text{mm}, \ T_{A_2} = 0.12\text{mm}, \ T_{A_3} = 0.14\text{mm}, \ T_{A_5} = 0.14\text{mm}, \ T_{A_6} = 0.12\text{mm}$$

由式（9-12）计算"协调环"A_4 的公差为

$$T_{A_4} = \sqrt{T_0^2 - (T_{A_1}^2 + T_{A_2}^2 + T_{A_3}^2 + T_{A_5}^2 + T_{A_6}^2)}$$

$$= \sqrt{0.35^2 - (0.21^2 + 0.12^2 + 0.14^2 + 0.14^2 + 0.12^2)}\ \text{mm} = 0.102\text{mm}$$

④ 确定各组成环上、下极限偏差。

除"协调环"外，按"入体原则"确定各组成环的极限偏差。从图 9-11a 可以看出，A_1 为包容面尺寸，A_2、A_3、A_5 和 A_6 为被包容面尺寸，则各组成环的极限偏差如下

$$A_1 = 300_{-0.210}^{0}\text{mm}, \ A_2 = 52_{-0.120}^{0}\text{mm}, \ A_3 = 90_{-0.140}^{0}\text{mm}, \ A_5 = 86_{-0.140}^{0}\text{mm}, \ A_6 = 52_{-0.120}^{0}\text{mm}$$

⑤ 将已确定的各环写成对称偏差形式，并确定其中间偏差和公差。

封闭环：$A_0 = 0_{+1.00}^{+1.35}\text{mm} = \left[0 + (+1.75) \pm \dfrac{0.35}{2}\right]\text{mm}$，则有

$$\Delta_0 = +1.175\text{mm}, \ T_0 = 0.35\text{mm}$$

增环：$A_1 = 300_{-0.210}^{0}\text{mm} = \left[300 + (+0.105) \pm \dfrac{0.21}{2}\right]\text{mm}$，则有

$$\Delta_1 = +0.105\text{mm}, \ T_1 = 0.21\text{mm}$$

减环：$A_2 = 52_{-0.120}^{0}\text{mm} = \left[52 + (-0.06) \pm \dfrac{0.12}{2}\right]\text{mm}$，则有

$$\Delta_2 = -0.06\text{mm}, \quad T_2 = 0.12\text{mm}$$

$$A_3 = 90_{-0.140}^{0}\text{mm} = \left[90 + (-0.07) \pm \frac{0.14}{2}\right]\text{mm}, \text{ 则有}$$

$$\Delta_3 = -0.07\text{mm}, \quad T_3 = 0.14\text{mm}$$

$$A_5 = 86_{-0.140}^{0}\text{mm} = \left[86 + (-0.07) \pm \frac{0.14}{2}\right]\text{mm}, \text{ 则有}$$

$$\Delta_5 = -0.07\text{mm}, \quad T_5 = 0.14\text{mm}$$

$$A_6 = 52_{-0.120}^{0}\text{mm} = \left[52 + (-0.06) \pm \frac{0.12}{2}\right]\text{mm}, \text{ 则有}$$

$$\Delta_6 = -0.06\text{mm}, \quad T_6 = 0.12\text{mm}$$

⑥ 计算 "协调环" A_4 的中间偏差。

由式（9-19），可得

$$\Delta_0 = \Delta_1 - (\Delta_2 + \Delta_3 + \Delta_4 + \Delta_5 + \Delta_6)$$

$$\Rightarrow \Delta_4 = \Delta_1 - \Delta_0 - (\Delta_2 + \Delta_3 + \Delta_5 + \Delta_6)$$

$$= (+0.105)\text{mm} - 1.175\text{mm} - [(-0.06) + (-0.07)$$

$$+ (-0.07) + (-0.06)]\text{mm} = -0.81\text{mm}$$

将 "协调环" A_4 整理成用极限偏差表达的形式

$$A_4 = \left[20 + (-0.81) \pm \frac{0.102}{2}\right]\text{mm} = 19.19 \pm 0.051\text{mm} = 20_{-0.861}^{-0.759}\text{mm}$$

4）校核计算结果。

由题中已知条件可得

$$T_0 = A_{0\max} - A_{0\min} = 0.35\text{mm}$$

由式（9-12），可得

$$T_0 = \sqrt{T_{A_1}^2 + T_{A_2}^2 + T_{A_3}^2 + T_{A_4}^2 + T_{A_5}^2 + T_{A_6}^2}$$

$$= \sqrt{(\text{ES}_{A_1} - \text{EI}_{A_1})^2 + (\text{ES}_{A_2} - \text{EI}_{A_2})^2 + (\text{ES}_{A_3} - \text{EI}_{A_3})^2 + (\text{ES}_{A_4} - \text{EI}_{A_4})^2 + (\text{ES}_{A_5} - \text{EI}_{A_5})^2 + (\text{ES}_{A_6} - \text{EI}_{A_6})^2}$$

$$= \sqrt{(0.21 - 0)^2 + [0 - (-0.12)]^2 + [0 - (-0.14)]^2 + [(-0.759) - (-0.861)]^2 + [0 - (-0.14)]^2 + [0 - (-0.12)]^2}\text{mm}$$

$$= 0.35\text{mm}$$

校核结果说明计算无误，所以各组成环的尺寸为

$A_1 = 300_{0}^{+0.21}\text{mm}$, $A_2 = 52_{-0.120}^{0}\text{mm}$, $A_3 = 90_{-0.140}^{0}\text{mm}$, $A_4 = 20_{-0.861}^{-0.759}\text{mm}$, $A_5 = 86_{-0.140}^{0}\text{mm}$, $A_6 = 52_{-0.120}^{0}\text{mm}$

将例 9-10 与例 9-7 的计算结果相比较，可以看出，在封闭环公差相同的情况下，概率法解尺寸链使各组成环的公差扩大了，从而提高了使用性能。

习　题

9-1　什么是尺寸链？如何确定尺寸链的封闭环、增环和减环？

9-2　正计算、反计算和中间计算的特点和应用场合是什么？

9-3　何谓最短尺寸链原则？说明其重要性。

9-4　加工图 9-13 所示套筒时，外圆柱面加工至 $L_1 = \phi 80f\,9\,(^{-0.030}_{-0.104})$ mm，内孔加工至 $L_2 = \phi 60H8(^{+0.046}_{0})$ mm，外圆柱面轴线对内孔轴线的同轴度公差为 $\phi 0.02$mm，试计算该套筒壁厚尺寸的变动范围。

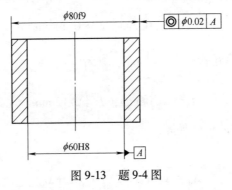

图 9-13　题 9-4 图

9-5　如图 9-14 所示，孔、轴间隙配合要求 $\phi 50H9/f9$，而孔镀铬使用，镀层厚度 $A_2 = A_3 = (10 \pm 2)\,\mu$m，试用极值法计算孔镀铬前的加工尺寸。

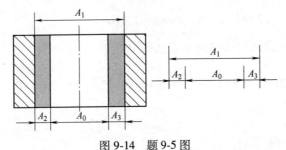

图 9-14　题 9-5 图

9-6　图 9-15 所示为曲轴轴向装配尺寸链，已知各组成环公称尺寸及极限偏差为：$A_1 = 43^{+0.10}_{+0.05}$mm，$A_2 = 2.5^{0}_{-0.04}$mm，$A_3 = 38^{0}_{-0.07}$mm，$A_4 = 2.5^{0}_{-0.04}$mm。试用极值法计算轴向间隙 A_0 的变动范围。

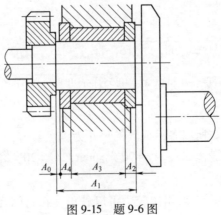

图 9-15　题 9-6 图

9-7　要求在轴上铣削一个键槽，如图 9-16 所示，加工顺序如下：（1）车削外圆 $A_1 = \phi 70.5_{-0.1}^{0}$；（2）铣削槽深 A_2；（3）热处理；（4）磨外圆 $A_3 = \phi 70_{-0.06}^{0}$。要求磨削后保证尺寸 $A_4 = 62_{-0.3}^{0}$，求 A_2 的公称尺寸及极限偏差。

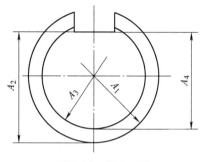

图 9-16　题 9-7 图

9-8　加工如图 9-17 所示的机座零件，其中 A、B、C 面已先行加工至要求尺寸，A、B 面间距离 $H_1 = 280_{0}^{+0.1}$ mm，B、C 面间距离 $H_2 = 80_{-0.06}^{0}$ mm，现以 A 面为工序基准按工序尺寸 L 镗孔，要求保证孔中心线和 C 面之间距离 $H_3 = 100 \pm 0.15$ mm，试确定工序尺寸 L 的公称尺寸及其极限偏差。

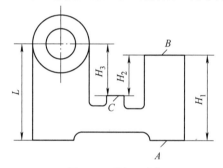

图 9-17　题 9-8 图

第10章

检测技术基础

10.1 概述

所谓测量（Measuring）是指为确定被测量对象的量值而进行的实验过程。即测量是将被测量与测量单位或标准量在数值上进行比较，从而确定两者比值的过程。若以 x 表示被测的量，E 表示计量单位，q 为测量值，则有

$$q = x/E \tag{10-1}$$

从而有

$$x = qE$$

一个完整的几何量测量过程应包括以下四个要素。

1）被测对象。这里仅限于几何量，包括长度、角度、表面粗糙度、几何误差等。

2）计量单位。在机械制造业中，常用的长度单位为毫米（mm）、微米（μm）和纳米（nm）；平面角的角度单位为弧度（rad），其他常用角度单位还有度（°）、分（′）、秒（″）。

3）测量方法。测量方法是指测量时所采用的测量原理、计量器具和测量条件的综合，也即获得测量结果的方式。

4）测量精度。测量精度是指测量结果与真值的一致程度。测量精度的高低用测量极限误差或测量不确定度表示。不知测量精度的测量结果是没有意义的测量。

10.2 长度基准和量值的传递

长度计量单位是进行长度测量的统一标准。《中华人民共和国法定计量单位》规定，我国长度的基本单位为米（m）。

目前，世界各国所使用的长度单位有米制（公制）和寸制（英制）两种。在我国法定计量单位制中，长度的基本计量单位是米（m）。按 1983 年第十七届国际计量大会的决议，规定米的定义为：1m 是光在真空中，在 1/299792458s 的时间间隔内的行程的长度。国际计量大会推荐用稳频激光辐射来复现它，1985 年 3 月起，我国用碘吸收稳频的 0.633μm 氦氖激光辐射波长作为国家长度基准。

在实际应用中，不便于也没必要直接用光波作为长度进行测量，而是采用各种计量器具进行测量。因此，需要把通过复现米的定义获得的国家长度基准的量值准确地传递到计量器具和工件上去，以保证量值统一。所以，我国在组织上从国务院到地方，有各级计量管理机

构，负责其管辖范围内的量值传递和计量工作；在技术上，通过两个平行系统将国家波长基准向下传递，如图 10-1 所示。

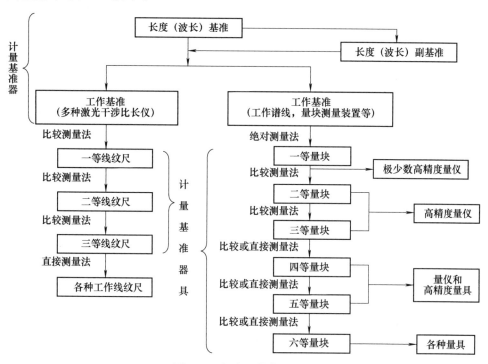

图 10-1 长度量值传递系统

1. 量块

量块是一种高精度的平面平行端面量具，如图 10-2 所示。量块由特殊的合金钢制成。量块主要用作尺寸传递系统中的中间标准量具，或在相对法测量时作为标准件调整仪器的零位，也可以用它直接测量零件。在机械和仪器制造中，量块的用途很广，除了作为长度基准进行尺寸传递外，还可用于计量器具的调整，机床、夹具的调整和检验工件等。

量块按一定的尺寸系列成套生产，量块国家标准中共规定了 17 种成套的量块系列，表 10-1 所列为从国家标准中摘录的 4 套（2、3、4 和 6）量块的尺寸系列。

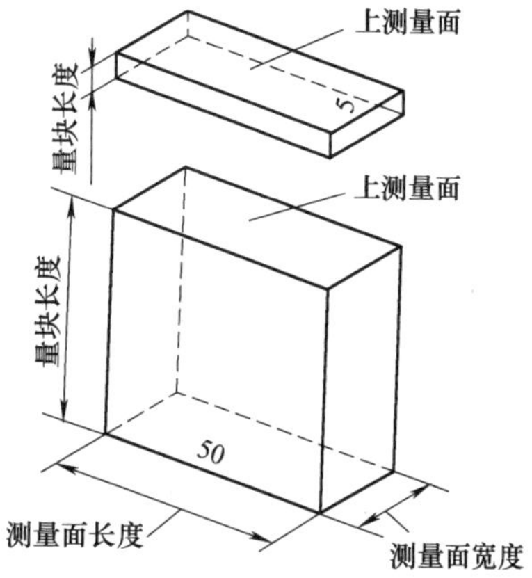

图 10-2 量块

2. 量块的级和等

为了满足不同场合的需要，量块按制造精度分为 K（校准级）、0、1、2、3 共五级，按检定精度分为 1、2、3、4、5 共五等。

表 10-2 给出了 K、0、1、2 和 3 级量块对其标称长度的极限偏差和长度变动量的最大允许值。

表 10-3 给出了 1、2、3、4、5 等量块长度测量不确定度和长度变动量的最大允许值。

表 10-1　成套量块的尺寸（摘自 GB/T 6093—2001）

套　别	总块数	级　别	尺寸系列/mm	间隔/mm	块　数
2	83	0, 1, 2	0.5	—	1
			1	—	1
			1.005	—	1
			1.01, 1.02, …, 1.09	0.01	49
			1.5, 1.6, …, 1.9	0.1	5
			2.0, 2.5, …, 9.5	0.5	16
			10, 20, …, 100	10	10
3	46	0, 1, 2	1	—	1
			1.001, 1.002, …, 1.009	0.001	9
			1.01, 1.02, …, 1.09	0.01	9
			1.1, 1.2, …, 1.9	0.1	9
			2, 3, …, 9	1	8
			10, 20, …, 100	10	10
4	38	0, 1, 2	1	—	1
			1.005	—	1
			1.01, 1.02, …, 1.09	0.01	9
			1.1, 1.2, …, 1.9	0.1	9
			2, 3, …, 9	1	8
			10, 20, …, 100	10	10
6	10	0, 1	1, 1.001, …, 1.009	0.001	10

表 10-2　量块测量面上任意点的长度极限偏差 t_e 和长度变动量最大允许值 t_v（摘自 JJG 146—2011）

量块的标称长度 l_n/mm	K 级		0 级		1 级		2 级		3 级	
	量块长度极限偏差 $\pm t_e$	长度变动量 v 的允许值 t_v	量块长度极限偏差 $\pm t_e$	长度变动量 v 的允许值 t_v	量块长度极限偏差 $\pm t_e$	长度变动量 v 的允许值 t_v	量块长度极限偏差 $\pm t_e$	长度变动量 v 的允许值 t_v	量块长度极限偏差 $\pm t_e$	长度变动量 v 的允许值 t_v
	μm									
$l_n \leqslant 10$	0.20	0.05	0.12	0.10	0.20	0.16	0.45	0.30	1.0	0.50
$10 < l_n \leqslant 25$	0.30	0.05	0.14	0.10	0.30	0.16	0.60	0.30	1.2	0.50
$25 < l_n \leqslant 50$	0.40	0.06	0.20	0.10	0.40	0.18	0.80	0.30	1.6	0.55
$50 < l_n \leqslant 75$	0.50	0.06	0.25	0.12	0.50	0.18	1.00	0.35	2.0	0.55
$75 < l_n \leqslant 100$	0.60	0.07	0.30	0.12	0.60	0.20	1.20	0.35	2.5	0.60
$100 < l_n \leqslant 150$	0.80	0.08	0.40	0.14	0.80	0.22	1.60	0.40	3.0	0.65
$150 < l_n \leqslant 200$	1.00	0.09	0.50	0.16	1.00	0.25	2.00	0.40	4.0	0.70
$200 < l_n \leqslant 250$	1.20	0.10	0.60	0.16	1.20	0.25	2.40	0.45	5.0	0.75

注：距离量块测量面边缘 0.8mm 范围内不计。

表 10-3　各等量块的长度测量不确定度和长度变动量最大允许值（摘自 JJG 146—2011）

标称长度 l_n/mm	1 级		2 级		3 级		4 级		5 级	
	测量不确定度	长度变动量	测量不确定度	长度变动量	测量不确定度	长度变动量	测量不确定度	长度变动量	测量不确定度	长度变动量
	最大允许值/μm									
$l_n \leqslant 10$	0.022	0.05	0.06	0.10	0.11	0.16	0.22	0.30	0.6	0.50

（续）

标称长度 l_n/mm	1 级		2 级		3 级		4 级		5 级	
	测量不确定度	长度变动量	测量不确定度	长度变动量	测量不确定度	长度变动量	测量不确定度	长度变动量	测量不确定度	长度变动量
	最大允许值/μm									
$10 < l_n \leqslant 25$	0.025	0.05	0.07	0.10	0.12	0.16	0.25	0.30	0.6	0.50
$25 < l_n \leqslant 50$	0.030	0.06	0.08	0.10	0.15	0.18	0.30	0.30	0.8	0.55
$50 < l_n \leqslant 75$	0.035	0.06	0.09	0.12	0.18	0.18	0.35	0.35	0.9	0.55
$75 < l_n \leqslant 100$	0.040	0.07	0.10	0.12	0.20	0.20	0.40	0.35	1.0	0.60
$100 < l_n \leqslant 150$	0.05	0.08	0.12	0.14	0.25	0.20	0.50	0.40	1.2	0.65
$150 < l_n \leqslant 200$	0.06	0.09	0.15	0.16	0.30	0.25	0.60	0.40	1.5	0.70
$200 < l_n \leqslant 250$	0.07	0.10	0.18	0.16	0.35	0.25	0.70	0.45	1.8	0.75

注：1. 距离量块测量面边缘 0.8mm 范围内不计。

2. 表内测量不确定度置信概率为 99%。

3. 量块的使用

量块的使用方法可分为按"级"使用和按"等"使用。

按"级"使用时，是以量块的标称长度为工作尺寸。测量结果中将含有量块的制造误差和磨损误差，但因无须加修正值，因此使用方便。

按"等"使用时，其工作尺寸是量块经检定后所给出的实际中心长度。该尺寸排除了制造误差。这样，测量结果中仅含有量块检定时较小的鉴定误差和检定后量块的磨损误差，从而得到较高的测量精度。

在实际使用中，常需要将若干块量块组合在一起形成一个所需要的尺寸。组合的原则是以最少的块数组成所需尺寸。这样，可以获得较高的尺寸精度。组合时，从最低位数开始，逐块选取。例如，43.985mm，若使用 83 块一套的量块，参考表 10-1，可按如下步骤选择量块尺寸：

第一块量块尺寸 　　　　1.005

第二块量块尺寸 　　　　1.48

第三块量块尺寸 　　　　1.5

第四块量块尺寸 　　　　40

10.3　计量器具与检测方法

1. 计量器具分类

（1）按用途、特点分类　计量器具可分为标准量具、极限量规、检验夹具以及计量仪器等四类。

1）标准量具。这种量具只有某一个固定尺寸，通常是用来校对和调整其他计量器具或作为标准用来与被测工件进行比较。如量块、直角尺、各种曲线样板及标准量规等。

2）极限量规。它是一种没有刻度的专用检验工具，用这种工具不能得出被检验工件的具体尺寸，但能确定被检验工件是否合格。

3）检验夹具。它也是一种专用的检验工具，当配合各种比较仪时，能用来检查更多和更复杂的参数。

4）计量仪器。它能将被测的量值转换成可直接观察的指示值或等效信息的计量器具。

（2）按构造分类

1）游标式量仪（游标卡尺、游标高度尺及游标量角器等）。

2）微动螺旋副式量仪（外径千分尺、内径千分尺等）。

3）机械式量仪（百分表、千分表、杠杆比较仪、扭簧比较仪等）。

4）光学机械式量仪（光学计、测长仪、投影仪、干涉仪等）。

5）气动式量仪（压力计、流量计等）。

6）电动式量仪（电接触式、电感式、电容式等）。

7）光电式量仪（激光干涉、激光图像、光栅等）。

2. 测量方法分类

测量方法可以按各种不同的形式进行分类。

（1）绝对测量法和相对（比较）测量法

1）绝对测量法。在计量器具的示数装置上可表示出被测量的全值。例如，用测长仪测量零件，如图 10-3 所示。

2）相对测量法。在计量器具的示数装置上只表示出被测量相对已知标准量的偏差值。而被测量的全值为该偏差与已知标准量的代数和。如图 10-4 所示的用机械比较仪测量轴径，先用与轴径公称尺寸相等的量块（或标准件）调整比较仪的零位，然后再换上被测件，比较仪指针所指示的是被测件相对于标准件的偏差，因而轴径的尺寸就等于标准件的尺寸与比较仪示值的代数和。

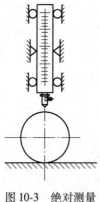

图 10-3 绝对测量

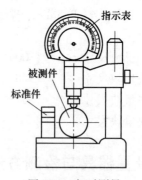

图 10-4 相对测量

（2）直接测量和间接测量

1）直接测量是指无需对被测的量与其他实测的量进行一定函数关系的辅助计算而直接得到被测量值的测量。例如，游标卡尺、千分尺测量零件的直径或用量块调整比较仪测量直径。

2）间接测量是指测量与被测量有函数关系的其他量，再通过函数关系式求出被测量。如图 10-5 所示，用弓高弦长法间接测量圆弧半径 R。为了得到 R 的量值，只要测得弓高 h

和弦长 s 的量值，然后按公式 $R=\dfrac{s^2}{8h}+\dfrac{h}{2}$ 计算即可。

（3）接触测量和非接触测量

1）接触测量是指测量时仪器的测头与工件被测表面直接接触，并有测量力存在。例如，用卡尺、千分尺测量工件的尺寸。用触头式三坐标测量机测量工件的形状、位置误差等。

2）非接触测量是指测量时仪器的传感元件与被测表面不接触，没有测量力的影响。例如，用激光扫描仪测量轴的直径、用影像法测量螺纹的中径和螺距、用各种视觉法测量零件的表面形貌等。

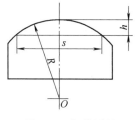

图 10-5　间接测量

（4）单项测量和综合测量

1）单项测量是指分别地测量工件的各个参数。例如，在大型工具显微镜上测量螺纹零件时，可分别测出螺纹的实际中径、螺距、牙侧角等参数。

2）综合测量是指同时测量零件上与几个参数有关联的综合指标，从而综合地判断零件是否合格。例如，用螺纹量规检验螺纹零件。

综合测量效率高，适用于检验零件的合格性，但不能测出各分项的参数值。单项测量效率不如综合测量高，但能测出各分项的参数值，适用于工艺分析。

（5）静态测量和动态测量

1）静态测量是指测量时被测零件与传感元件处于相对静止状态，被测量为定值。例如，用公法线千分尺测量齿轮的公法线长度。

2）动态测量是指测量时被测零件与传感元件处于相对运动状态，被测量随着时间延伸而变化。例如，用圆度仪测量圆柱形零件的圆度、圆柱度，用摆差跳动仪测量轴类零件的径向跳动和轴向圆跳动等。

（6）等精度测量和不等精度测量

1）等精度测量是指在影响测量精度的各因素（包括测量仪器、测量方法、测量环境条件和测量人员）均不改变的条件下对同一量值进行的一系列测量。

2）不等精度测量是指在测量过程中，决定测量精度的全部因素或条件可能完全改变或部分改变的测量。

3. 计量器具的技术性能指标

为了便于设计、检定、使用测量器具，统一概念，保证测量精度，通常对测量器具规定如下度量指标。

（1）标尺间距　指计量器具标尺或度盘上两相邻刻线中心之间的距离或圆弧长度。考虑到人眼在明视距离的分辨能力，通常标尺间距取值为 1~2.5mm。

（2）标尺分度值　计量器具标尺或度盘上相邻两刻线所代表的量值之差称为分度值。测量时，测量人员可估读到分度值的 0.5~0.1。对于数字式量仪，因为没有标尺或度盘，故一般不称其为分度值，而称为分辨率。分辨率是指仪器显示的最末一位数字间隔所代表的被测量值（长度或角度值）。

（3）示值范围　计量器具所指示或显示的最低值到最高值的范围称为示值范围。

（4）测量范围　在允许误差限内，计量器具所能测量零件的最低值到最高值的范围称为测量范围。

（5）灵敏度　计量器具示数装置对被测量变化的反应能力称为灵敏度。灵敏度也称放大比。

（6）灵敏限（灵敏阈）　能引起计量器具示值可觉察变化的被测量的最小变化值称为灵敏限。

（7）测量力　测量过程中，计量器具与被测表面之间的接触力称为测量力。在接触测量中，希望测量力是一定量的恒定值。测量力太大会使零件产生变形，测量力不恒定会使示值不稳定。

（8）示值误差　计量器具示值与被测量真值之间的代数差称为示值误差。

（9）示值变动性　在测量条件不变的情况下，对同一被测量进行多次重复测量读数时（一般 5~10 次），其读数的最大变动量，称为示值变动性。

（10）回程误差（滞后误差）　在相同测量条件下，对同一被测量进行往返两个方向测量时，测量仪的示值变化称为回程误差。

（11）修正值　为消除计量器具的系统误差，用代数法加到测量结果上的数值称为修正值。修正值等于系统误差的相反数。

（12）测量的不确定度　在规定条件下测量时，由于测量误差的存在，对测量值不能肯定的程度称为不确定度。

10.4　测量误差及数据处理

1. 测量误差的含义（即表示方法）

测量误差是测得值与被测量真值之差。被测量的真值是不能准确得到的。在实际中，常用相对真值或不存在系统误差情况下的多次测量的算术平均值来代表真值。例如，用按"等"使用的量块检定比较仪，量块的工作尺寸就可视为比较仪示值的真值。

测量误差可用绝对误差和相对误差表示。

上述定义的误差为绝对误差，即

$$\delta = x - x_0 \tag{10-2}$$

绝对误差可为正、负或零。被测尺寸相同的情况下，绝对误差大小能够反映测量精度。被测尺寸不同时，绝对误差不能反映测量精度。这时应用相对误差的概念。

相对误差是指绝对误差的绝对值 $|\delta|$ 与被测量真值之比。即

$$\varepsilon = \frac{|\delta|}{x_0} \times 100\% \approx \frac{|\delta|}{x} \times 100\% \tag{10-3}$$

2. 测量的精确度

测量的精确度是测量的精密度和正确度的综合结果。测量的精密度是指相同条件下多次测量值的分布集中程度，测量的正确度是指测量值与真值一致的程度。下面用打靶来说明测量的精确度。

把相同条件下多次重复测量值看作是同一个人连续发射了若干发子弹，其结果可能是每次的击中点都偏离靶心且不集中，这相当于测量值与被测量真值相差较大且分散，即测量的精密度和正确度都低；也可能是每次的击中点虽然偏离靶心但比较集中，这相当于测量值与

被测量真值虽然相差较大，但分布的范围小，即测量的正确度低但精密度高；还可能是每次的击中点虽然接近靶心但分散，这相当于测量值与被测量真值虽然相差不大但不集中，即测量的正确度高但精密度低；最后一种可能是每次的击中点都十分接近靶心且集中，这相当于测量值与被测量真值相差不大且集中，测量的正确度和精密度都高，即测量的精确度高。

3. 测量误差的产生原因

（1）计量器具误差　计量器具误差是指计量器具本身在设计、制造和使用过程中造成的各项误差。

许多测量仪器为了简化结构，设计时常采用近似机构，例如，杠杆齿轮比较仪中测杆的直线位移与指针的角位移不成正比，而表盘标尺却采用等分刻度。使用这类仪器时必须注意其示值范围。

另外一项常见的计量器具误差就是阿贝误差，即由于违背阿贝原则而引起的测量误差。阿贝原则是指测量装置的标准尺应与被测尺寸重合或位于被测尺寸的延长线上，否则将会产生较大的测量误差。卡尺类计量器具往往精度很低的原因就是违背了阿贝原则。

量仪设计时，经常采用近似机构代替理论上所要求的运动机构，用均匀刻度的刻度尺近似地代替理论上要求非均匀刻度尺，或者仪器设计时违背阿贝原则等，这样的误差称为理论误差。

计量器具零件的制造误差、装配误差以及使用中的变形也会产生测量误差。

采用相对测量方法时，使用的量块、线纹尺等基（标）准件都包含测量极限误差，这种误差将直接影响测量结果。进行测量时，首先必须选择满足测量精度要求的测量基（标）准件，一般要求其误差为总的测量误差的 1/5~1/3。

（2）测量方法误差　测量方法误差是指测量时由于采用不完善的测量方法而引起的误差。采用的测量方法不同，产生的测量误差也不一样。直接测量与间接测量相比较，前者的误差只取决于被测参数本身测量时的计量器具与测量环境和条件所引起的误差；而后者除取决于与被测参数有关的各个间接测量参数的计量器具与测量环境和条件所引起的误差外，还取决于它们之间的函数关系所带来的计算误差。

为了消除或减小测量方法误差，应对各种测量方案进行误差分析，尽可能在最佳条件下进行测量，并对误差予以修正。

（3）环境误差　环境误差是指由于环境因素的影响而产生的误差。环境条件包括温度、湿度、气压以及灰尘等。在这些因素中，温度引起的误差是主要误差来源。测量时，由于室温偏离基准温度（+20℃），且基准件和被测件的温度不同，线膨胀系数也不同时，测量误差可按下式计算

$$\Delta L = L\left[\,\alpha_2(t_2-20℃)-\alpha_1(t_1-20℃)\,\right] \tag{10-4}$$

式中　L——被测长度；

　α_1、α_2——分别为基准件和被测件的线膨胀系数；

　t_1、t_2——分别为基准件和被测件的温度。

为了减小温度引起的测量误差，一般高精度测量均在恒温下进行，并要求被测工件与计量器具温度一致。

（4）人员误差　人员误差是指人为原因所引起的测量误差。如测量者的估读判断能力，眼睛的分辨力，测量技术的熟练程度，测量习惯等因素所引起的测量误差。

造成测量误差的因素很多。有些误差是可以避免的,有些误差是可以通过修正消除的,还有一些误差既不可避免也不能消除。测量者应了解产生测量误差的原因,并进行分析,掌握其影响规律,设法消除或减小其对测量结果的影响,从而保证测量的精度。

4. 测量误差的分类

根据测量误差的性质和特点,可分为系统误差、随机误差和粗大误差。

(1) 系统误差 系统误差可分为已定系统误差和未定系统误差。已定系统误差(分定值和变值系统误差)是指在同一条件下,多次测量同一量值时,误差的绝对值和符号恒定不变,或在条件改变时,按某一规律变化的误差。例如,用比较仪测量零件时,调整仪器所用的量块的误差,对每次测量结果的影响是相同的。变值系统误差是指在同一测量条件下,多次测量同一量值时,误差对每一个测得值的影响是按一定规律变化的,但大小和符号均保持不变。例如,指示表的表盘安装偏心所引起的示值误差是按正弦规律周期变化的。

已定系统误差,由于其规律是确定的,可以设法消除,即在测量结果中加以修正。但未定系统误差,由于其变化规律未掌握,往往无法消除,因而常按随机误差处理。

在实际测量中,应设法避免产生系统误差。如果难以避免,则应设法加以消除或减小系统误差。消除和减小系统误差的方法有以下几种。

1) 从产生系统误差的根源消除。

2) 用加修正值的方法消除。

3) 用两次读数法消除。

4) 利用被测量之间的内在联系消除。

(2) 随机误差 随机误差是指在一定测量条件下,多次测量同一量值时,测量误差的绝对值和符号以不可预定的方式变化的误差。随机误差是由许许多多微小的随机因素造成的。随机误差的数值通常不大,虽然某一次测量的随机误差大小、符号不能预料,但是进行多次重复测量,对测量结果进行统计、计算,就可以看出随机误差符合一定的统计规律,并且大多数情况符合正态分布规律。正态分布曲线如图 10-6 所示。正态分布的随机误差具有下列四个基本特性。

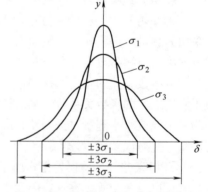

图 10-6 σ 的大小对分布曲线形状的影响

1) 单峰性。绝对值小的误差比绝对值大的误差出现的概率大。

2) 对称性。绝对值相等的正、负误差出现的概率相等。

3) 有界性。在一定的测量条件下,随机误差的绝对值不会超过一定的范围。

4) 抵偿性。随着测量次数的增加,随机误差的算术平均值趋于零。

假设测量值中只含有随机误差,且随机误差是相互独立、等精度的,则随机误差正态分布曲线的数学表达式为

$$y = \frac{1}{\sigma\sqrt{2\pi}}e^{\frac{\delta^2}{2\sigma^2}}\tag{10-5}$$

式中 y——概率密度函数;

σ——标准偏差；

δ——随机误差。

分析式（10-5）可知，σ 越大 $y(\delta)$ 减少得越慢，即测量值越分散，测量精密度越低；反之，σ 越小 $y(\delta)$ 减少得越快，即测量值越集中，测量精密度越高。当 $\delta=0$ 时，概率密度有最大值 $y_{max}=1/(\sigma\sqrt{2\pi})$，且与标准偏差 σ 成反比。图 10-6 所示为 $\sigma_1<\sigma_2<\sigma_3$ 三种不同测量精密度的随机误差分布曲线。因此，σ 值表征了各测得值系列的精密度指标。

1）标准偏差和算术平均值的计算。

根据误差理论，可计算标准偏差 σ 如下

$$\sigma = \sqrt{\frac{\sum\limits_{i=1}^{n}(x_i-\bar{x})^2}{n-1}} \tag{10-6}$$

式中　x_i——某次测量值；

　　　$\bar{x}$——n 次测量值的算术平均值；

　　　n——测量次数，n 应该足够大。

测量值的算术平均值 $\bar{x}$ 按下式计算

$$\bar{x} = \frac{1}{n}\sum\limits_{i=1}^{n}x_i \tag{10-7}$$

2）残余误差（残差）及其特性。由于被测量的真值 x_0 无法准确得到，所以在实际应用中常以算术平均值 $\bar{x}$ 代替真值，并以残差 $v_i=x_i-\bar{x}$ 代替测量误差 δ_i。由概率论与数理统计可知，残差 v_i 有两个重要特性：

① 一组测量值的残差代数和等于零，即

$$\sum\limits_{i=1}^{n}v_i = 0 \tag{10-8}$$

② 残差的平方和为最小，即

$$\sum\limits_{i=1}^{n}v_i^2 = \sum\limits_{i=1}^{n}(x_i-\bar{x})^2 = \min \tag{10-9}$$

3）单次测量的极限误差 δ_{lim}。由式（10-5）和概率论可知，单次测量值的随机误差 δ 落在整个分布范围（$-\infty \sim +\infty$）的概率为 1，落在分布范围（$-\sigma \sim +\sigma$）的概率为 68.26%，落在分布范围（$-2\sigma \sim +2\sigma$）的概率为 95.44%，落在分布范围（$-3\sigma \sim +3\sigma$）的概率为 99.73%。通常，取 $\pm 3\sigma$ 为单次测量的极限误差，即 $\delta_{lim}=\pm 3\sigma$。用单次测量值表示测量结果的形式如下

$$x=x_i\pm\delta_{lim}=x_i\pm 3\sigma$$

4）算术平均值的极限误差 $\delta_{lim\bar{x}}$。可以证明，对于等精度的 m 组 n 次重复测量，每组测量值的算术平均值 $\bar{x}_i$（$i=1,2,\cdots,m$）也是服从正态分布的随机变量，然而其分散性与单次测量值 $\bar{x}_i$ 相比明显减小，并且算术平均值 $\bar{x}_i$ 的标准偏差 $\sigma_{\bar{x}}$ 与单次测量值 $\bar{x}_i$ 的标准偏差 σ 有如下关系

$$\sigma_{\bar{x}} = \frac{\sigma}{\sqrt{n}} \tag{10-10}$$

则算术平均值的极限误差为

$$\delta_{\lim\bar{x}} = \pm 3\sigma_{\bar{x}} = \pm 3\sigma/\sqrt{n}$$

这时，测量结果可写成如下形式

$$x = \bar{x} \pm \delta_{\lim\bar{x}} = \bar{x} \pm 3\sigma_{\bar{x}} = \bar{x} \pm 3\sigma/\sqrt{n}$$

式（10-10）表明，增加重复测量次数 n，用算术平均值作为测量结果，可以提高测量精度。不过当 n 超过一定数值时，比值 $\sigma_{\bar{x}}/\sigma$ 随 n 的平方根衰减的速度变慢，收效并不明显，而且如果重复测量的时间过长，反而可能因测量条件不稳定而引入其他一些误差。因此，实际测量时，一般 n 取 3~5 次，最多也很少超过 20 次。

（3）粗大误差　粗大误差是指由于测量不正确等原因引起的明显超出规定条件预计差限的那种误差。例如，工作上的疏忽、经验不足、过度疲劳以及外界条件变化等引起的误差。由于粗大误差明显歪曲了测量结果，应剔除带有粗大误差的测得值。发现和剔除粗大误差的方法，通常是用重复测量或者改用另一种测量方法加以核对。

系统误差和随机误差不是绝对的，它们在一定条件下可以相互转化。例如，量块的制造误差，对量块制造厂来说是随机误差，但如果以某一量块作为基准去成批地测量零件，则为被测零件的系统误差。

5. 测量结果的数据处理

完整的测量结果包括测量值和测量极限误差 $\delta_{\lim}$ 两部分。获得测量极限误差 $\delta_{\lim}$ 有两种途径：一种是从仪器的使用说明书或检定规程中获取，另一种是通过分析测量误差源，计算出各单项误差的数值，再采用适当的方法将各单项误差进行合成，最后获得测量极限误差。

（1）直接测量结果的数据处理　在相同条件下多次重复测量值中，可能同时存在系统误差、随机误差和粗大误差，也可能只存在其中一类或两类误差。为了得到正确的测量结果，用 3σ 准则判别是否存在粗大误差，如果存在则剔除之；然后采用适当的方法发现已定系统误差，如果存在多项已定定值系统误差，则按下式合成

$$\Delta_{\stackrel{\text{总}}{}} = \sum_{i=1}^{n} \Delta_i \tag{10-11}$$

式中　Δ_i——各误差分量的系统误差。

最后按下列步骤处理测量数据列：剔除粗大误差和消除系统误差之后，计算测量列的算术平均值 $\bar{x}$ 及其标准偏差 $\sigma_{\bar{x}}$ 和极限误差 $\delta_{\lim\bar{x}}$，按下式给出测量结果

$$x = \bar{x} - \Delta_{\stackrel{\text{总}}{}} \pm \delta_{\lim\bar{x}} = \bar{x} \pm 3\sigma_x$$

（2）间接测量结果的数据处理

1）已定系统误差的合成。若间接测量被测量 Y 与间接测量值 $x_i(i=1, 2, \cdots, n)$ 之间的函数关系为 $Y=f(x_i)$。对 $Y=f(x_i)$ 进行全微分，则近似有

$$\Delta Y = \sum_{i=1}^{n} \frac{\partial f}{\partial x_i} \Delta x_i \tag{10-12}$$

式中　$\dfrac{\partial f}{\partial x_i}$——间接测量值 x_i 的误差传递系数；

　　　Δx_i——直接测量值 x_i 的系统误差。

变值系统误差的合成较复杂，应在此之前用相应的方法从数据中消除。

2）未定系统误差与随机误差的合成。对于 $Y=f(x_i)(i=1,2,\cdots,n)$，由概率论理论，有

$$\sigma_Y = \sqrt{\sum_{i=1}^{n}\left(\frac{\partial f}{\partial x_i}\right)^2 \sigma_{x_i^2}}$$

折合成极限误差为

$$\delta_{Y\text{lim}} = \sqrt{\sum_{i=1}^{n}\left(\frac{\partial f}{\partial x_i}\right)^2 \delta_{x_{i\text{lim}}}^2} \tag{10-13}$$

例　在立式测长仪上对某轴径进行等精度测量 10 次，得到测量值 x_i（单位为 mm）见表 10-4，设测量列中不存在定值系统误差，试确定单次测量的标准偏差 σ、算术平均值的标准偏差 $\sigma_{\bar{x}}$，并给出以单次测量值作结果和以算术平均值作结果的精度。

表 10-4　例题的测量数据

测量序号 i	测量值 x_i/mm	$(x_i-\bar{x})$ /μm	$(x_i-\bar{x})^2$/μm²
1	25.025	−12	144
2	25.032	−5	25
3	25.044	+7	49
4	25.053	+16	256
5	25.013	−24	576
6	25.002	−35	1225
7	25.009	−28	784
8	25.065	+28	784
9	25.050	+13	169
10	25.074	+37	1396
	$\bar{x}=\dfrac{1}{10}\sum\limits_{i=1}^{10}x_i=25.037$	$\sum\limits_{i=1}^{10}(x_i-\bar{x})=-3$	$\sum\limits_{i=1}^{10}(x_i-\bar{x})^2=5381$

解　由式（10-6）、式（10-7）和式（10-10）得测量的算术平均值、单次测量的标准偏差和多次测量的标准偏差分别为

$$\bar{x}=\frac{1}{10}\sum_{i=1}^{10}x_i=25.037\text{mm}$$

$$\sigma=\sqrt{\frac{\sum\limits_{i=1}^{10}(x_i-\bar{x})^2}{10-1}}=\sqrt{\frac{5381}{10-1}}\mu m\approx24.45\mu m$$

$$\sigma_{\bar{x}}=\frac{\sigma}{\sqrt{n}}=\frac{24.45}{\sqrt{10}}\mu m\approx7.73\mu m$$

因此，以单次测量值作结果的精度为 $\pm3\sigma\approx\pm73.35\mu m$；以算术平均值作结果的精度为 $\pm3\sigma_{\bar{x}}\approx\pm23.19\mu m$。

习　　题

10-1　什么是测量？测量的四要素是什么？

10-2　量块是怎样分级、分等的？使用时有何区别？

10-3 试用 83 块一套的量块，选择组成尺寸为 29.985mm 和 34.545mm 的量块组。

10-4 举例说明什么是绝对测量和相对测量、直接测量和间接测量。

10-5 测量误差按性质可分为哪三类？各有什么特征？

10-6 用千分尺测量某轴径共 15 次，各测量值为（mm）：20.08，20.04，20.08，20.09，20.07，20.08，20.07，20.06，20.08，20.05，20.06，20.09，20.07，20.04，20.03。设测量中系统误差为零，试求：

1）算术平均值 $\bar{x}$。

2）单次测量的标准偏差 σ。

3）多次测量的标准偏差 $\sigma_{\bar{x}}$。

附录　检测实验指导

实验 1　轴、孔测量

实验 1.1　用立式光学计测量轴径

一、实验目的

1）了解立式光学计的基本技术性能指标和测量原理。

2）学会调节仪器零位并掌握测量方法。

3）巩固轴类零件有关尺寸及几何公差的概念。

4）掌握数据处理方法和合格性判定原则。

二、仪器简介及工作原理

立式光学计（立式光学比较仪）是一种精度较高、结构简单的光学仪器，主要用于测量工件外尺寸。除了用于测量精密的轴类零件外，还可以检定 4 等和 5 等量块。

常见的立式光学计有刻线尺式立式光学计和数显式立式光学计两种，下面分别简介。

（1）刻线尺式立式光学计（附图 1）　仪器的基本技术性能指标如下：

分度值	0.001mm
示值范围	±0.1mm
测量范围	0~180mm
示值误差	±0.3μm

由附图 1 可知，刻线尺式立式光学计由底座 1、支臂升降螺母 2、支臂 3、支臂紧固螺钉 4、立柱 5、直角光管 6、微调手轮 7、光管紧固螺钉 8、提升器 9、测头 10、工作台 11、微动紧固螺钉 12 和零位调节手轮 13 等几部分组成。

（2）数显式立式光学计（附图 2）　JDG-S1 数显式立式光学计的基本技术性能指标如下：

分度值	0.0001mm
示值范围	≥±0.1mm
测量范围	0~180mm
示值误差	±0.00025mm

JDG-S1 的外形及主要组成部分如附图 2 所示。由图可知，它由底座 1、提升器 2、支臂升降螺母 3、支臂 4、支臂紧固螺钉 5、微调手轮 6、立柱 7、直角光管 8、中心零位指示灯 9、数显窗 10、

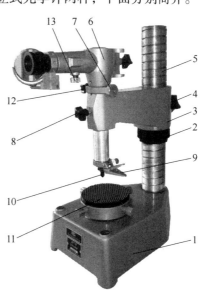

附图 1　刻线尺式立式光学计

1—底座　2—支臂升降螺母　3—支臂
4—支臂紧固螺钉　5—立柱　6—直角光管
7—微调手轮　8—光管紧固螺钉
9—提升器　10—测头　11—工作台
12—微动紧固螺钉　13—零位调节手轮

光管紧固螺钉 11、测头 12、可调工作台 13、置零按钮 14 和微动紧固螺钉 15 等几部分组成。

（3）工作原理 刻线尺式立式光学计是利用光学杠杆放大原理进行测量的，其光学系统如附图 3 所示。

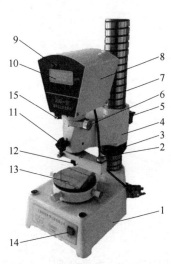

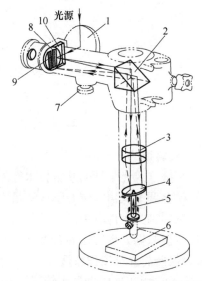

附图 2 数显式立式光学计
1—底座 2—提升器 3—支臂升降螺母
4—支臂 5—支臂紧固螺钉 6—微调手轮
7—立柱 8—直角光管 9—中心零位指示灯
10—数显窗 11—光管紧固螺钉 12—测头
13—可调工作台 14—置零按钮
15—微动紧固螺钉

附图 3 刻线尺式立式光学计的光学系统
1、4—反射镜 2—直角棱镜 3—物镜 5—测杆
6—被测件 7—微调旋钮 8—刻线尺
9—刻线尺像 10—分划板

照明光线经反射镜 1 及直角棱镜 2 照亮位于分划板 10 左半部的刻线尺 8（共 200 格，分度值为 1μm），再经直角棱镜 2 及物镜 3 后变成平行光束（分划板 10 位于物镜 3 的焦平面上），此光束被反射镜 4 反射回来，再经物镜 3、直角棱镜 2 在分划板 10 的右半部形成刻线尺像 9。分划板 10 左半部上有位置固定的刻线尺 8，当反射镜 4 与物镜 3 平行时，分划板左半部的刻线尺 8 与右半部的刻线尺像 9 上下位置是对称的，刻线尺 8 正好指向刻线尺像 9 的零刻线，如附图 4a 所示。当被测尺寸变化，使测杆 5 推动反射镜 4 绕其支承转过某一角度时，则分划板上的刻线尺像将向上或向下移动一相应的距离 l，如附图 4b 所示。此移动量为被测尺寸的变动量，可按指示所指格数及符号读出。

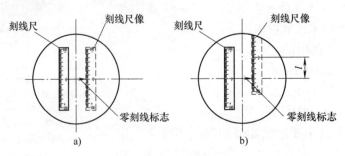

附图 4 分划板

立式光学计工作原理如附图 5 所示。S 为被测尺寸变动量，l 为刻线尺像相应的移动距离，物镜与分划板刻线面间的距离 f 为物镜焦距，该测杆至反射镜支承之间的距离为 t，则放大比 K 为

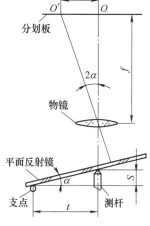

$$K=\frac{l}{S}=\frac{f\tan2\alpha}{t\tan\alpha}$$

式中　f——物镜焦距；

　　　t——测杆与支点间的距离。

由于 α 角一般很小，可取 $\tan2\alpha\approx2\alpha$，$\tan\alpha\approx\alpha$，所以 $K=\dfrac{2f}{t}$。

一般光学计物镜焦距 $f=200\mathrm{mm}$，$t=5\mathrm{mm}$，则放大比 $K=80$。用 12 倍目镜观察时，刻线尺像又被放大 12 倍，因此总放大比 n 为

附图 5　光学计工作原理

$$n=12K=12\times80=960$$

当测杆移动 0.001mm 时，在目镜中可见到 0.96mm 的位移量。由于仪器的刻线尺刻线间距为 0.96mm（它代表 0.001mm），即这个位移量相当于刻线尺移动一个刻度距离，所以仪器的分度值为 1μm。

数显式立式光学计读数原理与刻线尺式立式光学计有所不同，它是采用光栅刻线尺传感器及数字信号处理系统将测头的移动量转化为数字并由显示屏显示出来，因而测量结果更为直观，提高了测量精度和测量效率。

三、实验步骤

以刻线尺式立式光学计为例说明其实验步骤。

（1）选择测帽　测平面或圆柱面用球形测帽，测小于 10mm 的圆柱面用刀口形测帽，测球面用平测帽。

（2）按被测的公称尺寸组合量块组（用 4 等量块）　选好的量块用脱脂棉浸汽油清洗，再经干脱脂棉擦净后研合在一起，并将其放在工作台上。

（3）调节零位

1）刻线尺立式光学计调零（附图 1）。

① 粗调。锁紧微动紧固螺钉 12，松开光管紧固螺钉 8，转动微调手轮 7，使托圈与支臂 3 的间隙在最大位置附近，然后锁紧光管紧固螺钉 8。松开支臂紧固螺钉 4，转动支臂升降螺母 2，使测头 10 与量块上测量面慢慢靠近，待两者极为靠近时（留约 0.1mm 的间隙，切勿接触）将支臂紧固螺钉 4 锁紧。

② 精调。松开光管紧固螺钉 8，转动微调手轮 7 观察目镜视场，直至移动着的刻线尺像处于零位附近时，再将光管紧固螺钉 8 锁紧。若刻线尺像不清晰，可调节目镜视度环。

③ 微调。转动零位调节手轮 13，使刻线尺像对准零位（附图 6），然后用手轻轻按压提升器 9 二至三次，以检查零位是否稳定。若零位略有变化，可转动零位调节手轮 13 再次对零。

2）数显式立式光学计调零（附图 2）。

① 粗调。旋紧微动紧固螺钉 15，松开光管紧固螺钉 11，转动微调手轮 6，使托圈与支

臂 4 的间隙在最大位置附近，然后锁紧光管紧固螺钉 11。松开支臂紧固螺钉 5，转动升降螺母 3，使测头 12 与量块上测量面慢慢靠近，待两者极为靠近时（留约 0.1mm 的间隙，切勿接触），将支臂紧固螺钉 5 锁紧。

② 精调。按置零按钮 14，使数显窗 10 为全零显示。松开光管紧固螺钉 11，缓慢转动微调手轮 6，使支臂 4 缓慢下降，监视中心零位指示灯 9，当它点亮时，即把光管紧固螺钉 11 锁紧，最后再按置零按钮 14。

中心零位指示灯一般在 +130μm 附近点亮，锁紧光管紧固螺钉 11 时，有时会因为位置走动而使指示灯复而熄灭，此时可双手同时分别转动微动紧固螺钉 15 和光管紧固螺钉 11，使刚好锁紧光管紧固螺钉 11 时，中心零位指示灯 9 点亮。

（4）测量 按压提升器 9（附图 1），抬起测头，取出量块，再将被测轴置于工作台上，按附图 7 所要求的部位进行测量。可先将被测轴上 I 点靠近测头，并使其从测头下慢慢前后移动，由目镜中读取最大值（即读数转折点），此读数就是被测尺寸相对量块尺寸的偏差。读数时应注意正、负号。依次选择均布在轴上的 I、II、III 三个横截面上的相互垂直的两个直径位置 AA'、BB' 测量。

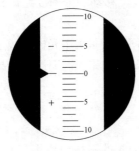

附图 6　微调整后

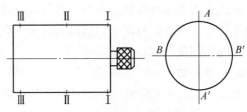

附图 7　被测零件的测量部位

四、数据处理及合格性的评定方法

（1）评定轴径的合格性 所测 6 个直径的实际偏差都应在上、下验收极限所限定的区域内（附图 8），该轴直径才是合格的，即

$$es-A \geqslant (e_{amax} \text{和} e_{amin}) \geqslant ei+A$$

式中 e_{amax}——轴径的最大实际偏差；

　　　e_{amin}——轴径的最小实际偏差；

　　　A——安全裕度（即规定测量不确定的允许值，查附表 1）。

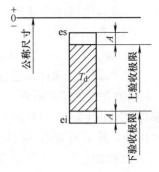

附图 8　安全裕度 A

（2）评定圆柱度和圆度的合格性 在被测轴的零件图上标注了圆度公差 t_o、圆柱度公差 t_H。由于在轴上测了三个（I、II、III）截面的圆度误差 f_o 和圆柱度误差 f_H，并将其中最大的 f_H 和 f_o 分别与其公差值相比较，当 $f_o \leqslant t_o$ 和 $f_H \leqslant t_H$ 时，即为合格。

圆柱度和圆度误差的测量方法可用近似地计算法，例如，测得 3 个截面相隔 90° 的径向位置上共 6 个直径。其实际偏差见附表 2。

附表 1　安全裕度 *A* 与计量器具的测量不确定度允许值 *u*₁（摘自 GB/T 3177—2009）

（单位：μm）

公差等级		6					7					8					9				
公称尺寸/mm		T	A	u_1			T	A	u_1			T	A	u_1			T	A	u_1		
大于	至			I	II	III			I	II	III			I	II	III			I	II	III
—	3	6	0.60	0.54	0.9	1.4	10	1.0	0.9	1.5	2.3	14	1.4	1.3	2.1	3.2	25	2.5	2.3	3.8	5.6
3	6	8	0.8	0.72	1.2	1.8	12	1.2	1.1	1.8	2.7	18	1.8	1.6	2.7	4.1	30	3.0	2.7	4.5	6.8
6	10	9	0.9	0.81	1.4	2.0	15	1.5	1.4	2.3	3.4	22	2.2	2.0	3.3	5.0	36	3.6	3.3	5.4	8.1
10	18	11	1.1	1.0	1.7	2.5	18	1.8	1.7	2.7	4.1	27	2.7	2.4	4.1	6.1	43	4.3	3.9	6.5	9.7
18	30	13	1.3	1.2	2.0	2.9	21	2.1	1.9	3.2	4.7	33	3.3	3.0	5.0	7.4	52	5.2	4.7	7.8	12
30	50	16	1.6	1.4	2.4	3.6	25	2.5	2.3	3.8	5.6	39	3.9	3.5	5.9	8.8	62	6.2	5.6	9.3	14
50	80	19	1.9	1.7	2.9	4.3	30	3.0	2.7	4.5	6.8	46	4.6	4.1	6.9	10	74	7.4	6.7	11	17
80	120	22	2.2	2.0	3.3	5.0	35	3.5	3.2	5.3	7.9	54	5.4	4.9	8.1	12	87	8.7	7.8	13	20
120	180	25	2.5	2.3	3.8	5.6	40	4.0	3.6	6.0	9.0	63	6.3	5.7	9.5	14	100	10	9.0	15	23
180	250	29	2.9	2.6	4.4	6.5	46	4.6	4.1	6.9	10	72	7.2	6.5	11	16	115	12	10	17	26

公差等级		10					11					12				13			
公称尺寸/mm		T	A	u_1			T	A	u_1			T	A	u_1		T	A	u_1	
大于	至			I	II	III			I	II	III			I	II			I	II
—	3	40	4.0	3.6	6.0	9.0	60	6.0	5.4	9.0	14	100	10	9.0	15	140	14	13	21
3	6	48	4.8	4.3	7.2	11	75	7.5	6.8	11	17	120	12	11	18	180	18	16	27
6	10	58	5.8	5.2	8.7	13	90	9.0	8.1	14	20	150	15	14	23	220	22	20	33
10	18	70	7.0	6.3	11	16	110	11	10	17	25	180	18	16	27	270	27	24	41
18	30	84	8.4	7.6	13	19	130	13	12	20	29	210	21	19	32	330	33	30	50
30	50	100	10	9.0	15	23	160	16	14	24	36	250	25	23	38	390	39	35	59
50	80	120	12	11	18	27	190	19	17	29	43	300	30	27	45	460	46	41	69
80	120	140	14	13	21	32	220	22	20	33	50	350	35	32	53	540	54	49	81
120	180	160	16	15	24	36	250	25	23	38	56	400	40	36	60	630	63	57	95
180	250	185	18	17	28	42	290	29	26	44	65	460	46	41	69	720	72	65	110

附表 2　3 个测量部位 6 个测点的测量数据　　　　（单位：μm）

测量方向	实 际 偏 差		
	I	II	III
A—A′	−16.5	−8.0	−10.2
B—B′	−8.4	−10.8	−6.3

　　圆柱度误差可由测得最大偏差和最小偏差之差的 1/2 来确定。在本例中 $f_{柱}$ = [−6.3−（−16.5）]μm/2 = 5.1μm。

　　圆度误差可用同一截面两垂直方向的直径差的一半近似作为该截面的圆度误差，取三个截面的圆度误差中最大者作为最后结果。在本例中 $f_○$ = [−8.4−（−16.5）]μm/2 = 4.05μm。

实验 1.2　用内径指示表测量孔径

一、实验目的

1）了解内径指示表进行相对测量的原理。

2）掌握内径指示表的调零及测量方法。

二、仪器简介

内径指示表是测量孔径的通用量仪，用一般的量块或标准圆环作为基准，采用相对测量法测量内径，特别适宜于测量深孔。内径指示表又分为内径百分表和内径千分表，并按其测量范围分为许多挡，可根据尺寸大小及精度要求进行选择。每个仪器都配有一套固定测头以备选用，仪器的测量范围取决于测头的范围。本实验所用内径百分表的主要技术性能指标如下：

分度值　　　　　0.01mm
示值范围　　　　0~10mm
测量范围　　　　50~160mm

三、测量原理

附图9所示为用内径百分表测量孔径，内径百分表是以同轴线上的固定测头和活动测头与被测孔壁相接触进行测量的。它备有一套长短不同的固定测头，可根据被测孔径大小选择更换。

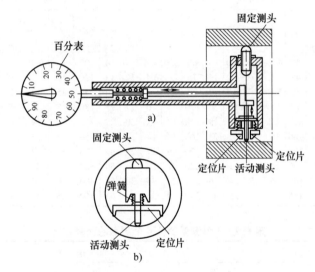

附图9　用内径百分表测量孔径

测量时，活动测头受到孔壁的压力而产生位移，该位移经杠杆系统传递给指示表，并由指示表进行读数。为了保证两测头的轴线处于被测孔的直径方向上，在活动测头的两侧有对称的定位片，定位片在弹簧的作用下，对称地压靠在被测孔径两边的孔壁上，从而达到上述要求。

四、实验步骤

（1）选择固定测头　选择与被测孔径公称尺寸相应的固定测头装到内径指示表上。

（2）调节零位（见附图10）

1）按被测孔径的公称尺寸组合量块，并将该量块组放入量块夹中夹紧。

2）将内径指示表的两测头放入两量爪之间，与两量爪相接触。为了使内径指示表的两测头轴线与两量爪平面相垂直（两量爪平面间的距离就是量块组的尺寸），需手握隔热手柄，微微摆动内径指示表，找出表针的转折点，并转动指示表刻度盘，使"0"刻线对准该转折点，此时零位已调好。

（3）测量孔径（见附图 11）　将内径指示表放入被测孔中，微微摆动指示表，并按指示表的最小示值（表针转折点）读数。该数值为内径局部实际尺寸与其公称尺寸的偏差。如附图 11 所示，在被测孔的三个横截面、两个方向上测出 6 个实际偏差，并记入实验报告中。

（4）评定合格性　若被测孔径 6 个实际偏差中，最大、最小实际偏差为 E_{amax} 和 E_{amin}，圆度误差为 $f_\circ$，若满足以下两式要求即为合格

$$\mathrm{ES}-A \geqslant （E_{amax} 和 E_{amin}） \geqslant \mathrm{EI}+A$$

式中　A——安全裕度；

　　E_{amax}——孔径的最大实际偏差；

　　E_{amin}——孔径的最小实际偏差。

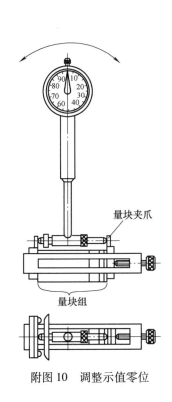

附图 10　调整示值零位 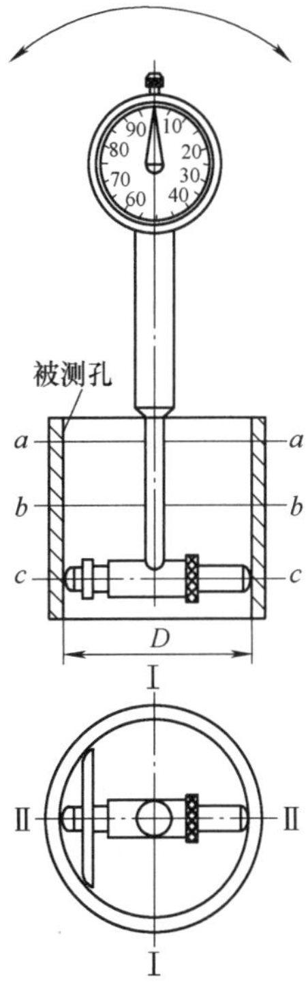　　　　　　　　附图 11　测量孔径

$$f_\circ \leqslant t_\circ$$

这里，圆度误差 $f_\circ$ 是由测得孔径实际偏差求出的。由于在被测孔的一个截面上只测了相互垂直的两个直径的实际偏差 $E_{AA'}$ 和 $E_{BB'}$，故圆度误差为

$$f_\circ = \frac{1}{2} \left| E_{AA'} - E_{BB'} \right|$$

附图 11 测量了内孔的三个截面，此孔的圆度误差应取三个截面中圆度误差值最大的作为测量结果。

五、思考题

1）该测量方法属于绝对测量法还是比较测量法？有无阿贝误差？

2）为何要在摆动内径指示表时调零和读数？指针转折点是最小值还是最大值？为什么？

3）如果内径指示表的活动测头或固定测头磨损了，用它们调整指示值的零位对测量结果是否有影响？

实验 2　形状误差测量

实验 2.1　用自准直仪测量平台的直线度误差

一、实验目的

1）了解自准直仪的结构、工作原理和使用它测量给定平面内的直线度误差的方法。

2）掌握用作图法按最小条件和两端点连线求解直线度误差值的方法。

二、仪器简介

自准直仪又称平面度检查仪和平直仪，它是一种测量微小角度变化的仪器。除了测量直线度误差外，还可测量平面度、垂直度和平行度误差以及小角度等。仪器由本体及反射镜两部分组成。本体包括平行光管、读数显微镜和光学系统，如附图 12 所示。

仪器的基本技术性能指标如下：

分度值　　　　　　1s 或 0.0005mm/m

示值范围　　　　　±500s

测量范围（被测长度）约 5m

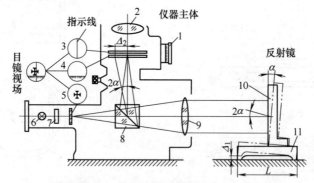

附图 12　自准直仪的光学系统图

1—鼓轮　2—目镜　3、4、5—分划板　6—光源　7—滤光片　8—立方棱镜
9—物镜　10—反射镜　11—桥板

三、工作原理——自准直原理

由附图 12 可知，由光源 6 发出的光线照亮了十字分划板 5（位于物镜 9 的焦平面上），并通过立方棱镜 8 及物镜 9 形成平行光束投射到反射镜 10 上。而经反射镜 10 返回的光线穿过物镜 9，投射到立方棱镜 8 的半反半透膜上，向上反射而汇聚在分划板 3 和 4 上（两个分划板皆位于物镜 9 的焦平面上）。其中 4 是固定分划板，上面刻有刻度线，而 3 是可动分划板，其上刻有一条指标线。由于分划板 3、4 都位于目镜 2 的焦平面上，所以在目镜视场中可以同时看到指标线、刻度线及十字刻线的影像。

当反射镜 10 的镜面与主光轴垂直时,则光线由原路返回,在分划板 4 上形成十字影像,此时若用指标线对准十字影像,则指标线应指在分划板 4 的刻线 "10" 上,且鼓轮 1 的读数正好为 "0"(见附图 13a)。

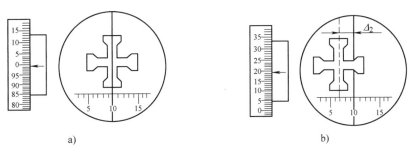

附图 13 测量时的示值
a) 读数为 1000 格(起始状态) b) 读数为 720 格

当反射镜倾斜并与主光轴成 α 角时,此时,反射光线与主光轴成 2α 角。因此穿过物镜后,在分划板 4 上所成十字像偏离了中间位置。若移动指标线对准该十字像时,则指标线不是指在 "10",而是偏离了一个 Δ_2 值(见附图 12 及附图 13b)。此偏离量与倾斜角 α 有一定关系,α 的大小可以由分划板 4 及鼓轮 1 的读数确定。

鼓轮 1 上共有 100 个小格。而鼓轮每回转一周,分划板 3 上的指标线在视场内移动 1 个格,所以视场内的 1 个格等于鼓轮上的 100 个小格。读数时,应将视场内读数与鼓轮上的读数合起来。如附图 13a 所示,视场内读数为 1000 格,鼓轮读数为 0,故合起来读数应为 1000 格。再如附图 13b 所示,视场内读数为 700 格,鼓轮读数为 20 格,故合起来读数应为 720 格。仪器的角分度值为 1″,即每小格代表 1″,故可容易地读出倾斜角 α 的角度值。为了能直接读出桥板与平台两接触点相对于主光轴的高度差 Δ_1 的数值(见附图 12),可将格值用线值来表示。此时,线分度值与反射镜座(桥板)的跨距有关,当桥板跨距为 100mm 时,则分度值恰好为 0.0005mm(即 $100\text{mm} \times \tan 1″ \approx 0.0005\text{mm}$)。

用自准直仪测量直线度误差,就是将被测要素与自准直仪发出的平行光线相比较,并根据所得数据用作图法或计算法求出被测要素的直线度误差值。

四、实验步骤

如附图 14 所示,自准直仪本体 3 是固定在被测平台 1 上的,通过移动带有反射镜 5 的桥板进行测量。

1)将自准直仪本体 3 和反射镜座 6 均放置在被测平面的一端,接通本体电源后,左右微微转动反射镜座 6,使镜面与仪器光轴垂直,此时从仪器目镜中能看到从镜面反射回来的十字亮带,旋转鼓轮,使活动分划板上的水平刻线与十字亮带的水平亮带中间重合,并读出鼓轮读数(即 0-1 测点位置上读数 α_1 就是 1 点相对零点的高度差值)。

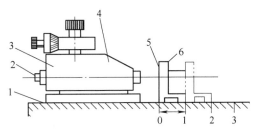

附图 14 用自准直仪测量直线度误差
1—被测平台 2—光源 3—本体 4—量仪本体
5—反射镜 6—反射镜座

2)将桥板依次移到 1-2、2-3、3-4、4-5 等各位置,并重复上述操作,记取各次读数 α_2、

α_3、α_4、α_5。

3）再将桥板按5-4、4-3、3-2、2-1、1-0的顺序，依次回测，记下各次读数α_5'、α_4'、α_3'、α_2'、α_1'。若两次读数相差较大，应检查原因后重测。

4）进行数据处理并用作图法求直线度误差。

五、数据处理方法

举例说明：如附图14所示，桥板的跨距$L_1 = 100\text{mm}$，平台长$L_2 = 500\text{mm}$，可将测量的平台分为5段，测得数据见附表3。

附表3　直线度误差的测量数据 （单位：μm）

测点序号 i	0	1	2	3	4	5
顺测读数 a_i	0	+4	+16	−6	+35	−26
回测读数 a_i'	0	+2	+12	−6	+43	−28
平均值	0	+3	+14	−6	+39	−27
相对测点 1 的读数	0	0	+11	−9	+36	−30
累积值	0	0	+11	+2	+38	+8

为了用最小条件法求出直线度误差，可在直角坐标上按累积坐标值的方法画出如附图15所示的误差折线。然后，用两条距离为最小的平行直线包容此误差折线，则两平行线间沿纵坐标方向的距离即为直线度误差，在此例中$f_- = 33\mu\text{m}$。符合最小条件的平行直线的画法是：使折线上所有点都处于两条平行直线之间，且折线有两个最低点落在下边直线上，而此两点之间必有最高点落在上边直线上，即为"低—高—低"准则。$f_- = 33\mu\text{m}$的解法：在附图15上加辅助线——虚线。平行线与横坐标轴的斜率为

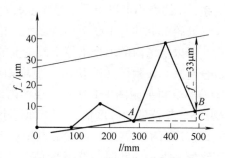

附图15　作图法求直线度误差

$$\tan\alpha = \frac{BC}{AC} = \frac{8-2}{5-3} = 3$$

则　　　　　$f_- = 38 - f_0 = 38 - (f_E + \tan\alpha \times 1) = [38 - (2+3)]\mu\text{m} = 33\mu\text{m}$

另外一种情况是，折线有两个最高点落在上边的直线上，而此两点之间有最低点落在下边的直线上，即为"高—低—高"准则。

六、思考题

1）为什么要根据累积值作图？

2）在所画的误差图形上，是按包容线的垂直距离取值，还是按纵坐标方向取值？

实验2.2　用分度头测量圆度误差

一、实验目的

1）了解分度头的工作原理。

2）掌握在分度头上近似测量圆度误差的方法及圆度误差判断方法。

二、仪器简介

光学分度头是一种通用光学量仪，应用很广泛。光学分度头的类型很多，但其共同特点是都具有一个分度装置，而且分度装置与传动机构无关，所以可以达到较高的分度精度。此外，光学分度头还带有阿贝头、指示表、定位器等多种附件，所以除测量角度外，还可测量齿轮齿距等。分度头的分度值多以秒计，本实验测量圆度误差，对回转角度的精度要求不高，故采用了分度值为 $1'$ 的分度头（见附图 16）。

三、工作原理

如附图 16 所示，光学分度头的玻璃刻度盘 5 安装在主轴 1 上，可以随主轴一起回转。在度盘的圆周上刻有 360 条度值刻线。由光源 4 发出的光线射到玻璃刻度盘 5 上后，经物镜及一系列棱镜成像于分划板 3 上，在分划板上刻有 61 条分值刻线，由于分划板也位于目镜 2 的焦平面上，故由目镜可以读出主轴回转的角度。附图 17 所示为目镜视场的图像，其读数为 $44°36'$。

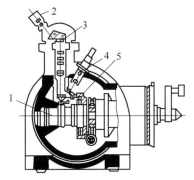

附图 16　光学分度头的结构图
1—主轴　2—目镜　3—分划板
4—光源　5—玻璃刻度盘

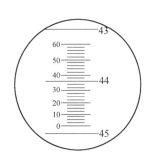

附图 17　目镜视场中读数为 $44°36'$

四、实验步骤

1）将被测零件装在光学分度头的两顶尖之间，并将指示表的测头靠在零件上，前后移动指示表，使其测头与零件最高点相接触（即指针的转折点位置），如附图 18 所示。

2）将分度头外面的活动度盘 1 转至 $0°$，记下指示表 2 上的读数。

3）转动手轮 4，注视活动度盘 1，分度头每转过 $30°$（即 $30°$，$60°$，…，$360°$），就从指示表 1 上读取一个数值。测完一周，

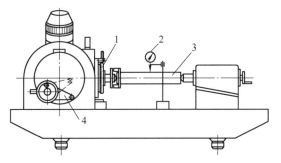

附图 18　用光学分度头测量圆度误差
1—活动度盘　2—指示表　3—工件　4—手轮

共记下 12 次读数。按下述数据处理方法求该截面轮廓的圆度误差。测量若干截面轮廓的圆度误差，取其中最大值作为该圆柱面的圆度误差 f_o。若 f_o 小于或等于圆度公差 t_o，则此项指标合格。

五、数据处理

上述用指示表测量圆周 12 等份处轴的半径差是表示以中心孔为圆心的极坐标轮廓，评定圆度误差时，需要确定理想圆的圆心，其方法有四种：最小区域法、最小二乘圆法，最小外接圆法和最大内接圆法，如附图 19 所示。本实验采用最小区域法。

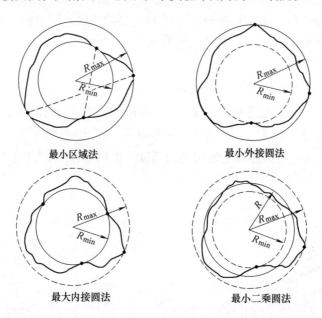

附图 19　圆度误差评定图

最小区域法是指包容实际轮廓的两个半径差为最小的同心圆，包容时至少有四个实测点内外相间地在两个圆上。确定圆度误差的方法如下：

1）将所测各读数都减去读数中的最小值，使相对读数全为正值；按适当比例放大后，用红笔将各数值依次标记在极坐标纸上，如附图 20 所示。

2）将透明的同心圆模板覆盖在极坐标图上，并在图上移动，使某两个同心圆包容所标记的各个点，而且此两个圆之间距离为最小。此时，至少有四个点顺序交替地落在此两圆的圆周上（内 - 外 - 内 - 外），如附图 20 中 a、c 两点同在内接圆 2 上，b、d 两点同在外接圆 5 上，其余各点均被包容在此两圆之间，则此两圆为最小区域圆，圆心在 O 点。两圆之间的距离为 3 格，假设每格标定值代表 $2\mu m$，则圆度误差为 $6\mu m$。

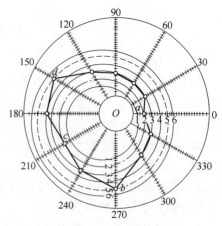

附图 20　半径变化量折线图

3）用圆规以 O 点为中心，画出两个包容各实测点的最小区域圆，量出此两圆的半径差，除以图形的放大倍数，也可确定圆度误差。

若将指示表改换为电感测头并连接到计算机上，圆度误差值可直接由计算机显示或打印出来。

六、思考题

分析测量结果中除圆度误差外还可能包含何种误差?

实验 2.3　用指示表测量平面度误差

一、实验目的

1) 了解平板测量方法。

2) 掌握平板测量的评定方法及数据处理方法。

二、测量简介

测量平板的平面度误差的主要方法是用标准平板模拟基准平面,用指示表进行测量,如
附图 21 所示。标准平板精度较高,一般为 0 级或 1
级。对中、大型平板通常用水平仪或自准直仪进行测
量,可按一定的布线方式,测量若干直线上的各点,
再经适当的数据处理,统一为对某一测量基准平面的
坐标值。

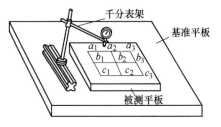

附图 21　用指示表测量平面度误差

不管用何种方法,测量前都应在被测平面上画方
格线 (见附图 21),并按所画线进行测量。测量所得
数据是对测量基准而言的,为了评定平面度误差的误
差值,还需进行坐标变换,以便将测得值转换为与评定方法相应的评定基准的坐标值。

三、实验步骤

本实验是用标准平板作为测量基准,用指示表测量小型平板 (见附图 21) 的平面度
误差。

1) 如附图 21 所示,将被测平板沿纵横方向画好网格,本例中为测量 9 个点,四周边缘
留 10mm,然后将被测平板放在基准平板上,按画线交点位置,移动千分表架,记下各点读
数并填入表中。

2) 由测得的各点示值处理数据,求解平面度误差值。

四、平面度误差的评定方法

(1) 按最小包容区域评定　如附
图 22 所示,由两平行平面包容实际被
测表面时,实际被测表面上应至少有
三至四点分别与这两个平行平面接触,
且满足下列条件之一。此时这两个包
容平面之间的区域称为最小包容区域。

1) 三角形准则。有三测点与一
个包容平面接触,有一测点与另一

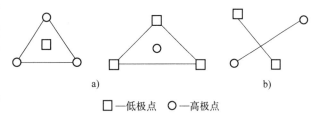

□—低极点　○—高极点

附图 22　最小包容区域的判别
a) 三角形准则　b) 交叉准则

包容平面接触,且该测点的投影能落在上述三点连成的三角形内 (见附图 22a)。

2) 交叉准则。至少各有两个高极点和两个低极点分别与两平行平面接触,且分别由相
应两高 (低) 极点连成的两条直线在空间呈交叉状态 (见附图 22b);或者有两个高 (低)
极点与两个平行的包容平面中的一个平面接触,还有一个低 (高) 极点与另一个平面接触,
并且该低 (高) 极点的投影落在两个高 (低) 极点的连线上。

（2）按对角线平面法评定　用通过实际被测表面的一条对角线且用平行于另一条对角线的平面作为评定基准，以各测点对此评定基准的偏离值中的最大偏离值与最小偏离值之差作为平面度误差值。测点在对角线平面上方时，偏离值为正值；测点在对角线平面下方时，偏离值为负值。

（3）按三远点平面法评定　用实际被测表面上相距最远的三个点建立的平面作为评定基准，以各测点对此评定基准的偏离值中的最大偏离值与最小偏离值之差作为平面度误差值。测点在三远点平面上方时，偏离值为正值；测点在三远点平面下方时，偏离值为负值。

五、数据处理和计算示例

按附图 21 的测量装置，测得某一小平板（均匀布置测 9 个点）所得数据如附图 23 所示。

+3	+7	+13
(a_1)	(a_2)	(a_3)
+8	+5	+5
(b_1)	(b_2)	(b_3)
+1	+6	+3
(c_1)	(c_2)	(c_3)

0	+4	+10
(a_1)	(a_2)	(a_3)
+5	+2	+2
(b_1)	(b_2)	(b_3)
−2	+3	+0
(c_1)	(c_2)	(c_3)

a)   b)

附图 23　平面度误差的测量数据

a）各测点的示值（μm）　　b）各测点与 a_1 示值的代数差（μm）

（1）平面度误差测量数据处理方法　为了方便测量数据的处理，首先求出附图 23a 所示 9 个测点的示值与第一个测点 a_1 的示值（+3μm）的代数差，得到附图 23b 所示 9 个测点的数据。

评定平面度误差值时，首先将测量数据进行坐标转换，把实际被测表面上各测点对测量基准的坐标值转换为对评定方法所规定的评定基准的坐标值。各测点之间的高度差不会因基准转换而改变。在空间直角坐标系里，取第一行横向测量线为 x 坐标轴，第一条纵向测量线为 y 坐标轴，测量方向为 z 坐标轴，第一个测点 a_1 为原点 O，测量基准为 Oxy 平面。换算各测点的坐标值时，以 x 坐标轴和 y 坐标轴作为旋转轴。设绕 x 坐标轴旋转的单位旋转量为 q，绕 y 坐标轴旋转的单位旋转量为 p，则当实际被测表面绕 x 坐标轴旋转，再绕 y 坐标轴旋转时，实际被测表面上各测点的综合旋转量如附图 24 所示（位于原点的第一个测点 a_1 的综合旋转量为零）。各测点的原坐标值加上综合旋转量，即得坐标转换后各测点的坐标值。

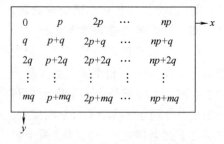

附图 24　各测点的综合旋转量

（2）按对角线法评定平面度误差　按附图 23b 所示的数据，为了获得通过被测平面上一对角线且平行于另一对角线的平面，使 a_1、c_3 两点和 a_3、c_1 两点旋转后分别等值，由附图 23b 和附图 24 得出下列关系式

$$\begin{cases} 0+2p+2q=0 \\ +10+2p=-2+2q \end{cases}$$

解得 y 轴和 x 轴旋转的单位旋转量分别为（正、负号表示旋转方向）$p=-3\mu m$，$q=+3\mu m$。

将附图 23b 中对应的各点分别加上旋转量后得附图 25。

0	$+4+p$	$+10+2p$
$+5+q$	$+2+p+q$	$+2+2p+q$
$-2+2q$	$+3+p+2q$	$0+2p+2q$

⇒

0	+1	+4
+8	+2	−1
+4	+6	0

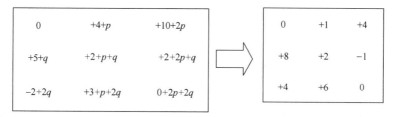

附图 25　对角法旋转后各测点的示值（μm）

由附图 25 可得，按对角线法求得的平面度误差值为

$$f_{\square}=|+8-(-1)|\,\mu m=9\mu m$$

（3）按最小条件（最小包容区域）法评定平面度误差　分析附图 23b 中 9 个测点，估计被测面符合交叉准则（即 a_1c_3 直线与 b_1a_3 直线交叉），使 a_1、c_3 两点和 b_1、a_3 两点旋转后等值，可列出下列关系式

$$\begin{cases}0=0+2p+2q\\+5+q=+10+2p\end{cases}$$

求得绕 y 轴和 x 轴旋转量分别为

$$p=-\frac{5}{3}\mu m，\ q=+\frac{5}{3}\mu m$$

将附图 23b 中对应的各点分别加上旋转量后得附图 26。

0	$+4-\frac{5}{3}$	$+10-\frac{10}{3}$
$+5+\frac{5}{3}$	$+2-\frac{5}{3}+\frac{5}{3}$	$+2-\frac{10}{3}+\frac{5}{3}$
$-2+\frac{10}{3}$	$+3-\frac{5}{3}+\frac{10}{3}$	$0-\frac{10}{3}+\frac{10}{3}$

⇒

0	$+\frac{7}{3}$	$+\frac{20}{3}$
$+\frac{20}{3}$	+2	$+\frac{1}{3}$
$+\frac{4}{3}$	$+\frac{14}{3}$	0

附图 26　最小条件法旋转后各测点的示值（μm）

由附图 26 可得，按最小条件法求得的平面度误差值为

$$f_{\square}=\left|+\frac{20}{3}-0\right|\mu m\approx6.7\mu m$$

由此可见，最小条件法评定平面度误差值最小，也最合理。

实验 3　方向、位置和跳动误差测量

实验 3.1　箱体的方向、位置和跳动误差检测

一、实验目的

1）学会用普通计量器具和检验工具测量方向、位置和跳动误差的方法。

2）理解各项方向、位置和跳动公差的实际含义。

二、测量原理

方向、位置和跳动误差由被测实际要素对基准的变动量进行评定。在箱体上，一般用平面和孔面作基准，测量箱体方向、位置和跳动误差的原理，是以平板或心轴来模拟基准，用检验工具和指示表来测量被测实际要素上各点与平板的平面或心轴的轴线之间的距离，按照各项方向、位置和跳动公差要求来评定其误差值。例如，附图27上被测箱体有七项公差，各项公差要求及相应误差的测量原理分述如下：

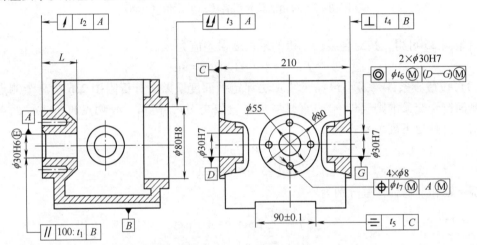

附图 27 被测箱体

（1）$\boxed{\ //\ |\ 100{:}t_1\ |\ B\ }$　表示孔 $\phi30H6Ⓔ$ 的轴线对箱体底平面 B 的平行度公差，在轴线长度 100mm 内，其平行度公差为 $t_1(\text{mm})$，在孔壁长度 $L(\text{mm})$ 内，公差为 $t_1L/100(\text{mm})$。

测量时，用平板模拟基准平面 B，用孔的上下素线所对应轴心线代表孔的轴线。因孔较短，孔的轴线弯曲很小，因此，其形状误差可忽略不计，可测孔的上、下壁到基准平面 B 的高度，取孔壁两端的中心高度差作为平行度误差。

（2）$\boxed{\ /\ |\ t_2\ |\ A\ }$　表示端面对孔 $\phi30H6Ⓔ$ 轴线的轴向圆跳动误差不大于其公差 $t_2(\text{mm})$，以孔 $\phi30H6Ⓔ$ 轴线 A 为基准。

测量时，用心轴模拟基准轴线 A，测量该端面上某一圆周上的各点与垂直于基准轴线的平面之间的距离，以各点距离的最大差作为轴向圆跳动误差。

（3）$\boxed{\ \not\!\!\!\swarrow\ |\ t_3\ |\ A\ }$　表示 $\phi80H8$ 孔壁对孔 $\phi30H6Ⓔ$ 轴线的径向全跳动误差不大于其公差 t_3（mm），以孔 $\phi30H6Ⓔ$ 的轴线 A 作为基准。

测量时，用心轴模拟基准轴线 A，测量 $\phi80$ 孔壁的圆柱面上各点到基准轴线的距离，以各点距离中的最大差作为径向全跳动误差。

（4）$\boxed{\ \perp\ |\ t_4\ |\ B\ }$　表示箱体两侧面对箱体底平面 B 的垂直度公差均为 $t_4(\text{mm})$。用被测面和底面之间的角度与直角尺比较来确定垂直度误差。

（5）$\boxed{\ =\ |\ t_5\ |\ C\ }$　表示宽度为（90±0.1）mm 的槽面之中心平面对箱体左、右两侧面的中心平面之对称度公差为 $t_5(\text{mm})$。

分别测量左槽面到左侧面和右槽面到右侧面的距离，并取对应的两个距离之差中绝对值最大的数值，作为对称度误差。

（6）$\boxed{\circledcirc \;|\; \phi t_6 \text{\scriptsize Ⓜ} \;|\; D\text{-}G\text{\scriptsize Ⓜ}}$　表示两个孔 $\phi 30H7$ 的实际轴线对其公共轴线的同轴度公差为 ϕt_6（mm），Ⓜ 表示 ϕt_6 是在两孔均处于最大实体状态下给定的。这项要求最适宜用同轴度功能量规检验。

（7）$\boxed{\oplus \;|\; \phi t_7 \text{\scriptsize Ⓜ} \;|\; A \text{\scriptsize Ⓜ}}$　表示四个孔 $\phi 8$ 的轴线的位置度公差为 ϕt_7（mm），以孔 $\phi 30H6$Ⓔ 的轴线 A 作为基准。Ⓜ 表示 t_7 是在四个孔径和基准孔均处于最大实体状态之下给定的。这项要求最适宜用位置度功能量规检验。

三、测量用工具

测量箱体方向、位置和跳动误差常用的工具有：

1）平板。平板用于放置箱体及所用工具，模拟基准平面。

2）心轴和轴套。心轴和轴套插入被测孔内，模拟孔的轴线。

3）量块。量块用作长度基准，或垫高块。

4）角度块和直角尺。角度块和直角尺用作角度基准，测量倾斜度和垂直度。

5）各种常用计量器具。各种常用计量器具用于对方向、位置和跳动误差的测量并读取数据，如杠杆百分表等。

6）各种专用量规。各种专用量规用于检验同轴度、位置度等。

7）各种辅助工具。如表架、定位块等。

测量时，要根据测量要求和具体情况选择工具。

四、测量步骤

（1）测量平行度误差（$\boxed{// \;|\; 100:t_1 \;|\; B}$）

1）如附图 28 所示，将箱体 4 放在平板 5 上，使 B 面与平板接触。

2）测量孔的轴剖面内之下素线的 a_1、b_1 两点（离边缘约 2mm 处）至平板的高度。其方法是将杠杆百分表 1 的换向手柄朝上拨，推动表座 3，使测头伸进孔内，调整杠杆百分表，使测杆 2 大致与被测孔平行，并使测头与孔接触在下素线 a_1 点处，旋动表座 3 的微调螺钉，使表针预压半圈，再横向来回推动表座，找到测头在孔壁的最低点，取表针在转折点时的读数 N_{a1}（表针逆时针方向读数为大）。将表座拉出，用同样方法测出 b_1 点处，得读数

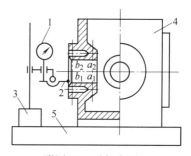

附图 28　平行度测量
1—杠杆百分表　2—测杆　3—表座
4—箱体　5—平板

N_{b1}。退出时，要避免表及其测杆碰到孔壁，以保证两次读数时的测量状态相同。

3）测量孔的轴剖面内之上素线的 a_2、b_2 两点到平板的高度。此时需将表的换向手柄朝下拨，用同样方法分别测量 a_2、b_2 两点，找到测头在孔壁的最高点，取表针在转折点时的读数 N_{a2} 和 N_{b2}（表针顺时针方向读数为小）。其平行度误差按下式计算

$$f_{//} = \left| \frac{N_{a2}+N_{a2}}{2} - \frac{N_{b1}+N_{b2}}{2} \right| = \frac{1}{2} \left| (N_{a1}-N_{b1}) + (N_{a2}-N_{b2}) \right|$$

若 $f_{//} \leqslant \dfrac{L}{100} t_1$，则该项合格。

（2）测量端面的轴向圆跳动误差（| ↗ | t_2 | A |）

1）如附图29所示，将带有轴套的心轴3插入φ30H6Ⓔ孔内，使心轴右端顶尖孔中的钢球6顶在角铁7上。

2）调节指示表5，使测头与被测孔端面的最大直径处接触，并将表针预压半圈。

3）将心轴向角铁方向推紧并回转一周，记取指示表5上的最大读数和最小读数，取两读数差作为轴向圆跳动误差$f_↗$。若$f_↗ ≤ t_2$，则该项合格。

（3）测量径向全跳动误差（| ↗↗ | t_3 | A |）

1）如附图30所示，将心轴3插入φ30H6Ⓔ孔内，使定位面紧靠孔口，并用挡套6从里面将心轴定住。在心轴的另一端装上轴套4，调整杠杆表5，使其测头与孔壁接触，并将表针预压半圈。

2）将轴套绕心轴回转，并沿轴线方向左、右移动，使测头在孔的表面上走过，取表上指针的最大读数与最小读数之差作为径向全跳动误差$f_{↗↗}$。若$f_{↗↗} ≤ t_3$，则该项合格。

（4）测量垂直度误差（| ⊥ | t_4 | B |）

1）如附图31a所示，先将表座3上的支承点4和指示表5的测头同时靠上标准直角尺6的侧面，并将表针预压半圈，转动表盘使零刻度表针对齐调零。

2）将表座上支承点和指示表的测头靠向箱体侧面，如附图31b所示，记住表上读数。移动表座，测量整个测面，取各次读数的绝对值中最大值作为垂直度误差$f_⊥$。若$f_⊥ ≤ t_4$，则该项合格。

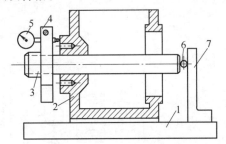

附图29　轴向圆跳动测量
1—平板　2—箱体　3—心轴　4—轴套
5—指示表　6—钢球　7—角铁

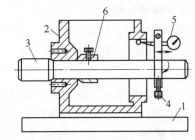

附图30　径向全跳动测量
1—平板　2—箱体　3—心轴
4—轴套　5—杠杆表　6—挡套

（5）测量对称度误差（| ≡ | t_5 | C |）

1）如附图32所示，将箱体2的左侧面置于平板1上，将杠杆百分表4的换向手柄朝上拨，调整杠杆百分表4的位置使测杆平行于槽面，并将表针预压半圈。

2）分别测量槽面上三处高度a_1、b_1、c_1，记取读数N_{a1}、N_{b1}、N_{c1}，将箱体右侧面置于平板上，保持杠杆百分表4的原有高度，再分别测量另一槽面上三处高度a_2、b_2、c_2，记取读数N_{a2}、N_{b2}、N_{c2}，则各对应点的对称度误差为

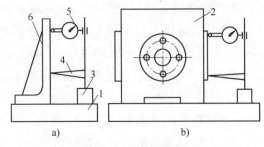

附图31　垂直度测量
1—平板　2—箱体　3—表座　4—支承点
5—指示表　6—标准直角尺

$$f_a = |N_{a1} - N_{a2}|, \quad f_b = |N_{b1} - N_{b2}|, \quad f_c = |N_{c1} - N_{c2}|$$

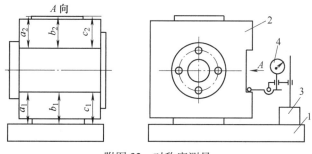

附图 32　对称度测量
1—平板　2—箱体　3—表座　4—杠杆百分表

取其中的最大值作为槽面对两侧面的对称度误差 $f_=$。若 $f_= \leqslant t_5$，则该项合格。

（6）检验同轴度误差（ⓞ ϕt_6Ⓜ $|D-G|$Ⓜ）　此项误差使用功能量规检验，如附图 33 所示，若量规能同时通过两孔，则该两孔的同轴度符合要求。量规的直径的公称尺寸按被测孔的最大实体实效尺寸 D_{MV} 计。即

$$D_{MV} = D_{min} - t_6$$

（7）检验位置度误差（ ⊕ ϕt_7Ⓜ AⓂ ）　位置度误差使用功能量规检验，如附图 34 所示，将量规的中间塞规先插入基准孔中，接着将四个测销插入四孔。如能同时插入四孔，则证明四孔所处的位置合格。

功能量规的 4 个被测孔之测销直径，均等于被测孔的最大实体实效尺寸（ $=8mm-t_7$），基准孔的塞规直径等于基准孔的最大实体尺寸（ $\phi30mm$ ），各测销的位置尺寸与被测各孔位置的理论正确尺寸（ $\phi55mm$ ）相同。

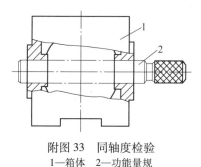

附图 33　同轴度检验
1—箱体　2—功能量规

附图 34　位置度检验

（8）作合格性结论　若上述七项误差都合格，则该被测箱体合格。

五、思考题

1）用标准直角尺校调表座时（附图 31a），如果表针未指零刻度，是否可用？此时如何处理测量结果？

2）全跳动测量与同轴度测量有何异同？

实验 3.2　用框式水平仪测量导轨平行度误差

一、实验目的

1）了解一种检测原则及基准的体现方法。

2）掌握框式水平仪的工作原理和使用方法。

3）掌握一种直线度及平行度的测量及数据处理方法。

二、仪器简介

水平仪一般用于测量水平面或垂直面上的微小角度。水平仪（除电感水平仪外）的基本元件是水准器，它是一个封闭的玻璃管，内装乙醚或酒精，管内留有一定长度的气泡。在管的外壁刻有间距为 2mm 的刻线，管的内壁成一定曲率的圆弧，不论把水平仪放到什么位置，管内液面总要保持水平，即气泡总是向高处移动，移过的格数与倾斜角成正比，如附图 35 所示。例如，分度值 i 为 0.02mm/m 的水平仪，每移一个刻度，表示在 1m 长高度变化为 0.02mm（角度为 4″）。水平仪一般分为条形和框形两种，本次实验所用水平仪为 200×200 型框式水平仪，如附图 35 所示。

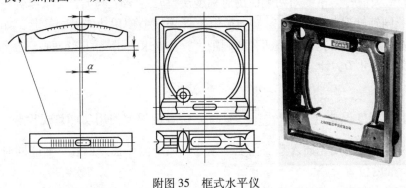

附图 35　框式水平仪

本次实验水平仪工作长度为 200mm（水平仪 200×200），则该仪器实验格值为

$$A = \frac{i}{1000} \times 200 = \frac{0.02}{1000} \times 200 \mathrm{mm} = 0.004 \mathrm{mm}$$

三、实验步骤

1）将水平仪放在导轨几个位置上观察，检查导轨面相对水平面倾斜的角度是否超出仪器的示值范围，若超出仪器的示值范围，就需对导轨面进行调整，最好调整到接近水平位置。以便减小示值误差的影响及简化数据处理。

2）按桥板跨距 $Z = 200 \mathrm{mm}$ 等分被测导轨和基准导轨为若干节距，并作记号。从导轨的一端到另一端逐节测量，分别记下测量读数值。可重复几次，取每节距读数的平均值，以提高测量精度。

3）注意事项。

① 测量前，导轨面和水平仪工作面要擦拭干净方可使用。

② 从导轨一端到另一端逐节距测量时，应注意桥板前后重合（见附图 36）。

③ 测量时，必须待气泡静止后方可读数，否则会带来读数误差。

四、实验数据处理

下面举例说明用框式水平仪测量导轨平行度误差的数据处理方法。

1）按附图 37 所示分别测量被测导轨面（Ⅱ）和基准导轨面（Ⅰ），将其读数列入附表 4 中。

2）按附表 4 中累积值作图，如附图 38 所示。

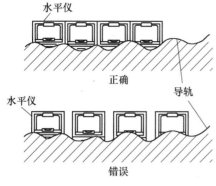

附图 36　用水平仪测量导轨平行度误差

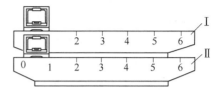

附图 37　平行度误差测量的示意图

附表 4　平行度误差的测量数据

测点序号 i		0	1	2	3	4	5	6
基准要素（Ⅰ）	读数	0	−2	+5	+2	−3	+2	0
	累积	0	−2	+3	+5	+2	+4	+4
被测要素（Ⅱ）	读数	0	+7	+3	−2	+2	−3	+2
	累积	0	+7	+10	+8	+ 10	+7	+9

附图 38 中Ⅰ为基准要素的误差折线，Ⅱ为被测要素的误差折线。首先按最小条件法（即最小区域法）确定基准方向线，然后平行于基准方向线作两条包容被测要素的直线，取两条平行直线间的纵坐标值即为平行度误差。本例中 $f_{//}=7.4$ 格，换算成线值为

$$f_{//} = A \times 7.4 = 0.004 \text{mm} \times 7.4 = 0.0296 \text{mm}$$

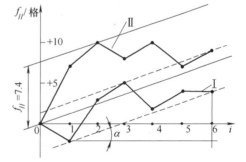

附图 38　误差折线和平行度误差的评定

五、思考题

1）为什么要根据累积值作图？

2）用节距法测量导轨，若导轨分成 8 段，测点应是几个？为什么？

3）在所画误差折线图上，为什么要按纵坐标方向取值？

实验 3.3　用摆差测定仪测量跳动误差

一、实验目的

1）掌握径向圆跳动、径向全跳动和轴向圆跳动的测量方法。

2）理解圆跳动、全跳动的实际含义。

二、仪器简介

摆差测定仪主要由千分表、悬臂、支柱、底座和顶尖座组成，仪器外观及测量示意如附图 39 所示。

三、实验步骤与数据处理

本实验的被测工件是以中心孔为基准的轴类零件，如附图40所示。

（1）径向圆跳动误差的测量　测量时，首先将轴类零件安装在两顶尖间，使被测工件能自由转动且没有轴向窜动。调整悬臂升降螺母至千分表以一定压力接触零件径向表面后，将零件绕其基准轴线旋转一周，若此时千分表的最大读数和最小读数分别为 a_{max} 和 a_{min}，则该横截面内的径向圆跳动误差为

$$f_i = a_{max} - a_{min}$$

用同样方法测量 n 个（一般测离端面5mm处的两端和中间3个）横截面上的径向圆跳动，选取其中最大者即为该零件的径向圆跳动误差，若 $f_i \leq t_i$，则为合格。

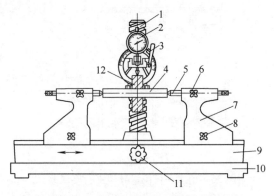

附图39　用摆差测定仪测量跳动误差
1—立柱　2—指示表　3—测量扳手　4—心轴　5—顶尖
6—顶尖锁紧螺钉　7—顶尖座　8—顶尖座锁紧螺钉
9—滑台　10—底座　11—滑台移动手轮　12—被测工件

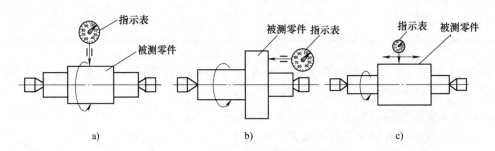

a)　　　　　　　　b)　　　　　　　　c)

附图40　跳动误差测量示意图
a）径向圆跳动　b）轴向圆跳动　c）径向全跳动

（2）轴向圆跳动误差的测量　零件支承方法与测径向圆跳动相同，只是测头通过附件（用万能量具时，千分表测头与零件端面直接接触）与端面接触在最大的直径位置上。零件绕其基准轴线旋转一周，这时千分表的最大读数和最小读数之差为该零件的轴向圆跳动误差 f_i。

若被测端面直径较大，可根据具体情况，在不同直径的几个轴向位置上测量轴向圆跳动值，取其中的最大值作为轴向圆跳动误差 f_i，若 $f_i \leq t_i$，则为合格。

（3）径向全跳动误差的测量　径向全跳动的测量方法与径向圆跳动的测量方法类似，但是在测量过程中，被测零件应连续回转，且指示表沿基准轴线方向移动（或让零件移动），则指示表的最大读数差即为径向全跳动误差 f_{ti}，若 $f_{ti} \leq t_{ti}$，则为合格。

四、思考题

1）径向圆跳动测量能否代替同轴度误差测量？能否代替圆度误差测量？

2）轴向圆跳动能否完整反映出端面对基准轴线的垂直度误差？

实验 4　表面粗糙度轮廓的测量

实验 4.1　用双管显微镜测量表面粗糙度

一、实验目的

1）了解双管显微镜的结构及其测量原理。

2）学会使用双管显微镜测量表面粗糙度轮廓最大高度 Rz。

3）加深对评定参数 Rz 的理解。

二、仪器简介

双管显微镜（也可称为光切显微镜）是测量表面粗糙度的常用仪器之一。它主要用于测量评定参数 Rz。仪器附有四种放大倍数各不相同的物镜，可以根据被测表面粗糙度的高低进行更换。双管显微镜适用于测量 Rz 为 $0.8 \sim 80\mu m$ 的表面粗糙度参数。它的主要技术性能指标见附表 5。

附表 5　物镜放大倍数与 Rz 值的关系

物镜放大倍数 A	总放大倍数	视场直径/mm	测量范围 $Rz/\mu m$	目镜套筒分度值 $C/\mu m$
7×	60×	2.5	80~10	1.25
14×	120×	1.3	20~3.2	0.63
30×	260×	0.6	6.3~1.6	0.294
60×	510×	0.3	3.2~0.8	0.145

三、测量原理——光切法原理

双管显微镜是根据光切法原理制成的光学仪器。其测量原理如附图 41a 所示。仪器有两个光管：光源管及观察管。由光源 1 发出的光线经物镜 2 及狭缝 3 以 45°的方向投射到被测工件表面上，该光束如同一平面（也称为光切面）与被测表面成 45°角相截，由于被测表面粗糙不平，故两者交线为一凸凹不平的轮廓线，如附图 41b 所示。该光线又由被测表面反射，进入与光源管主光轴相垂直的观察管中，经物镜 4 成像在分划板 5 上，再通过目镜 6 就可观察到一条放大了的凸凹不平的光带影像。由于此光带影像反映了被测表面粗糙度的状

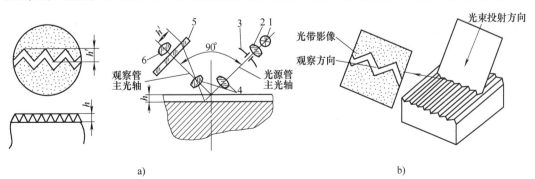

a)　　　　　　　　　　　　　　　b)

附图 41　光切原理图

1—光源　2、4—物镜　3—狭缝　5—分划板　6—目镜

态，故对其进行测量。这种用光平面切割被测表面而进行表面粗糙度测量的方法称为光切法。

由附图 41a 可知，被测表面的实际不平高度 h 与分划板上光带影像的高度 h' 有下述关系

$$h = h'\cos45°/A$$

式中 A——物镜实际放大倍数。

光带影像高度 h' 是用目镜测微器（见附图 42a）来测量的。目镜测微器中有一块固定分划板和一块活动分划板。固定分划板上刻有 0~8 共 9 个数字和 9 条刻线。而活动分划板上刻有十字线及双标线，转动刻度套筒可使其移动。测量时转动刻度套筒，让十字线中的一条线（如附图 42b 中的水平线）先后与影像的峰、谷相切，由于十字线移动方向与影像高度方向成 45°角，所以影像高度 h' 与十字线实际移动距离 h'' 有下述关系

$$h' = h''\cos45°$$

因此，被测表面的实际不平度高度为

$$h = \frac{h''}{A}\cos45°\cos45° = \frac{1}{2A}h''$$

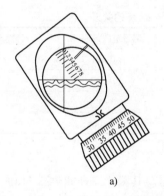
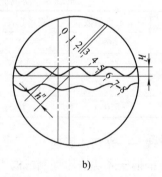

附图 42　测微目镜头

上式中的 h'' 就是测微器两次读数之差，测微器的分度值为 0.01mm，即 10μm，因而上式可写成 $h = \frac{1}{2A}h'' \times 10\mu m$。由于测量的是放大了的影像，所以需将格值换算到被测表面的实际粗糙度的高度上，则格值就不是 10μm，而是（10/A）μm。为了简化计算，将上式中的 1/2 也乘进去，则分度值（定度值）为

$$C = \frac{10}{2A}\mu m = \frac{5}{A}\mu m$$

所以

$$h = h''C$$

目镜套筒分度值 C 从附表 5 查出或由仪器说明书给定。由于物镜放大倍数及测微千分尺在制造和装调过程中有误差，所以新置仪器及长时间未使用的仪器，其分度值应在使用前进行检定。

四、实验步骤

对照双管显微镜的外形图（见附图 43）进行操作。

1）接通电源，使光源 1 照亮。把被测工件放置在工作台 11 上。松开锁紧螺钉 3，旋转升降螺母 6，使横臂 5 沿立柱 2 下降（注意物镜头与被测表面之间必须留有微量的间隙），进行粗调焦，直至目镜视场中出现绿色光带为止。转动工作台 11，使光带与被测表面的加工痕迹垂直，然后拧紧锁紧螺钉 3 和工作台固定螺钉 9。

2）测量前调整。从测微目镜头 16 观察光带。旋转微调手轮 4 进行微调焦，使目镜视场中央出现最窄且有一边缘较清晰的光带。松开紧固螺钉 17，转动测微目镜头 16，使视场中十字线中的水平线与光带总的方向平行，然后拧紧紧固螺钉 17，使测微目镜头 16 位置固定。转动目镜测微鼓轮 15，在取样长度范围内使十字线中的水平线分别与所有轮廓峰高中的最大轮廓峰高（轮廓各峰中的最高点）和所有轮廓谷深中的最大轮廓谷深（轮廓各谷中的最低点）相切（见附图 42）。

3）进行测量。双管显微镜的读数方法是先由视场内双标线所处位置确定读数，然后读取刻度套筒上指示的格数，并取两者读数之和。由于套筒每转过一周（100 格），视场内双标线移动一格，若以套筒上的"格"作为读数单位，则附图 42 的读数就是 339 格（视场内读数为 300 格，套筒读数为 39 格）。

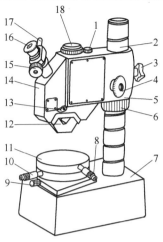

附图 43　双管显微镜
1—光源　2—立柱　3—锁紧螺钉
4—微调手轮　5—横臂　6—升降螺母
7—底座　8—工作台纵向移动千分尺
9—工作台固定螺钉
10—工作台横向移动千分尺　11—工作台
12—物镜组　13—手柄　14—壳体
15—目镜测微鼓轮　16—测微目镜头
17—紧固螺钉　18—照相机接口

① 求轮廓最大高度 Rz。按取样长度 lr 范围内使十字线中的水平线分别与轮廓峰高中的最大轮廓峰高（轮廓峰中的最高点）和轮廓谷深中的最大轮廓谷深（轮廓谷中的最低点）相切，如附图 44 所示。从刻度套筒上分别测出轮廓上最高点至测量基准线 A 的距离 hp_{max} 和最低点至 A 的距离 hv_{min}。表面粗糙度轮廓的最大高度 Rz 按下式计算

$$Rz = R'z \times C = (hp_{max} - hv_{min})C$$

② 合格性判定。

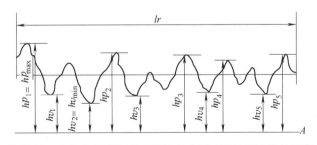

附图 44　在 lr 内轮廓的高点和低点分别至测量基准线的距离

a. 按"极值规则"评定。按上述方法连续测出 5 个取样长度上的 Rz 值，若这 5 个 Rz 值都在图样上所要求允许的极值范围内，则判定为合格。如果其中有 1 个 Rz 值超差，则判定为不合格。

b. 按"16%规则"判定。若连续测出 5 个取样长度上的 Rz 值都在上、下限允许值范围内，则判定为合格，如果有 1 个 Rz 值超差，则应再测 1 个取样长度上的 Rz 值，若这个 Rz 值不超差，就判定为合格，如果这个 Rz 值仍超差，则判定为不合格。

五、示例

用双管显微镜测量其一外圆柱面的表面粗糙度轮廓最大高度 Rz。若选用放大倍数为 30 倍的物镜，则相应的测微鼓轮分度值由附表 5 得 $C = 0.294\mu m$。取样长度 $lr = 0.8mm$。在连续 5 个取样长度上测量所得的数据及其处理结果见附表 6。

附表 6　用双管显微镜测量表面粗糙度轮廓最大高度 Rz 值

取样长度	lr_1		lr_2		lr_3		lr_4		lr_5	
h_{pi} 和 h_{vi}	h_{p1}	h_{v1}	h_{p2}	h_{v2}	h_{p3}	h_{v3}	h_{p4}	h_{v4}	h_{p5}	h_{v5}
测量数值/格	87	43	82	53	90	50	88	47	92	45
数据处理	$Rz_1 = C(h_{p1}-h_{v1}) = 0.294(87-43)\mu m = 12.9\mu m$ $Rz_2 = C(h_{p2}-h_{v2}) = 0.294(82-53)\mu m = 8.5\mu m$ $Rz_3 = C(h_{p3}-h_{v3}) = 0.294(90-50)\mu m = 11.8\mu m$ $Rz_4 = C(h_{p4}-h_{v4}) = 0.294(88-47)\mu m = 12.1\mu m$ $Rz_5 = C(h_{p5}-h_{v5}) = 0.294(92-45)\mu m = 13.8\mu m$									
测量结果	在 $ln = 5lr$ 内，最大实测值为 $Rz_5 = 13.8\mu m$，最小实测值为 $Rz_2 = 8.5\mu m$									

注：h_{pi} 和 h_{vi} 分别为第 i 个取样长度的轮廓最高点、最低点至测量基准线的距离代号。

六、思考题

1）何谓取样长度 lr？测量时是如何确定的？

2）测量时应如何估计中线的方向？

3）为什么只测量光带一边的最高点（峰）和最低点（谷）？

4）用双管显微镜能否测量被测表面粗糙度轮廓的算术平均偏差 Ra 值？若能测量的话，应如何测量？

实验 4.2　用 TR200 表面粗糙度仪测量表面粗糙度

一、实验目的

1）了解 TR200 表面粗糙度测量仪的结构并熟悉其使用方法。

2）熟悉用针描法测量表面粗糙度的原理。

3）加深对表面粗糙度评定参数中的轮廓算术平均偏差 Ra 等参量的理解。

二、仪器简介

TR200 表面粗糙度测量仪（见附图 45）是适合于生产现场环境和移动测量需要的一种小型手持式仪器。TR200 表面粗糙度仪是电感式量仪，操作简便，功能全面，测量快捷，精度稳定，携带方便，能测量最新国际标准的主要参数，仪器全面严格执

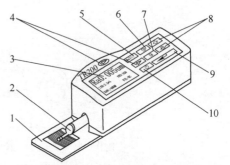

附图 45　TR200 表面粗糙度测量仪

1—标准样板　2—传感器　3—显示器

4—启动键　5—显示键　6—退出键

7—菜单键　8—滚动键　9—回车键

10—电源键

行了国际标准。

TR200 适用于测定 $0.025 \sim 12.5\mu m$ 的 Ra 值，仪器配有各种附件，以适应平面、内外圆柱面、圆锥面、球面、曲面以及小孔、沟槽等形状的工件表面测量。测量迅速方便，测值精度高。

三、测量原理

如附图 45 所示，仪器在测量工件表面粗糙度时，先将传感器搭放在工件被测表面上，然后启动仪器进行测量，利用测头针尖曲率半径为 $5\mu m$ 左右的金刚石触针沿被测表面缓慢滑行，工件被测表面的粗糙度会引起金刚石触针的上下位移，该位移由传感器转换为电信号，经 DSP 芯片对采集的数据进行数字滤波和参数计算，测量结果在液晶显示器上给出，也可在打印机上输出，还可以与 PC 进行通信。附图 46 所示为仪器的工作原理框图。

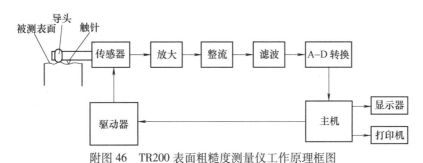

附图 46　TR200 表面粗糙度测量仪工作原理框图

四、实验步骤

（1）准备工作

1）开机检查电池电压是否正常。

2）擦净工件被测表面。

3）如附图 47 所示，将仪器正确、平稳、可靠地放在工件被测表面上。

4）如附图 48 所示，传感器的滑行轨迹必须垂直于工件被测表面的加工纹理方向。

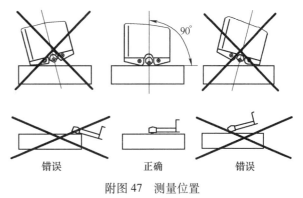

错误　　　　　正确　　　　　错误

附图 47　测量位置

（2）设定基本参数　按下电源键 松开后仪器开机，如附图 49 所示，自动显示型号、名称及制造商信息，然后进入测量状态。按下菜单键 $\boxed{\text{E}}$ 进入菜单操作状态，详细操作步骤如附图 50 所示。

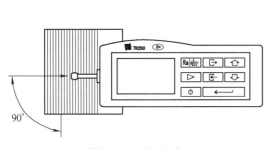

附图 48　测量方向

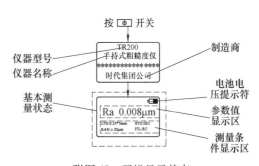

附图 49　开机显示状态

根据工件表面情况设定测量参数。在基本测量状态下，按菜单键□□进入菜单操作状态后，再按滚动键□□□选取测量条件设置功能，然后按回车键□□□进入测量条件设置状态。在测量条件设置状态下，可修改全部测量条件，如附图50所示。

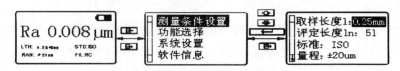

附图50　测量条件设置状态

　　（3）触针位置调整　按下菜单键□□进入菜单操作状态，详细操作步骤如附图51所示。通过触针位置来确定传感器的位置，尽量使触针在中间位置进行测量。

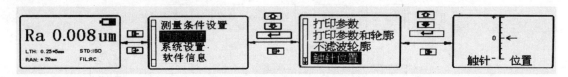

附图51　触针位置设置

　　（4）示值校准　仪器在测量前，需用标准样板进行校准。本仪器随机配置一个标准样板，测量前，用仪器先测试样板。正常情况下，当测量值与样板值之差在合格范围内，测量值有效，即可直接测量。在使用正确的测量方法测试随机样板时，如果实际测量值超出样板标定值的±10%，使用示值校准功能按着实际偏差的百分数进行校准，校准范围不大于±20%。

　　通常情况下，仪器在出厂前都经过严格的测试，示值误差远小于±10%，在这种情况下，建议用户不要频繁使用示值校准功能。

　　（5）开始测量　在基本测试状态下，按启动键□□开始测量；第一次按显示键□□显示本次测量全部参数值，按滚动键□□□滚动翻页；第二次按参数键显示本次测量的轮廓曲线，按滚动键可滚动显示其他取样长度上的轮廓曲线；在每个状态下按退出键□□都返回到基本测试状态。测量结果显示如附图52所示。

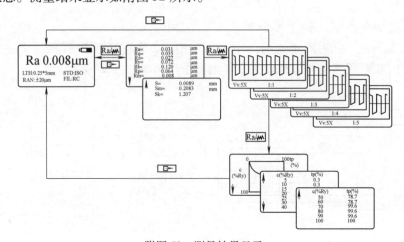

附图52　测量结果显示

五、思考题

1）评定表面粗糙度时表面轮廓的幅度特征参数有哪两个？

2）比较光切法和针描法这两种测量表面粗糙度方法的优缺点。

实验 5 圆柱螺纹测量

实验 5.1 在大型工具显微镜上测量螺纹量规

一、实验目的

1）了解大型工具显微镜的工作原理和使用方法。

2）学会检定螺纹量规的方法和判断螺纹量规的合格性，加深对螺纹作用中径概念的理解。

二、实验内容

用大型工具显微镜测量螺纹量规的中径、螺距和牙侧角。

三、仪器简介

大型工具显微镜用于测量扁平工件的长度、光滑圆柱的直径、形状样板、冲模和凸轮形状、螺纹量规、螺纹刀具、齿轮、刀具、孔距及坐标值等。附图 53 所示为大型工具显微镜的外形图，它主要由目镜 1、圆工作台 6、底座 8、倾转轴座 13、立柱 14、支臂 15 和千分尺 7、11 等部分组成。转动立柱倾转手轮 12，可使立柱绕倾转轴座左右摆动，转动千

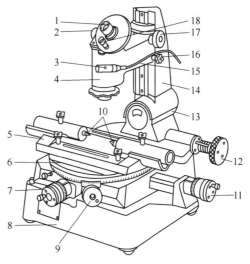

附图 53 大型工具显微镜
1—目镜 2—刻线旋转手轮 3—角度读数光源
4—显微镜筒 5—顶尖座 6—圆工作台 7—纵向千分尺
8—底座 9—工作台旋转手轮 10—顶尖
11—横向千分尺 12—立柱倾转手轮 13—倾转轴座
14—立柱 15—支臂 16—锁紧螺钉 17—升降手轮
18—角度读数目镜

分尺 7 和 11，可使工作台纵、横向移动，转动工作台旋转手轮 9，可使工作台绕轴心线旋转。

大型工具显微镜的性能指标见附表 7。

附表 7 大型工具显微镜的性能指标

工具显微镜		大型工具显微镜	小型工具显微镜
测量范围	纵向行程	0~150mm	0~75mm
	横向行程	0~50mm	0~25mm
	立柱倾斜范围	≈ ±12°	≈ ±12°
示值范围	测角目镜的角度	0~360°	0~360°
	圆工作台的角度	0~360°	—
分度值	纵横向千分尺	0.01mm	0.01mm
	测角目镜的角度	1′	1′
	圆工作台的角度	3′	—
	立柱倾斜角度	10′	10′

四、测量原理

在大型工具显微镜上用影像法测量螺纹量规的中径、螺距和牙侧角，其测量原理如下：仪器的光学系统如附图54所示。由主光源1发出的光经聚光镜2、滤色片3、透镜4、光阑5、反射镜6、透镜7和玻璃工作台8将被测工件9的轮廓经物镜10、反射棱镜11投射到目镜的焦平面12上，从而在目镜14中观察到放大的轮廓影像。另外，也可用反射光源照亮被测工件，以工件表面上的反射光线，经物镜组10、反射棱镜11投射到目镜的焦平面12上，同样在目镜14中观察到放大的轮廓影像。

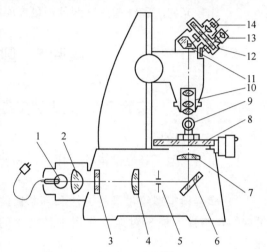

附图54 大型工具显微镜光学系统
1—主光源 2—聚光镜 3—滤色片 4、7—透镜
5—光阑 6—反射镜 8—玻璃工作台
9—被测工件 10—物镜组 11—反射棱镜
12—目镜的焦平面 13、14—目镜

五、测量步骤

1）擦净仪器及被测螺纹，将工件小心地安装在两顶尖之间，拧紧顶尖的固紧螺钉（要当心工件掉下砸坏玻璃工作台）。同时，检查工作台圆周刻度是否对准零位。

2）接通电源。

3）用调焦筒（仪器专用附件）调节主光源1（见附图54），旋转主光源外罩上的三个调节螺钉，直至灯丝位于光轴中央且成像清晰，则表示灯丝已位于光轴上并在聚光镜2的焦点上。

4）根据被测螺纹量规的中径，选择光阑直径（见附表8）并调整光阑。

5）为了使轮廓影像清晰，旋转立柱倾转手轮12（见附图53），按被测螺纹的螺纹升角 φ，调整立柱14的倾斜度。在测量过程中，当螺纹影像的方向改变时，立柱的倾斜方向也应随之改变。螺纹升角 φ 由附表9查取或按下式计算

$$\tan\varphi = \frac{nP}{\pi d_2}$$

式中 n——螺纹线数；

P——螺距（mm）；

d_2——螺纹中径理论值（mm）。

附表8 大型工具显微镜光阑孔径

光滑圆柱体外径或螺纹中径 d/mm	光阑直径/mm			
	光滑圆柱体	螺形角30°	螺形角55°	螺形角60°
10	14.7	9.4	11.3	11.9
12	13.8	8.8	10.7	11.0
14	13.1	8.4	10.2	10.4
16	12.6	9.0	9.7	10.0
18	12.1	7.8	9.4	9.5
20	11.6	8.5	9.0	9.3
25	10.8	6.9	8.4	8.6

附表 9　立柱倾斜角 φ（$\alpha = 60°$，$n = 1$）

螺纹外径 d/mm	10	12	14	16	18	20	22	24	27	30	36
螺距 P/mm	1.5	1.75	2	2	2.5	2.5	2.5	3	3	3.5	4
倾斜角 φ	3°01′	2°56′	2°52′	2°29′	2°47′	2°27′	2°13′	2°27′	2°10′	2°17′	2°10′

6）调整目镜 13、14 上的调节环（见附图 54），使米字刻线和度值、分值刻线清晰。松开锁紧螺钉 16（见附图 53），旋转升降手轮 17，调整仪器的焦距，使被测轮廓影像清晰（若要求严格，可用专用的调焦棒在两顶尖中心线的水平面内调焦）。然后，旋紧锁紧螺钉 16。

7）测量螺纹中径。测量时，首先将显微镜立柱正向转一个倾斜角 φ，移动横向微分筒，使目镜中的 A—A 虚线与螺纹投影牙型的一侧重合，记下横向微分筒的第一次读数。然后，将显微镜立柱反向转一个倾斜角 φ，转动横向微分筒，使 A—A 虚线与对面牙型轮廓重合，记下第二次读数，两数之差即为螺纹的实际中径。为了消除被测螺纹轴线与测量轴线的不重合所引起安装误差的影响，需测出 $d_{2左}$ 和 $d_{2右}$，取两者平均值作为实际中径，如附图 55 所示。

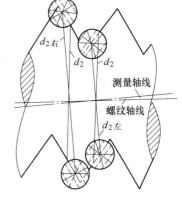

$$d_{2实} = \frac{d_{2左} + d_{2右}}{2}$$

附图 55　影像法测量中径

8）测量牙侧角。螺纹牙侧角是指在螺纹牙型上，牙侧边与螺纹轴线垂线间的夹角。

如附图 56 所示，测量时，转动纵向微分筒并调节角度手轮，使目镜中的 A—A 虚线与螺纹投影牙型的某一侧面重合，如附图 57 所示。此时，角度读数目镜中显示的读数，即为该牙侧角数值。

在角度读数目镜中，当角度读数为 0°0′ 时，则表示 A—A 虚线垂直于工作台纵向轴线，如附图 57a 所示。当 A—A 虚线与被测螺纹牙型边瞄准（见附图 57b）时，该半角数值为

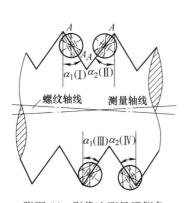

附图 56　影像法测量牙侧角

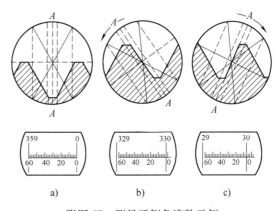

附图 57　测量牙侧角读数示例

$$\alpha_{1右} = 360° - 330°2′ = 29°58′$$

同理，当 A—A 虚线与被测螺纹牙型另一边对准（见附图 57c）时，则另一牙侧角的数值为

$$\alpha_{2左} = 30°6'$$

同样，为了消除被测螺纹的安装误差的影响，需分别测出牙侧角 α_1（Ⅰ）、α_2（Ⅱ）、α_1（Ⅲ）、α_2（Ⅳ），并按下述方法处理。

$$\alpha_右 = \frac{\alpha_1（Ⅰ）+\alpha_1（Ⅲ）}{2}$$

$$\alpha_左 = \frac{\alpha_2（Ⅱ）+\alpha_2（Ⅳ）}{2}$$

将它们与牙侧角公称值 α（30°）比较，则得牙侧角偏差为

$$\Delta\alpha_右 = \Delta\alpha_1 = \alpha_右 - \alpha$$

$$\Delta\alpha_左 = \Delta\alpha_2 = \alpha_左 - \alpha$$

9）螺距累积误差测量。螺距 P 是指相邻两牙在中径线上对应两点间的轴向距离。

测量时，转动纵向和横向微分筒，使工作台移动，利用目镜中的 $A—A$ 虚线与螺纹投影牙型的一侧重合，记下纵向微分筒第一次读数。然后，移动纵向工作台，使牙型纵向移动 n 个螺距的长度，使同侧牙型与目镜中的 $A—A$ 虚线重合，记下纵向微分筒第二次读数。两次读数之差，即为 n 个螺距的实际长度 $nP_实$（见附图58）。

为了消除安装误差的影响，同样要测量出 $nP_左$ 和 $nP_右$，取它们的平均值作为螺纹 n 个螺距的实际尺寸

$$nP_实 = \frac{1}{2}(nP_左 + nP_右)$$

n 个螺距的累积偏差为

$$\Delta P_\Sigma = nP_实 + nP$$

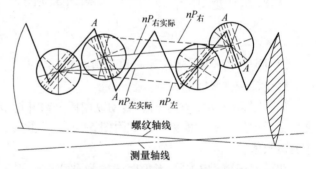

附图58　螺距累积误差测量

10）判断被测螺纹量规的合格性。螺纹量规的合格性判定与普通螺纹的判定是不同的，应按照给定的各项极限偏差或公差分别判断所测出的对应各项实际偏差或误差的合格性。

对中径 d_2

$$d_{2min} \leq d_{2a} \leq d_{2max} \quad 或 \quad ei_2 \leq \Delta d_2 \leq es_2$$

对左、右牙侧角 α_1 和 α_2

$$-T\alpha_1 \leq \Delta\alpha_{1a} \leq +T\alpha_1 \quad 和 \quad -T\alpha_2 \leq \Delta\alpha_{2a} \leq +T\alpha_2$$

对螺距（适用于螺纹量规螺纹长度内的任意牙数）

$$|\Delta P| \leq T_P$$

式中　es_2 和 ei_2——螺纹量规中径的上极限偏差和下极限偏差；

　　　$T\alpha_1$ 和 $T\alpha_2$——螺纹量规左、右牙侧角极限偏差；

　　　　T_P——螺纹量规的螺距公差。

六、思考题

1）用影像法测量螺纹时，立柱为什么要倾斜一个螺纹升角？

2）用工具显微镜测量外螺纹的主要参数时，为什么测量结果要取平均值？

实验 5.2　外螺纹单一中径测量

一、实验目的

1）熟悉用螺纹千分尺测量外螺纹单一中径的原理和方法。

2）了解螺纹千分尺的结构并熟悉其使用方法。

二、实验内容

用螺纹千分尺测量外螺纹单一中径。

三、测量原理及计量器具说明

附图 59 所示为螺纹千分尺的外形图。它的构造与外径千分尺基本相同，只是在测砧和测头上装有特殊的测头 1 和 2，用它来直接测量外螺纹的单一中径。螺纹千分尺的分度值为 0.01mm。测量前，用尺寸样板 3 来调整零位。每对测头只能测量一定螺距范围内的螺纹，使用时，需根据被测螺纹的螺距大小、按螺纹千分尺附表来选择。测量时由螺纹千分尺直接读出螺纹中径的实际尺寸。

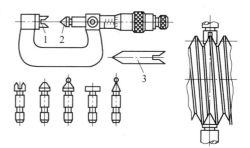

附图 59　螺纹千分尺测量外螺纹单一中径
1、2—测头　3—尺寸样板

四、测量步骤

（1）用螺纹千分尺测量外螺纹单一中径

1）根据被测螺纹的螺距选取一对测头。

2）擦净仪器和被测螺纹，校正螺纹千分尺零位。

3）将被测螺纹放入两测头之间，找正中径部位。

4）分别在同一截面相互垂直的两个方向上测量螺纹中径，取它们的平均值作为螺纹的实际中径，然后判断被测螺纹中径的适用性。

（2）合格性判断条件　合格性条件为

$$d_{2\min} \leqslant d_{2单} \leqslant d_{2\max}$$

五、思考题

1）用螺纹千分尺测量单一中径的方法属于哪一种测量方法？

2）用螺纹千分尺能否进行相对测量？相对测量法和绝对测量法比较，哪种测量方法精确度较高？为什么？

实验 6　圆柱齿轮测量

实验 6.1　齿轮齿距偏差测量

一、实验目的

1）了解齿距仪的工作原理和使用方法。

2）掌握采用相对法测量齿距偏差时数据的处理方法。

二、仪器简介

测量齿距偏差的仪器有齿距仪和万能测齿仪。后者可测量多个参数，如齿距、基节、公法线、齿厚、径向跳动等。

齿距仪的基本技术性能指标如下：

分度值　　　　　　0.005mm

示值范围　　　　　0~0.5mm

测量范围　　　　　m（模数）= 3~5mm

三、测量原理

测量齿距时多采用比较法（相对法），即先以任一个齿距为基准，与其他齿距进行比较，从而得到相对齿距偏差（见数据处理），再由该偏差计算出单个齿距偏差和齿距累积误差。上述两种仪器常用于该种测量。

附图60所示为手持式齿距仪工作状态。

其中，齿距仪本体1上刻有模数尺，调仪器时，根据被测齿轮的模数将可调节的固定测量爪4安置在相应位置；调节并固定活动测量爪3和定位脚2在相应位置上；旋紧锁紧螺钉5；然后将指示表7调零。

使用齿距仪测量齿轮时，有三种定位方式：齿顶圆定位、齿根圆定位和内孔定位。附图60所示为齿顶圆定位。将齿距仪和被测齿轮分别固定和平放在平板上，手推齿轮进行测量。相对齿距偏差由活动测量爪通过杠杆传到指示表上。

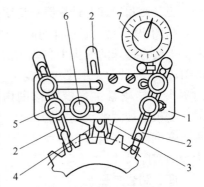

附图60　手持式齿距仪
1—本体　2—定位脚　3—活动测量爪
4—固定测量爪　5—锁紧螺钉
6—固定测量爪4的锁紧螺钉
7—指示表

四、实验步骤

1）根据被测齿轮的模数将可调节的固定测量爪4对准仪器本体1上的模数刻线，且将其固定。

2）适当调节两定位脚2的位置，以达到当定位脚与齿顶接触时，两测量爪大致在分度圆齿高中部附近与齿面接触，且指示表有一圈左右的压缩量。

3）转动指示表的表盘，使指针对零。此时在分度圆附近接触的两测量爪间的齿距，即为基准齿距。

4）依次测得其他齿距与基准齿距之差，此差值即为相对齿距偏差。

五、数据处理

数据处理内容：由相对齿距偏差计算齿距偏差，由计算得到的齿距偏差计算齿距累积总偏差。数据处理方法有计算法和图解法两种。

（1）计算法　单个齿距偏差为实际齿距与公称齿距的代数差。当用绝对法测量齿距时，必须将仪器准确调到分度圆周上，且基准齿距等于公称齿距。由于调整困难，实际上一般采用相对法测量。

相对法测量齿距偏差是将被测齿轮任意一个实际齿距作为基准齿距，其余实际齿距逐次与之相比，求其差值。通常，作为基准的实际齿距与公称齿距不等，所以由此得到的差值不符合单个齿距偏差定义，故称相对齿距偏差。很明显，所有相对齿距偏差中均包含了同一个误差值，在测量误差分析中它属于系统误差（系统误差可以消除）。

齿距偏差处理依据是圆周封闭原则，对于圆柱齿轮，理论上各齿距等分。实际上，由于存在加工误差，齿距大小并不相等；齿距偏差有正有负。尽管如此，所有齿距之和仍是一个封闭的圆周，齿距偏差之和必等于零。但是，采用相对法测得的齿距偏差存在系统误差 $\Delta_{系}$，因此所有相对齿距偏差之和并不等于零。

所有相对齿距偏差之和为 $z\Delta_{系}$，其中 z 为被测齿轮的齿数；$\Delta_{系}$＝公称齿距－作为基准的实际齿距。

计算法的数据处理步骤如下：

1）对齿距偏差 $\Delta_{pi相}$ 相加求和，即 $\sum_{i=1}^{z} \Delta_{pi相}$。

2）求 $\Delta_{系}$，即

$$\Delta_{系} = \sum_{i=1}^{z} \Delta_{pi相} / z$$

3）求齿距偏差，即绝对齿距偏差 $\Delta_{pi绝}$ 为

$$\Delta_{pi绝} = \Delta_{pi相} - \Delta_{系} \quad 或 \quad \Delta_{pi绝} = \Delta_{pi绝} + K$$

其中，K 为系统误差修正值，$K = -\Delta_{系}$。

4）确定单个齿距偏差 Δf_{pt}。取各齿距偏差中绝对值最大者作为测量结果。注意，单个齿距偏差有正、负之分，故不能略去正、负符号。

5）计算齿距累积总偏差 ΔF_{p}。将各齿距偏差依次累加，累加过程中最大与最小累加值之差，即为齿距累积总偏差 ΔF_{p}。其计算法示例见附表10。

附表10　相对法测量齿距数据处理示例（$z = 16$、$k = 3$）　　　　　　（单位：μm）

齿距序号 i	$\Delta_{pi相}$	$\Delta_{pi绝} = \Delta_{pi相} - \Delta_{系}$	$\Delta F_{pi} = \sum_{i=1}^{z} \Delta_{pi绝}$
1	0	+0.125	+0.125
2	+2	+2.125	+2.250
3	+3	+3.125	+5.375
4	+1	+1.125	+6.500
5	−1	−0.875	+5.625
6	−3	−2.875	+2.750
7	−2	−1.875	+0.875
8	+2	+2.125	+3.000
9	+1	+1.125	+4.125
10	+5	+5.125	+9.250
11	+2	+2.125	+11.375
12	−3	−2.875	+8.500
13	−4	−3.875	+4.625
14	−1	−0.875	+3.750
15	0	+0.125	+3.875
16	−4	−3.875	0
结论	$\Delta_{系} = \dfrac{1}{z}\sum_{z=1}^{z}\Delta_{pi相}$ $= \dfrac{-2}{16} = -0.125$	$\Delta f_{\mathrm{pt}} = +5.125$	$\Delta F_{\mathrm{p}} = 11.375 - 0 \approx 11.4$

（2）用图解法求解 ΔF_{p}　以横坐标代表齿距序号 i，纵坐标代表示值累积值 $\sum_{i=1}^{i} \Delta_{pi相}$，

按指示表示值 $\Delta_{pi相}$ 绘出附图 61 所示的折线。连接该折线的首尾两点，得到一条直线。过折线上的最高点和最低点作两条平行于首尾两点连线的直线，这两条平行直线沿纵坐标方向的距离即代表齿距累积总偏差 ΔF_p 的数值（注意图中齿距序号为 1 的坐标值为零）。

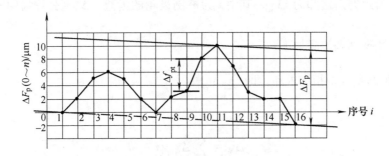

附图 61　作图求齿距偏差

由附图 61 可得 $\Delta F_p = 11.4\mu m$ 和 $\Delta f_{pt} = +5.125\mu m$，与计算结果相同。

（3）合格性判断条件

$$-f_{pt} \leqslant \Delta f_{pt} \leqslant +f_{pt}$$
$$\Delta F_p \leqslant F_p$$

注：GB/T 10095.1~2—2008 中规定偏差（如 f_{pt}、F_p）、公差（如 F_p）和极限偏差（如 $\pm f_{pt}$）用同一代号（如 f_{pt}、F_p），为区别起见，本书在偏差代号前加"Δ"。

六、思考题

1）用相对法测量齿距时，指示表是否一定要调零？为什么？

2）单个齿距偏差和齿距累积总偏差对齿轮传动各有什么影响？

3）为什么相对齿距偏差加上修正值 K 就等于单个齿距偏差？

实验 6.2　齿轮公法线长度变动量和公法线长度偏差测量

一、实验目的

1）熟悉公法线指示规或公法线千分尺的结构和使用方法。

2）掌握齿轮公法线长度的计算方法，并熟悉公法线长度的测量方法。

3）加深对公法线长度变动和公法线长度偏差定义的理解。

二、仪器简介

公法线长度通常使用公法线千分尺或公法线指示规测量。公法线千分尺的外形如附图 62 所示。它的结构、使用方法和读数方法与普通千分尺一样，不同之处是量砧制成碟形，以使碟形量砧能够伸进齿间进行测量。

公法线指示规的结构如附图 63 所示。量仪的弹性开口圆套 2 的孔比圆柱 1 稍小，将专门扳手 9 取下插入弹性开口圆套 2 的开口槽中，可使弹性开口圆套 2 沿圆柱 1 移动。用组成公法线长度公称值的量块组调整活动量爪 4 与固定量爪 3 之间的距离，同时转动指示表 6 的表盘，使它的指针对准零刻线，然后，用

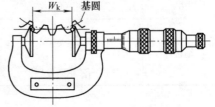

附图 62　公法线千分尺

相对测量法测量齿轮各条公法线的长度。测量时应轻轻摆动量仪,按指针转动的转折点(最小示值)进行读数。

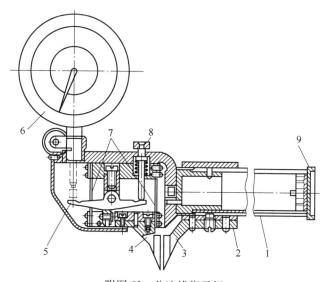

附图 63　公法线指示规

1—圆柱　2—弹性开口圆套　3—固定量爪　4—活动量爪　5—比例杠杆
6—指示表　7—片簧　8—按钮　9—专门扳手

三、测量原理

公法线长度变动 ΔF_{w} 是指在被测齿轮一周范围内,实际公法线长度最大值与最小值之差。公法线长度偏差 ΔE_{bn} 是指在被测齿轮一周范围内,实际公法线长度与公法线长度公称值之差。

测量标准直齿圆柱齿轮的公法线长度时,跨齿数 k 按下式计算

$$k = z\frac{\alpha}{180°} + 0.5$$

式中　z——齿轮的齿数;

　　α——齿轮的基本齿廓角。

k 的计算值通常不为整数,而在计算公法线长度公称值和测量齿轮时,k 必须是整数,因此应将 k 的计算值化整为最接近计算值的整数。

公法线长度公称值 W_{k} 按下式计算

$$W_{\mathrm{k}} = m\cos\alpha\left[\pi(k-0.5) + z\mathrm{inv}\alpha\right]$$

式中　$\mathrm{inv}\alpha$——渐开线函数,$\mathrm{inv}20° = 0.014$。

对于变位直齿圆柱齿轮,跨齿数 k 按下式计算

$$k = z\frac{a_{\mathrm{n}}}{180°} + 0.5$$

其中,$a_{\mathrm{n}} = \arccos\dfrac{d_{\mathrm{b}}}{d+2xm}$,$m$、$x$、$d$ 和 d_{b} 分别为模数、变位系数、分度圆直径和基圆直径。

公法线长度公称值 W_{k} 按下式计算

$$W_k = m\cos\alpha\left[\pi(k-0.5)+z\operatorname{inv}\alpha\right]+2xm\sin\alpha$$

为了使用方便，对于 $\alpha=20°$、$m=1\mathrm{mm}$ 的标准直齿圆柱齿轮，按以上有关公式计算的跨齿数 k 化整值和公法线长度公称值 W_k，见附表 11。

附表 11　$\alpha=20°$、$m=1\mathrm{mm}$ 的标准直齿圆柱齿轮的公法线长度公称值 W_k

z	k	W_k/mm	z	k	W_k/mm	z	k	W_k/mm
17	2	4.6663	29		10.7386	40		13.8448
18		7.6324	30		10.7526	41		13.8588
19		7.6464	31		10.7666	42	5	13.8723
20		7.6604	32	4	10.7806	43		13.8868
21		7.6744	33		10.7946	44		13.9008
22	3	7.6884	34		10.8086			
23		7.7024	35		10.8226	45		16.8670
24		7.7165				46		16.8810
25		7.7305	36		13.7888	47	6	16.8950
26		7.7445	37	5	13.8028	48		16.9090
27		10.7106	38		13.8168	49		16.9230
28	4	10.7246	39		13.8308	50		16.9370

四、实验步骤

1）按被测齿轮的模数 m、齿数 z 和基本齿廓角 α 等参数计算跨齿数 k 和公法线长度公称值 W_k（或从附表 11 查取）。

2）若使用公法线指示规测量，则选取几个量块，用其调整量仪指示表的示值零位；一般测量齿轮上均布的 6 条公法线长度，从公法线指示规的指示表上读取示值，其中最大值与最小值之差即为公法线长度变动 ΔF_w 的数值，这些示值的平均值即为公法线平均长度偏差 ΔE_{bn} 的数值。

3）若使用公法线千分尺测量，也是均布测 6 条公法线长度，从其中找出 $W_{k\,max}$ 和 $W_{k\,min}$，则公法线长度变动 ΔF_w 和公法线长度偏差按下式计算

$$\Delta F_w = W_{k\,max} - W_{k\,min}$$
$$\Delta E_{b\,max} = W_{k\,max} - W_k$$
$$\Delta E_{b\,min} = W_{k\,min} - W_k$$

4）合格性条件为

$$\Delta F_w \leqslant F_w$$
$$E_{bni} \leqslant \Delta E_{bn\,max} \text{ 和 } \Delta E_{bn\,min} \leqslant E_{bns}$$

五、思考题

1）求 ΔF_w 和 ΔE_{bn} 的目的有何不同？

2）只测量公法线长度变动，能否保证齿轮传递运动的准确性？为什么？

实验 6.3　齿轮径向跳动测量

一、实验目的

1）了解齿轮径向跳动测量仪的结构，并熟悉其使用方法。

2）加深对径向跳动定义的理解。

二、仪器简介

径向跳动可用径向跳动测量仪、万能测齿仪、偏摆检查仪和齿轮测量中心等仪器测量。本实验采用径向跳动测量仪来测量（见附图 64），无论采用哪种仪器和何种形式测头（球形或锥形），均应根据被测齿轮的模数选择测头（$d \approx 1.68m$），以保证测头在齿高中部附近与齿面双面接触。

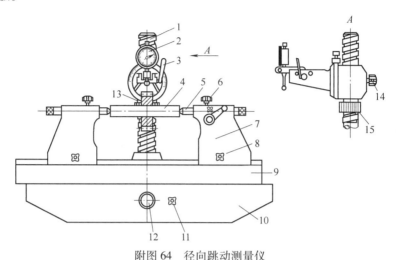

附图 64　径向跳动测量仪

1—立柱　2—指示表　3—指示表测量扳手　4—心轴　5—顶尖　6—顶尖锁紧螺钉
7—顶尖座　8—顶尖座锁紧螺钉　9—滑台　10—底座　11—滑台锁紧螺钉
12—滑台移动手轮　13—被测齿轮　14—指示表架锁紧螺钉　15—升降螺母

仪器的基本技术性能指标如下：

指示表分度值　　　　　　0.01mm
测量范围（模数）　　　　1~10mm
可测齿轮直径 D　　　　≤350 mm

三、测量原理

齿轮径向跳动 ΔF_r 是指在被测齿轮一转范围内，测头在每个齿槽内或在轮齿上与齿高中部双面接触，测头相对于齿轮基准轴线的最大距离与最小距离之差。测量时，将被测齿轮用心轴安装在两顶尖架的顶尖之间，用心轴轴线模拟体现该齿轮的基准轴线，使测头在齿槽内（或在轮齿上）与齿高中部双面接触，然后逐齿测量测头相对于齿轮基准轴线的变动量，其中最大值与最小值之差即为径向跳动 ΔF_r。

四、实验步骤

（1）在量仪上安装测头和被测齿轮　根据被测齿轮的模数选择尺寸合适的测头，将它安装在指示表 2 的测杆上。将被测齿轮 13 的心轴 4 顶在两个顶尖 5 之间。注意调整两个顶尖之间的距离，使心轴无轴向窜动，且能转动自如。放松滑台锁紧螺钉 11，转动滑台移动手轮 12，使滑台 9 移动，从而使测头大约位于齿宽中间，然后再将滑台锁紧螺钉 11 锁紧。

（2）调整量仪指示表示值零位　放下指示表测量扳手 3，松开指示表架锁紧螺钉 14，转动升降螺母 15，使测头随表架下降到与齿槽双面接触，将指示表 2 的指针压缩 1~2 圈，然后将指示表架锁紧螺钉 14 紧固。转动指示表 2 的表盘（圆刻度盘），将零刻线对准指示表的指针。

（3）进行测量 抬起指示表测量扳手3，让被测齿轮13转过一个齿，然后放下指示表测量扳手3，使测头进入齿槽内，记下指示表的示值。这样逐步测量所有的齿槽，从各次示值中找出最大示值和最小示值，它们的差值即为径向跳动 ΔF_r。

（4）结论 按齿轮图样上给定的径向跳动公差 F_r。判断被测齿轮的合格性。其合格条件为 $\Delta F_r \leqslant F_r$。

五、思考题

1）径向跳动 ΔF_r 反映齿轮的哪些加工误差？

2）径向跳动 ΔF_r 可用什么评定指标代替？

实验6.4 齿轮径向综合总偏差测量

一、实验目的

1）了解双面啮合综合检查仪的工作原理及使用方法。

2）加深对齿轮径向综合总偏差和一齿径向综合偏差定义的理解。

二、仪器简介

双面啮合综合检查仪可用来测量齿轮一转范围内的径向综合总偏差和一齿径向综合偏差。

仪器的基本技术性能指标如下：

分度值　　　0.01mm（百分表）

示值范围　　0~1mm（百分表）

测量范围　　中心距 a=50~320mm

模数　　　　m=1~10mm

三、测量原理

齿轮径向综合误差的测量是被测齿轮与理想精确的测量齿轮双面啮合时，在被测齿轮一转范围内，双啮中心距的最大变动量（一转的变动量，一齿的变动量）。双啮仪的基本工作原理如附图65所示。测量时，被测齿轮空套在仪器固定心轴上，理想精确的测量齿轮空套在径向浮动滑座的心轴上，借弹簧作用力使两轮双面啮合。此时，如被测齿轮有误差，例如，有齿圈径向跳动 ΔF_r，则当被测齿轮转动时，将推动理想的测量齿轮及径向滑座左右移动，使双啮中心距发生变动，变动量由指示表读出或由记录器记录。

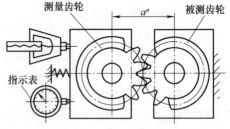

附图65　双啮仪原理图

附图66所示为双啮仪外形图。其中6为指示表，1为固定滑座，3为偏心器，可控制径向浮动滑座2的位置，5为平头螺钉，可将指示表6调零。

四、实验步骤

1）将被测齿轮9空套在仪器心轴上，转动偏心器3，将径向浮动滑座2大致安置在其浮动范围中间，并使指示表6有一定的压缩量。

2）转动横向移动手轮11，使被测齿轮9与理想精确的测量齿轮8双面啮合，然后锁紧固定滑座锁紧器 10，使固定滑座 1 固定。

3）放松偏心器 3。

4）机动或用手轻轻转动被测齿轮一周，记下指示表指针的最大变动量。此变动量即为齿轮一转范围内的径向综合总偏差 $\Delta F_i''$。

5）注意观察在被测齿轮转一齿过程中指示表最大变动量，即为一齿径向综合偏差 $\Delta f_i''$。

6）合格性条件为

$$\Delta F_i'' \leqslant F_i''$$
$$\Delta f_i'' \leqslant f_i''$$

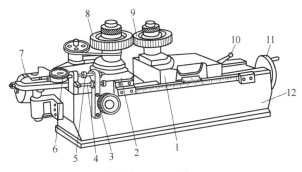

附图 66　双啮仪

1—固定滑座　2—径向浮动滑座　3—偏心器　4—止动锁钉
5—平头螺钉　6—指示表　7—记录器　8—测量齿轮
9—被测齿轮　10—固定滑座锁紧器
11—横向移动手轮　12—底座

五、思考题

1）径向综合总偏差 $\Delta F_i''$ 和一齿径向综合偏差 $\Delta f_i''$ 分别反映齿轮的哪些加工误差？

2）双面啮合综合测量的优点和缺点是什么？

实验 6.5　用齿轮测量中心测量齿轮参数

一、实验目的

1）了解齿轮测量中心的测量原理。

2）掌握齿轮测量中心的测量方法和技巧。

二、仪器简介

G30 型齿轮测量中心如附图 67 所示，它适用于渐开线圆柱齿轮、齿轮刀具（滚齿刀、剃齿刀、插齿刀）、蜗轮蜗杆、直（弧）齿锥齿轮等工件的全面检测。

仪器的基本技术性能指标如下：

被测齿轮模数　　　　　1~10mm

被测齿轮最大外径　　　300mm

被测齿轮最大齿宽　　　400mm

顶尖距离　　　　　　　30~500mm

最大承载　　　　　　　100kg

三、实验原理

齿轮测量中心应用电子展成原理，通过 X、Y、Z 三轴和 C 旋转轴驱动控制，利用扫描测头系统，最后通过测量软件将测量数据进行计算和检定。

附图 67　G30 型齿轮测量中心

四、实验步骤

（1）工件装夹

1）轴类工件装夹如附图 68 所示。

带轴齿轮是装夹在上下顶尖间，由带动器带动随主轴同步运动的。根据齿轮轴直径尺寸，选择合适的卡箍，用内六角扳手拧紧螺钉将卡箍紧固在下顶尖上。卡箍安装完成后，将被测齿轮放置在下顶尖上。将带动器套在被测齿轮轴的下端，然后将带动器安装到卡箍上，锁紧顶丝和锁紧螺钉。

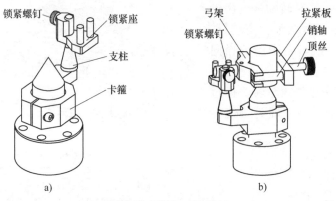

附图68 轴类工件装夹
a）卡箍结构 b）带动器结构

操作顶尖升降手控器：释放急停按钮，然后按下启动按钮，按钮上的指示灯亮，操纵上下操纵杆移动上顶尖，卡紧被测工件，直至工件卡紧，上顶尖不再移动，按下急停按钮，以防止测量过程中误碰上下操纵杆使上顶尖移动，而导致工件跌落。在上顶尖移动过程中可根据实际需要通过调速旋钮调节顶尖移动速度。

通过以上步骤带轴齿轮就安装完毕了，测量结束后，按照相反的过程就可以将齿轮取下来。在操作上顶尖后，请务必按下顶尖升降手控器上的急停按钮。

2）盘类工件装夹如附图69所示。

根据齿根圆半径与齿轮内孔半径的差值，将可调垫铁3均匀放置在花盘4上，吊装齿轮落于可调垫铁上。注意垫铁不要超出被测齿轮的齿根圆，以免测量螺旋线时测头与垫铁相撞。

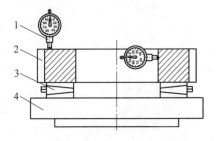

附图69 盘类工件装夹
1—百分表 2—被测工件
3—可调垫铁 4—花盘

百分表1固定在 Y 轴下端，表头打在齿轮上端面上，操纵转台转动，调整可调垫铁，将齿轮水平调整在0.01mm以内。

百分表转90°，表头打在齿轮内孔上，操纵转台转动，用橡皮榔头敲击齿轮，将齿轮对主轴回转中心偏心调整到0.01mm范围以内。

（2）开机 AC-GEAR软件界面如附图70所示。首先，接通系统总电源、气源，接通控制柜电源；然后，打开计算机。启动AC-GEAR软件（系统将自动回零）。顺时针旋转，打开控制柜和设备上的紧急开关。打开操纵盒上的急停按钮。

（3）测头组装和校正

1）测头组装。首先，选择软件界面上的标定管理→测头装配→选中SP600，然后用鼠标左键双击SP600；选择界面左下角的按钮：自定义测针→输入正确的接口、长度、直径，然后单击确定按钮。双击M4_50×1，然后单击保存按钮，最后单击退出按钮退出。

2）测头校正。首先，选择软件界面上的标定管理→测针标定；在测头校正界面，选择

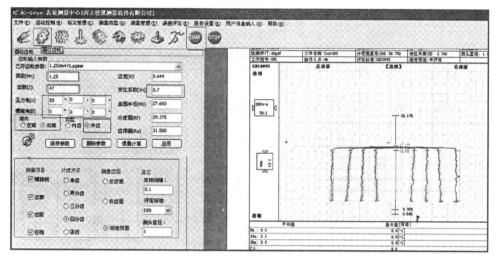

附图 70　AC-GEAR 软件界面

菜单设置参数→配置辅助参数，设定标准球参数（见附图 71）；选择任意角校正→用操纵杆在标准球上打 5 个点→单击手动定球→移动机器到安全位置（测针的红宝石正对标准球的位置）后，单击开始进行测头校正，如附图 72 所示。

附图 71　设定标准球参数界面

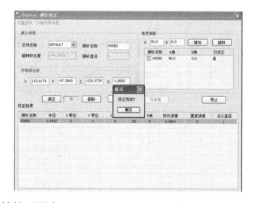

附图 72　开始校正测头

　　校正完全后，关闭测头校正对话框。然后，在主界面，标定管理→选择测头传感器，选择校正好的测头，然后单击确定按钮。

（4）建立坐标系

1）直接建立坐标系。如附图 73 所示。

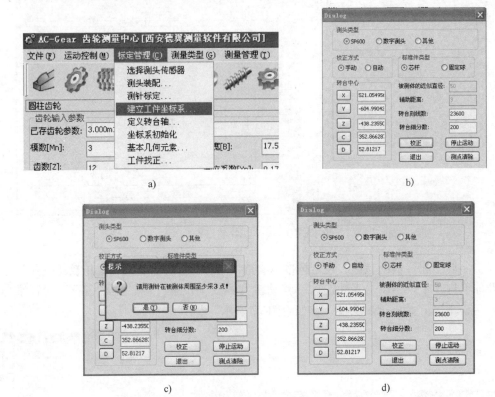

附图 73　直接建立坐标系

2）间接建立坐标系。

首先建立基本几何元素，如附图 74 所示。在芯杆上采 8 个点作一个圆柱；然后，在芯杆上采 4 个点作一个圆；最后，在芯杆上采 1 个点作一个点。建立完后关闭基本几何元素界面。

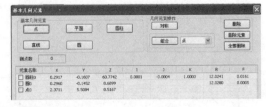

附图 74　基本几何元素建立

根据已建立的基本几何元素设置参数，如附图 75 所示，然后单击确定按钮，界面上的坐标值就会从机器坐标系变为工件坐标系。

（5）检测结果及报告输出　在 AC-GEAR 软件界面上，输入正确的齿轮参数后，单击应用按钮；然后，选择测量项目，将测头在 Z 轴方向上移动到齿轮中心的高度，将测头在 Y 轴方向上移动到基圆半径的位置，在 Z 和 Y 不变的情况下，转动转台轴，使测头沿 X 轴探测时，能

附图 75　工件找正

探测到齿轮的齿面上；最后，把测头沿 X 轴移动到安全位置，单击开始按钮。测量中心开始自动测量，检测结果、特征点和结论都会同步显示在主界面右侧的检测报告区内。

五、思考题

1）齿轮测量中心的优点和缺点是什么？

2）齿轮测量中心为什么要建立工件坐标系？不建行吗？

实验 7　坐标测量技术实验

坐标测量机（Coordinate Measuring Machining，CMM）是一种三维尺寸的精密测量仪器，主要用于零部件尺寸、形状和相互位置的检测。坐标测量原理是将被测物体置于坐标测量机的测量空间，获得被测物体上各测点的坐标位置，根据这些点的空间坐标值，经过数学运算，求出被测的几何尺寸、形状和位置。即坐标测量机的任务是以一定的精确度将长度基准"米"的定义传递给工件。

本实验包括移动桥式接触式坐标测量机进行箱体测量和非接触式影像坐标测量两部分。介绍了用坐标测量机进行工件测量时需要注意的事项和测量步骤。

实验 7.1　三坐标箱体类零件测量实验

一、实验目的

1）了解三坐标测量的测量原理。

2）掌握三坐标测量机的使用方法。

二、仪器简介

DRAGON 654 三坐标测量机（见附图 76）是移动桥式三坐标测量机，三轴导轨均采用高精密天然花岗岩，配合三轴气动锁紧，三轴均设有微进给结构，将手动的方便快捷与自动的精度保证相结合。

仪器的基本技术性能指标如下：

三轴行程　　　　　　$X = 500\text{mm}$，$Y = 600\text{mm}$，$Z = 420\text{mm}$

空间测量示值误差　$E \leqslant (3.5 + L/300) \mu\text{m}$

探测误差　　　　　$R \leqslant 3.9 \mu\text{m}$

分辨率　　　　　　$0.5 \mu\text{m}$

三、实验步骤

（1）制订测量方案　研究测量对象的特点，根据工件加工基准确定工件坐标系建立的方案，并针对各项测量特征，确定测量的方法和流程。

（2）开机流程和测头校正　首先打开空气压缩机储气罐排水阀排水，然后依次开启空压机、冷干机和测量机气源，检查气压是否在 0.4~0.5MPa 范围之内，如果不在此范围内则可通过气源调节阀调节。再依次接通交流稳压电源、UPS 电源、控制系统电源和计算机电源，启动测量软件（见附图 77）后，机器回零。

在工作台上安装固定的基准球，标定测头。当使用测量机进行工件检测时，首先要进行测头校正，这样，可以消除由于测头带给工件测量的误差。

（3）建立工件坐标系　"3-2-1"坐标系的建立。此操作可建立一个完整的工件坐标系。3-2-1 的含义是：3（测量第一平面上的三点，软件自动将此平面的法矢作为零件坐标系的第一轴的方向）；2（测量第二平面上的两点直线，再将其投影到第一平面作为第二轴的方向）；1（再测量或通过构造产生一点作为零件坐标系的原点）。

附图 76　三坐标测量机

选择 3-2-1 坐标系建立工具 时，将弹出相应的窗口，如附图 78 所示。

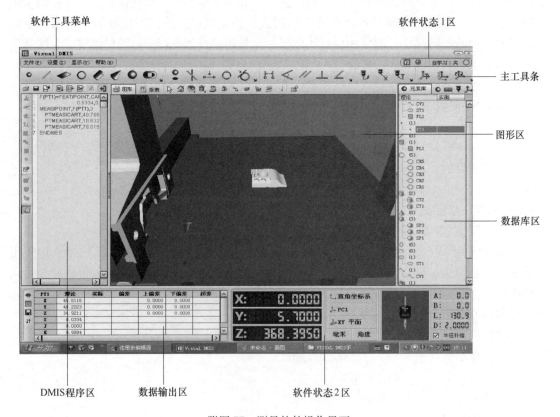

附图 77　测量软件操作界面

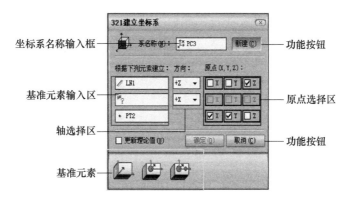

附图 78　3-2-1 坐标系建立

（4）几何特征的测量和构造　首先，通过主工具条（见附图 79）中的测量元素工具区的工具打开元素测量窗口。然后，在测量元素窗口中进行采点前的设置，主要是投影及高级功能的设置。手动或自动测量获得测量点。在测量元素窗口中进行其他操作并生成测量元素。

附图 79　主工具条

构造功能：利用已有的几何元素信息，通过满足一定的条件生成新的几何元素信息。首先，通过主工具条中的构造工具区的工具打开构造窗口。然后，在构造窗口中进行操作并生成元素。

（5）检测结果输出（见附图 80）　首先，通过主工具条中的公差工具区的工具打开公差窗口。在公差窗口中进行操作并生成公差。通过公差数据选择要操作的公差。通过数据输出区进行公差信息的浏览、修改、打印输出。

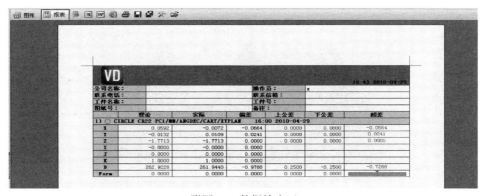

附图 80　数据输出区

四、思考题

1）为何一定要进行测头校正，如果不进行校正会出现什么情况？

2）三坐标测量机为什么要建立零件坐标系？

实验7.2　影像测量仪测量螺纹实验

一、实验目的

1）了解影像测量的测量原理。

2）掌握影像测量仪的使用方法。

二、仪器简介

CV3020影像测量仪如附图81所示，仪器底座和立柱均为花岗岩，铸铁十字工作台；采用CNC闭环控制系统。

仪器的基本技术性能指标如下：

测量范围 $X \times Y \times Z$　　300mm×200mm×200mm

示值误差　　　　　（2.8+L/200）μm

分辨率（XYZ）　　1μm

操作方式　　　　　全自动数控

工作台最大载荷　　15kg

附图81　CV3020影像测量仪

三、实验步骤

（1）制订测量方案　研究测量对象的特点，根据工件加工基准确定工件坐标系建立的方案，并针对各项测量特征，确定测量的方法和流程。

（2）工件装夹　按照工件的形状特点，选用合适的装夹工具，如压片、顶尖、支柱等。

（3）开机和系统回零　首先，打开测量仪电源开关；然后打开急停按钮，启动计算机；最后，打开影像测量软件。影像测量软件界面如附图82所示。

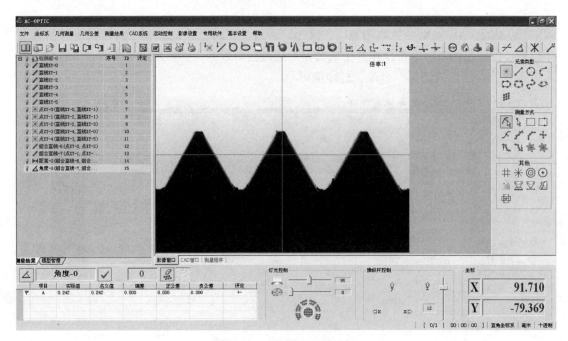

附图82　影像测量软件界面

系统回零：单击"运动控制"菜单中的"回零"子菜单或单击操作工具条中的回零图标🏠。

（4）像素校正　像素校正又称标定（未标定的所有的测量都是无意义的）。标定是对影像平面坐标计数单位（像素）对应的实际物面长度和宽度（又称当量长度或分辨率）的确定过程。

标定时选一刀口平直的刀口尺（或轮廓面平直的样件，如量块）。在测量软件主界面的菜单栏影像设置里选择像素校正（附图83），在文件中选择要校正的文件名称，然后开始校正。将刀口尺刃口轮廓按与 X/Y 轴有约 20° 的倾角放置。在文件选项中选择校正文件的名称，单击"校正 X"按钮，界面关闭，影像窗口出现十字框，机器沿 X 轴移

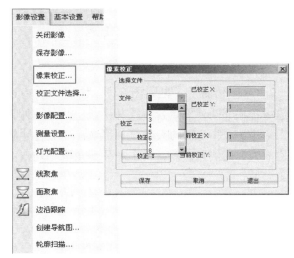

附图83　选择像素校正

动，其他轴不能动，使工件边沿达到测量框的任意一边附近，如附图84a 所示，在影像平面内单击鼠标左键进行采点。采到点会自动弹出一个对话框，单击"是"则将此点设为有效校正点。接着沿 X 轴移动使图像位置达到测量框的另一边附近，如附图84b 所示，在影像平面内单击鼠标左键进行采点。处理方法同第一个点。X 轴校正完毕后，像素校正界面自动打开，且校正值结果显示在"当前校正 X"项中。单击"保存"按钮，将当前校正 X 中的值保存到已校正 X 中。用同样方法校正 Y 轴。最后，保存校正数值，如附图85 所示。使用时，选择已校正过的文件进行测量。

a)　　　　　　　　　　　　　　　　b)

附图84　X 轴像素校正

（5）建立工件坐标系　当进行工件测量时，选取合适的坐标系建立方法建立工件坐标系，以达到重复性好、精度高，建立便捷的目的。由于本实验通过专用夹具保证工件轴线与机器轴线重合，另外采用影像法测量螺纹的方法可以消除工件轴线与机器坐标系不重合误差。所以，本实验可以使用机器坐标系当作工件坐标系使用。

（6）工件测量　根据工件结构图和设计要求，利用测量的几何特征元素、构造元素和计算元素。操作过程与大型工具显微镜测量螺纹基本相同。

1) 螺距累积误差测量（见附图86）。通过在螺纹牙上的一点，构造一条与 x 轴平行的直线；计算这条直线与相距 nP（$n=3$，P 为螺距）的两条左牙侧的交点的距离 P_1P_2。同法求出距离 Q_1Q_2。两距离的平均值即为该螺纹的 n 螺距累积误差。

附图85　校正完毕

$$nP_实 = \frac{1}{2}(nP_左 + nP_右)$$

2) 牙侧角测量（见附图87）。构造螺纹上边缘与下边缘各相邻两牙侧重合直线共4条，并分别计算求得4条线与坐标系 Y 轴的夹角（锐角）。两个右牙侧角取平均值为右牙侧角误差，两个左牙侧角取平均值为左牙侧角误差。

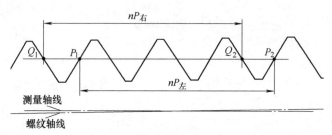

附图86　螺距累积误差测量

3) 中径测量（见附图88）。由于影像测量的主轴无法倾转，故直接测量会因为螺纹升角的原因引入误差。一般由专门的螺纹计算插件来根据几何原理和测量结果进行计算消除误差。所以其操作方法仍然与大型工具显微镜测量中径方法一样。在相对应的上、下边缘牙侧重合线上，通过左牙侧上的一点作一条与坐标系 Y 轴平行的线，交两牙侧重合线于两点，两点距离 N_1N_2 为左牙侧中径。同样方法得右牙侧中径 M_1M_2。最后经计算得出中径值。

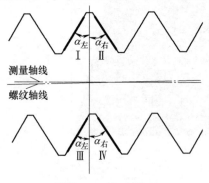

附图87　牙侧角测量

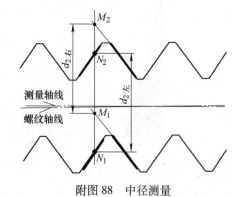

附图88　中径测量

(7) 判断被测螺纹的合格性　根据泰勒原则，可以按 $d_{2m} \leqslant d_{2max}$ 且 $d_{2a} \geqslant d_{2min}$ 判断合格性。其中，单一中径 d_{2a} 用所测的实际中径 $d_{2实际}$ 代替，作用中径按下式计算

$$d_{2m} = d_{2a} + f_p + f_\alpha$$

式中　f_p——螺距累积误差的中径当量（mm）；

　　　f_α——牙侧角偏差的中径当量（mm）。

螺距累积误差的中径当量按下式计算

$$f_p = 1.732 \mid \Delta P_\Sigma \mid$$

牙侧角偏差的中径当量按下式计算

$$f_\alpha = 0.073P(K_1 \mid \Delta\alpha_1 \mid + K_2 \mid \Delta\alpha_2 \mid)$$

影像测量软件中可以处理的几何公差项目包括直线度、圆度、曲线轮廓度、平行度、垂直度、倾斜度、位置度和同心度。

四、思考题

1) 影响影像测量精度的因素有哪些？

2) 影像测量软件能评定哪些公差？

参 考 文 献

[1] 张铁，李旻. 互换性与测量技术 [M]. 北京：清华大学出版社，2010.

[2] 甘永立. 几何量公差与检测 [M]. 10 版. 上海：上海科学技术出版社，2013.

[3] 胡璇华. 公差配合与测量 [M]. 3 版. 北京：清华大学出版社，2017.

[4] 杨沿平. 机械精度设计与检测技术基础 [M]. 2 版. 北京：机械工业出版社，2013.

[5] 万书亭. 互换性与技术测量 [M]. 2 版. 北京：电子工业出版社，2012.

[6] 孔庆玲. 互换性与测量 [M]. 2 版. 北京：北京交通大学出版社，2013.

[7] 张也晗，刘永猛，刘品. 机械精度设计与检测基础 [M]. 10 版. 哈尔滨：哈尔滨工业大学出版社，2019.

[8] 陈晓华. 机械精度设计与检测 [M]. 3 版. 北京：中国计量出版社，2015.